CHRISTIANE MÁZUR DOI

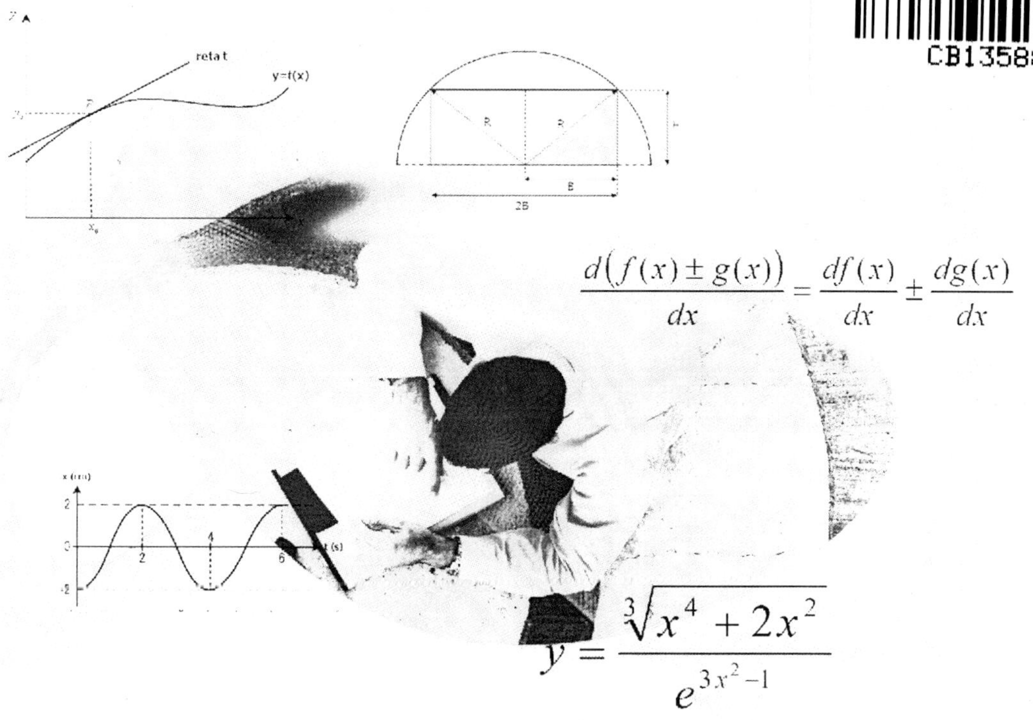

COMO APLICAR DERIVADAS E INTEGRAIS

105 EXEMPLOS DETALHADAMENTE RESOLVIDOS

EDITORA CIÊNCIA MODERNA

Editor: Paulo André P. Marques
Produção Editorial: Dilene Sandes Pessanha
Capa: Daniel Jara
Diagramação: Daniel Jara
Copidesque: Equipe Ciência Moderna

FICHA CATALOGRAFICA

DOI, Christiane Mázur.

Como Aplicar Derivadas e Integrais – 105 Exemplos Detalhadamente Resolvidos

Rio de Janeiro: Editora Ciência Moderna Ltda., 2021.

1. Matemática
I — Título

ISBN: 978-85-399-0945-2 CDD 510

Editora Ciência Moderna Ltda.
R. Alice Figueiredo, 46 – Riachuelo
Rio de Janeiro, RJ – Brasil CEP: 20.950-150
Tel: (21) 2201-6662/ Fax: (21) 2201-6896
E-MAIL: LCM@LCM.COM.BR
WWW.LCM.COM.BR

04/21

INTRODUÇÃO

Este trabalho não é apenas mais um livro de Cálculo Diferencial e Integral... Ele é diferente porque auxilia, com exemplos resolvidos de modo muito detalhado, a aprendizagem de como aplicar derivadas e integrais para a resolução de exercícios e problemas.

Em cada exemplo, há uma verdadeira conversa com o leitor: em linguagem simples e direta, descreve-se o "passo a passo" de todas as etapas envolvidas no desenvolvimento das soluções. É como se o livro realmente "falasse" com quem está lendo.

A estrutura da organização do texto é baseada em três grandes blocos: um bloco de revisão, um bloco de aplicações das derivadas e um bloco de aplicações das integrais, conforme mostrado no quadro abaixo.

BLOCO DE REVISÃO	ESTUDO DA RETA
	REGRAS DE DERIVAÇÃO
	MÉTODOS DE INTEGRAÇÃO
BLOCO DE APLICAÇÕES DAS DERIVADAS	RETAS TANGENTES
	TAXAS DE VARIAÇÃO
	DIFERENCIAIS E APROXIMAÇÕES
	CONSTRUÇÃO DE GRÁFICOS
	PROBLEMAS DE OTIMIZAÇÃO
	POLINÔMIOS DE TAYLOR
BLOCO DE APLICAÇÕES DAS INTEGRAIS	ÁREAS
	SOLUÇÃO DE EQUAÇÕES DIFERENCIAIS

No bloco de revisão, são feitas recordações do estudo da reta e, também, das regras e propriedades de derivadas e integrais. Há resoluções minuciosas de exercícios de fixação e de aplicações da função do 1º grau.

No bloco de aplicações das derivadas, são feitos exemplos de determinações de retas tangentes a curvas, de soluções de problemas em que se usam taxas instantâneas de variação, de aproximações realizadas com diferenciais, de construções de gráficos, de problemas nos quais se deseja minimizar ou maximizar certa grandeza e de cálculos aproximados de valores de funções com o polinômio de Taylor.

No bloco de aplicações das integrais, são feitos exemplos de cálculos de áreas definidas por uma ou mais funções e de resoluções de equações diferenciais de variáveis separáveis.

Sumário

CAPÍTULO 1. REVISÃO: ESTUDO DA RETA

1.1. Equação da reta

A equação que relaciona duas variáveis x e y por uma função do 1° grau é $y = ax + b$. A constante a, chamada de coeficiente angular, é um número real qualquer diferente de zero. A constante b, chamada de coeficiente linear, é um número real qualquer.

Por exemplo, na equação $y = 3x + 2$, a variável independente ("entrada de valores") é representada por x, a variável dependente ("saída de valores") é representada por y, o coeficente angular é 3 $(a = 3)$ e o coeficente linear é 2 $(b = 2)$.

Já em $V = -7,67t + 0,21$, a variável independente é representada por V, a variável dependente é representada por t, o coeficente angular é -7,67 $(a = -7,67)$ e o coeficente linear é 0,21 $(b = 0,21)$.

Vamos voltar ao caso de $y = 3x + 2$. A regra dada por essa equação é a seguinte: "dê um valor para x, multiplique-o por 3, some 2 e guarde esse resultado em y". Se pensarmos, por exemplo, em x igual a 5, a equação $y = 3x + 2$ retorna y igual a 17, pois 3 vezes 5 mais 2 resulta em 17.

O domínio da função do 1º grau é o conjunto de todos os números reais, pois, em $y = ax + b$, podemos substituir a variável x por qualquer número real. Sua imagem também é o conjunto de todos os números reais, pois y pode retornar qualquer número real (sempre vinculado ao valor atribuído a x).

O gráfico da função do 1° grau é uma reta. O coeficiente linear b da função do 1° grau é a posição onde a reta corta o eixo vertical (eixo y).

O coeficiente angular a da função do 1º grau **não** é um ponto da reta que representa essa função. Ele está relacionado com a inclinação da reta do seguinte modo:

- se $a > 0$, a reta é inclinada para o lado direito (crescente);
- se $a < 0$, a reta é inclinada para o lado esquerdo (decrescente).

É bom esclarecermos que, se $a = 0$, temos a função constante, dada por $y = b$. Seu gráfico é uma reta horizontal de altura b. Como exemplos, temos, na figura 1.1, os gráficos das funções $y = -3$ e $y = 5$, esboçados no mesmo sistema de eixos.

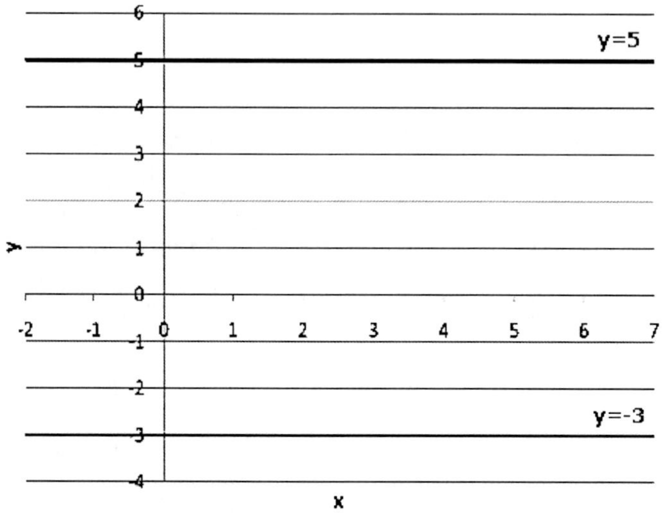

Figura 1.1. Gráficos das funções $y = -3$ e $y = 5$.

No caso de $y = 3x + 2$, temos uma reta crescente, pois seu coeficiente angular é positivo $(a = 3)$. Essa reta intercepta ("corta") o eixo vertical na posição 2, pois seu coeficente linear é 2 $(b = 2)$. Na figura 1.2, temos o gráfico de $y = 3x + 2$.

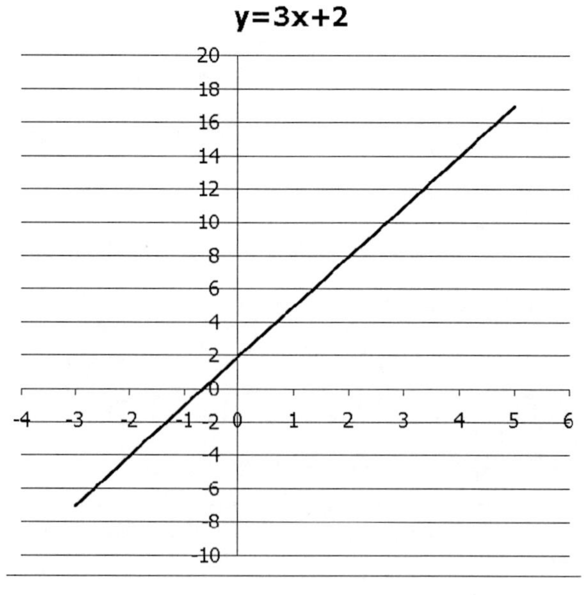

Figura 1.2. Gráfico de $y = 3x + 2$.

O ponto onde a reta intercepta o eixo horizontal é a sua raiz. Para acharmos esse ponto, devemos igualar $y = ax + b$ a zero, ou seja, devemos fazer $ax + b = 0$, conforme segue:

$$y = ax + b = 0 \Rightarrow ax = -b \Rightarrow x = -\frac{b}{a}$$

Assim, para acharmos a raiz de $y = 3x + 2$, fazemos o seguinte:

$$y = 3x + 2 = 0 \Rightarrow 3x + 2 = 0 \Rightarrow 3x = -2 \Rightarrow x = -\frac{2}{3}$$

Logo, o ponto onde $y = 3x + 2$ cruza o eixo horizontal é $x = -\frac{2}{3}$.

Assim como em $y = 3x + 2$, em $y = 3x - 6$ também temos uma reta crescente e de coeficiente angular $a = 3$. Os gráficos de $y = 3x + 2$ e $y = 3x - 6$ são retas paralelas, sendo que $y - 3x + 2$ intercepta o eixo vertical na posição 2 $(b = 2)$ e $y = 3x - 6$ intercepta o eixo vertical na posição -6 $(b = -6)$, conforme mostrado na figura 1.3.

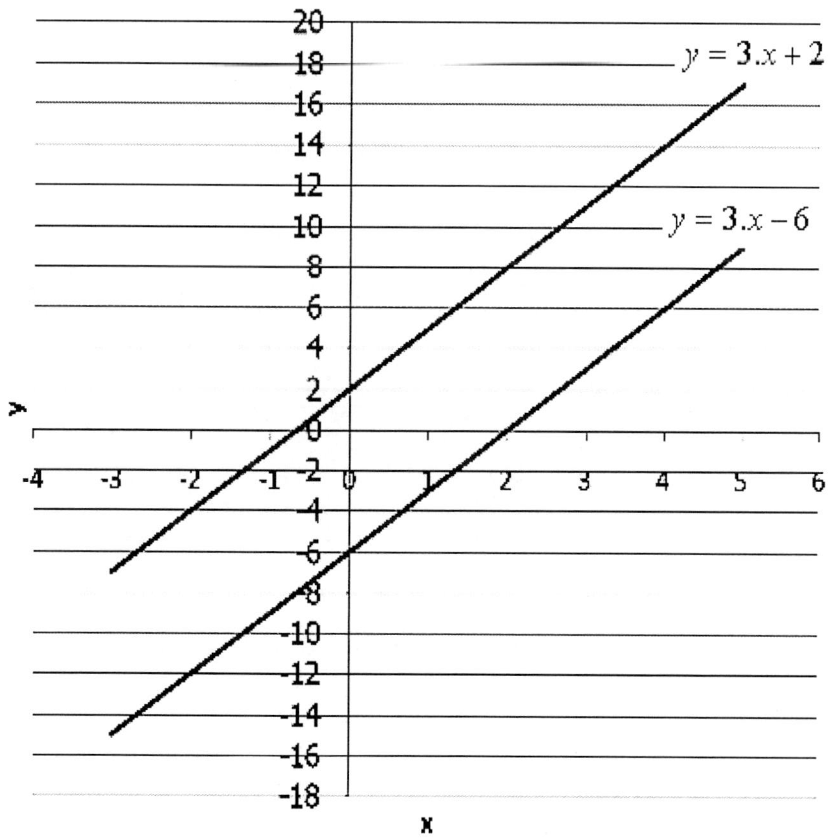

Figura 1.3. Gráficos de $y = 3x + 2$ **e** $y = 3x - 6$ **: retas paralelas.**

Dissemos que o coeficiente angular a da função do 1º grau **não** é um ponto da reta. Vejamos a figura 1.4.

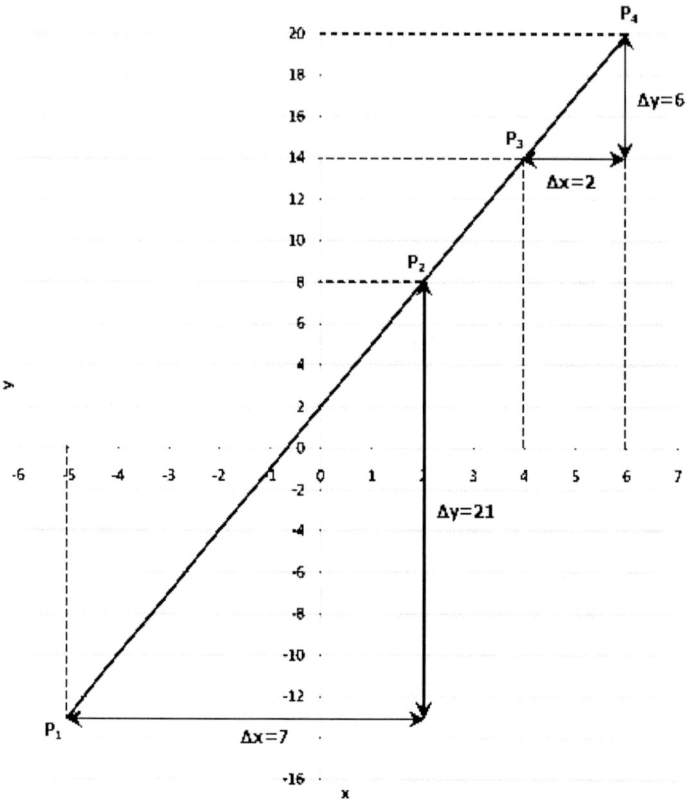

Figura 1.4. Gráfico de $y = 3x + 2$ com indicações de pontos P$_1$, P$_2$, P$_3$ e P$_4$.

Na figura 1.4, temos o gráfico de $y = 3x + 2$ com as indicações dos pontos P_1, P_2, P_3 e P_4, cujas coordenadas são: $P_1=(x_1,y_1)=(-5,-13)$, $P_2=(x_2,y_2)=(2,8)$, $P_3=(x_3,y_3)=(4,14)$ e $P_4=(x_4,y_4)=(6,20)$.

O coeficiente angular a de $y = 3x + 2$, que já sabemos ser 3, pode ser calculado se tomarmos quaisquer dois pontos dessa reta e fizermos a divisão da "variação na vertical", indicada por Δy, pela "variação na horizontal", indicada por Δx, ou seja, $a = \frac{\Delta y}{\Delta x}$.

Vemos que Δx e Δy são, respectivamente, variações (aumentos ou diminuições) em valores de x e de y e não representam "multiplicações de Δ" por x ou por y.

Se considerarmos os pontos $P_1=(x_1,y_1)=(-5,-13)$ e $P_2=(x_2,y_2)=(2,8)$, temos o seguinte: $a = \frac{\Delta y}{\Delta x} = \frac{y_2 - y_1}{x_2 - x_1} = \frac{8-(-13)}{2-(-5)} = \frac{8+13}{2+5} = \frac{21}{7} \Rightarrow a = 3.$

Se considerarmos os pontos $P_3=(x_3,y_3)=(4, 14)$ e $P_4=(x_4,y_4)=(6, 20)$, temos o seguinte:

$$a = \frac{\Delta y}{\Delta x} = \frac{y_4 - y_3}{x_4 - x_3} = \frac{20-14}{6-4} = \frac{6}{2} \Rightarrow a = 3.$$

Se considerarmos os pontos $P_1=(x_1,y_1)=(-5,-13)$ e $P_4=(x_4,y_4)=(6,20)$, temos o seguinte:

$$a = \frac{\Delta y}{\Delta x} = \frac{y_4 - y_1}{x_4 - x_1} = \frac{20-(-13)}{6-(-5)} = \frac{33}{11} \Rightarrow a = 3.$$

Podemos imaginar que, independentemente dos pontos que considerarmos, o coeficiente angular de $y = 3x + 2$ é $a = 3$. Isso ocorre porque esse coeficiente está relacionado com a inclinação da reta, que é "única para a reta toda".

Na figura 1.5, podemos visualizar os pontos $P_1=(x_1,y_1)$ e $P_2=(x_2,y_2)$ de uma reta qualquer, sendo x_1 a abscissa do ponto P_1; y_1 a ordenada do ponto P_1; x_2 a abscissa do ponto P_2; e y_2 a ordenada do ponto P_2. O coeficiente angular da reta é $a = \frac{\Delta y}{\Delta x} = \frac{y_2 - y_1}{x_2 - x_1}$.

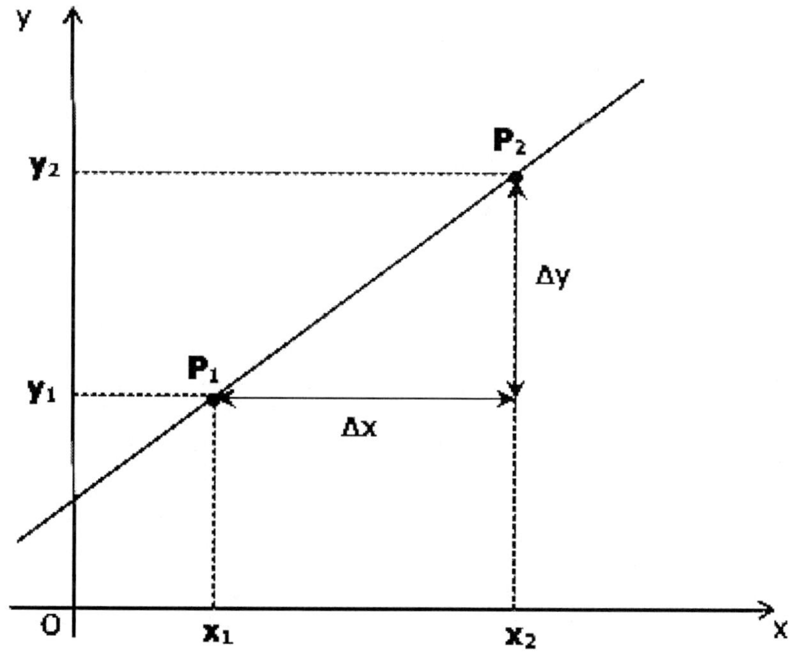

Figura 1.5. Coeficiente angular da reta: $a = \frac{\Delta y}{\Delta x} = \frac{y_2 - y_1}{x_2 - x_1}$.

Se tivermos o coeficente angular a e um ponto $P_1=(x_1,y_1)$ da reta $y = ax + b$, uma alternativa para escrevermos sua equação é usarmos $y - y_1 = a(x - x_1)$.

Agora, vamos analisar a figura 1.6. Nela, temos duas retas: reta 1 e reta 2.

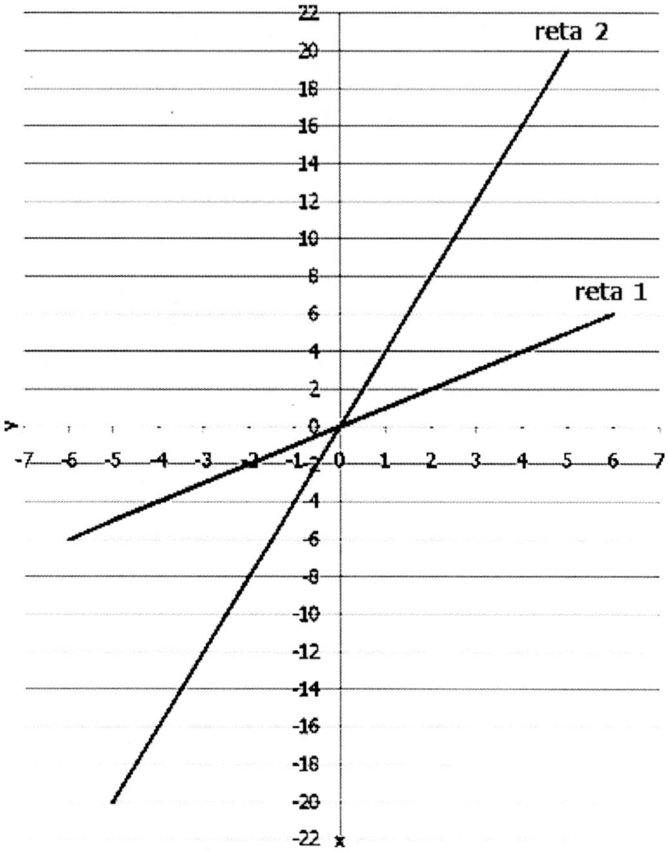

Figura 1.6. Duas retas: reta 1 e reta 2.

Pela figura 1.6, vemos claramente que ambas as retas são inclinadas para a direita. Logo, elas têm coeficientes angulares positivos.

A equação da reta 1 é y=x (coeficiente angular igual a 1, pois y=x equivale a y=1x) e a equação da reta 2 é y=4x (coeficiente angular igual a 4). Isso significa que:

- se aumentarmos em uma unidade o valor de x, em y=x há o aumento de uma unidade no valor de y e em y=4x há aumento de 4 unidades no valor de y;
- se aumentarmos em três unidade o valor de x, em y=x há o aumento de três unidades no valor de y e em y=4x há aumento de 12 unidades no valor de y;
- se aumentarmos em 100 unidades o valor de x, em y=x há o aumento de 100 unidades no valor de y e em y=4x há aumento de 400 unidades no valor de y e assim por diante.

Por exemplo, se em y=x o valor de x passar de $x_1=20$ para $x_2=30$, temos incremento Δx de 10 unidades na variável x, pois $\Delta x=x_2-x_1=30-20=10$. Isso gera incremento Δy de 10 unidades na variável y, pois $y_1=x_1=20$, $y_2=x_2=30$ e $\Delta y=y_2-y_1=30-20=10$.

Outra maneira de determinarmos o incremento Δy é pensarmos que, como o coeficente angular de y=x é 1, a proporção entre a variação Δy da variável y e a respectiva variação Δx da variável x é 1.

No caso de y=4x, se o valor de x passar de x_1=20 para x_2=30, temos o incremento Δx de 10 unidades na variável x, pois Δx=x_2-x_1=30-20=10. Isso gera incremento Δy de 40 unidades na variável y, pois y_1=4x_1=4.20=80, y_2=4x_2=4.30=120 e Δy=y_2-y_1=120-80=40. Outra maneira de determinarmos o incremento Δy é pensarmos que, como o coeficente angular de y=4x é 4, a proporção entre a variação Δy da variável y e a variação Δx da variável x é 4.

Para fixarmos essas ideias, vamos estudar os exemplos a seguir.

Exemplo 1.1. Determine a equação da reta que passa por P_1=(-2,-8) e P_2=(4,22).

Resolução

Na figura 1.7, temos o gráfico da reta que passa pelos pontos P_1=(-2,-8) e P_2=(4,22).

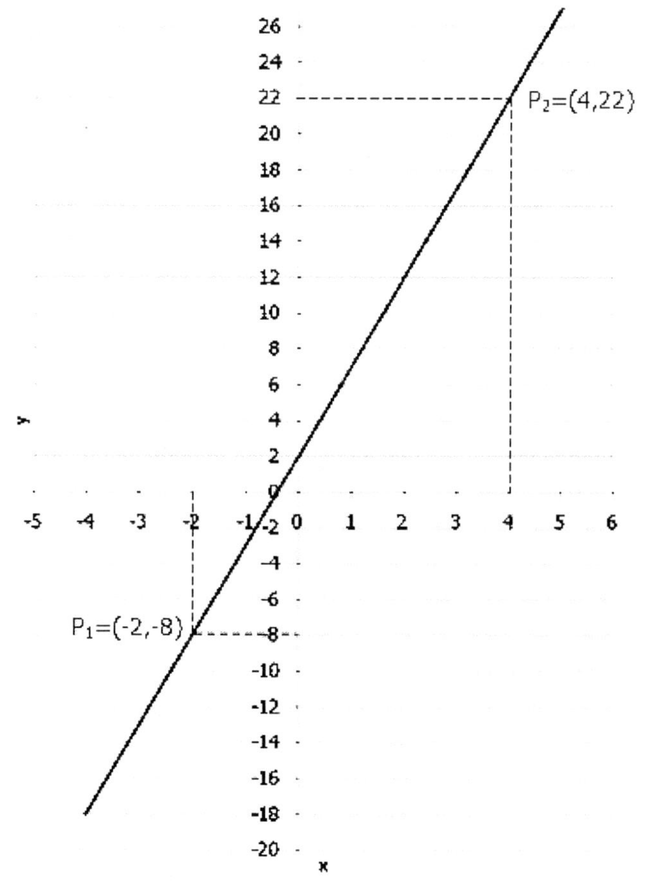

Figura 1.7. Gráfico da reta que passa por P_1=(-2, -8) e P_2=(4, 22).

Na figura 1.7, podemos visualizar os pontos $P_1=(x_1,y_1)=(-2,-8)$ e $P_2=(x_2,y_2)=(4,22)$ da reta em estudo. Com esses pontos da reta, o coeficente angular a pode ser calculado:

$$a = \frac{\Delta y}{\Delta x} = \frac{y_2 - y_1}{x_2 - x_1}$$

$$a = \frac{22-(-8)}{4-(-2)} = \frac{30}{6}$$

$$a = 5$$

A leitura do gráfico permite que vejamos diretamente o coeficiente linear b da reta: $b = 2$, pois a reta cruza o eixo vertical na posição 2.

Logo, a equação da reta da figura 1.6 é $y = 5x + 2$, pois, se substituirmos $a = 5$ e $b = 2$ em $y = ax + b$, ficamos com $y = 5x + 2$.

Exemplo 1.2. Determine a equação da reta que passa por P_1 e P_1, sendo $P_1=(-5; 3,3)$ e $P_2=(1; -14,7)$.

Resolução.

Na figura 1.8, temos o gráfico da reta que passa por $P_1=(-5; 3,3)$ e $P_2=(1; -14,7)$.

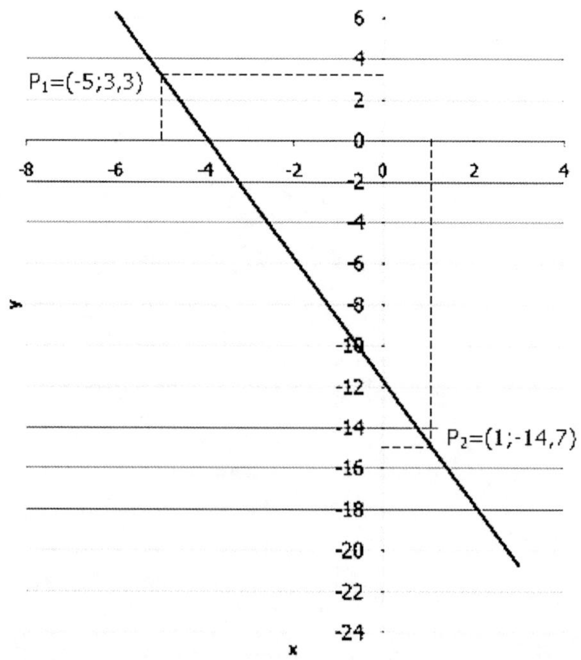

Figura 1.8. Gráfico da reta que passa por $P_1=(-5; 3,3)$ e $P_2=(1; -14,7)$.

Conhecendo os pontos $P_1=(x_1,y_1)=(-5;\ 3,3)$ e $P_2=(x_2,y_2)=(1;\ -14,7)$, podemos calcular o coeficente angular a da reta:

$$a=\frac{\Delta y}{\Delta x}=\frac{y_2-y_1}{x_2-x_1}$$

$$a=\frac{-14,7-(3,3)}{1-(-5)}$$

$$a=\frac{-18}{6}$$

$$a=-3$$

A leitura do gráfico não permite que vejamos com precisão o coeficiente linear b da reta: podemos apenas dizer que é um número próximo de -12, pois a reta cruza o eixo vertical um pouco acima de -12.

Uma alternativa é usarmos $y-y_1=a(x-x_1)$ para determinarmos a equação da reta, sendo a o coeficente angular e $P_1=(x_1,y_1)$ um ponto da reta.

Como temos $a=-3$ e $P_1=(-5;\ 3,3)$, podemos escrever:

$$y-y_1=a(x-x_1)$$

$$y-3,3=-3(x-(-5))$$

$$y=-3x-11,7$$

Logo, a equação da reta da figura 1.8 é $y=-3x-11,7$.

Exemplo 1.3. Determine a equação da reta de coeficiente angular -4 e que intercepta o eixo horizontal em -7.

Resolução

O coeficiente angular a da reta é -4 ($a=-4$).

Se a reta intercepta o eixo horizontal em -7, sua raiz é -7. Ou seja, essa reta passa pelo ponto $P_1=(-7,0)$.

Vamos usar $y-y_1=a(x-x_1)$ para determinarmos a equação da reta, com $a=-4$ e $P_1=(x_1,y_1)=(-7,0)$.

$$y - y_1 = a(x - x_1)$$

$$y - 0 = -4(x - (-7))$$

$$y = -4x - 28$$

1.2. Retas paralelas e retas perpendiculares

Se a reta t, de coeficiente a_t, é paralela à reta s, de coeficiente a_s, então essas duas retas têm o mesmo coeficiente angular, ou seja, $a_t = a_s$.

Isso é consequência do seguinte fato: o coeficiente angular a da reta $y = ax + b$ é a tangente do ângulo θ que a reta forma com o eixo horizontal (eixo x). Esse ângulo somente pode ser medido diretamente com um transferidor se na horizontal e na vertical forem usadas a mesma escala.

Se duas retas são paralelas, elas têm a mesma inclinação, ou seja, elas formam o mesmo ângulo com o eixo horizontal e têm o mesmo coeficiente angular.

Por exemplo, vimos que o coeficiente angular da reta $y = 3x + 2$ é $a = 3$. Isso significa que a tangente do ângulo θ que $y = 3x + 2$ forma com o eixo horizontal é 3. E qual é esse ângulo?

Sabemos que tgθ=3. Logo, para calcularmos o valor de θ, precisamos fazer a operação inversa da tangente de θ, que é o arcotangente de θ, indicado por arctanθ. No caso, o ângulo θ é o arcotangente de 3. Esse cálculo, feito com o auxílio da calculadora, é o seguinte:

$$\theta = \arctan(3) = 1{,}249$$

Esse valor de θ igual a 1,249 está em radianos. Para sabermos seu equivalente em graus, precisamos multiplicá-lo por 180 e dividi-lo pelo número irracional π, aproximado por 3,14, conforme segue:

$$\theta = 1{,}249\frac{180}{\pi}$$

$$\theta \cong 1{,}249\frac{180}{3{,}14}$$

$$\theta \cong 72^{\circ}$$

Logo, qualquer reta paralela à reta y=3x+2 forma 72º com eixo horizontal e tem coeficiente angular igual a 3. Na figura 1.9, há indicação de algumas retas paralelas à reta y=3x+2.

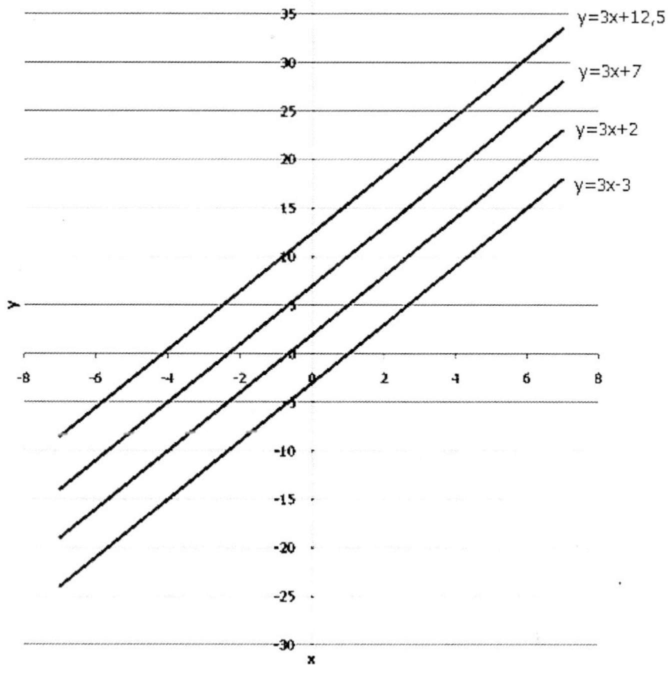

Figura 1.9. Retas paralelas a $y = 3x + 2$**.**

Se a reta t, de coeficiente a_t, é perpendicular à reta s, de coeficiente a_s, então o coeficiente angular da reta s é "o inverso negativo" do coeficiente angular da reta t, ou seja, $a_s = -\dfrac{1}{a_t}$.

Assim, qualquer reta perpendicular à reta $y = 3x + 2$ tem coeficiente angular $-\dfrac{1}{3}$, visto que "o inverso negativo" de 3 é $-\dfrac{1}{3}$.

Para fixarmos essas ideias, vamos estudar os exemplos a seguir.

Exemplo 1.4. Determine a equação da reta s que passa pelo ponto (3,-8) e é paralela à reta r de equação $y = -5x - 15$.

Resolução

O coeficiente angular a da reta s é -5 ($a = -5$), pois, como ela é paralela à reta r dada por $y = -5x - 15$, tem o mesmo coeficiente angular de r.

Sabemos que a reta s passa por $P_1=(x_1,y_1)=(3,-8)$. Logo, vamos usar $y - y_1 = a(x - x_1)$ para determinarmos sua equação.

$$y - y_1 = a(x - x_1)$$

$$y - (-8) = -5(x - 3)$$

$$y = -5x + 7$$

Na figura 1.10, há a indicação das retas paralelas de equações y=-5x+7 e y=-5x-15.

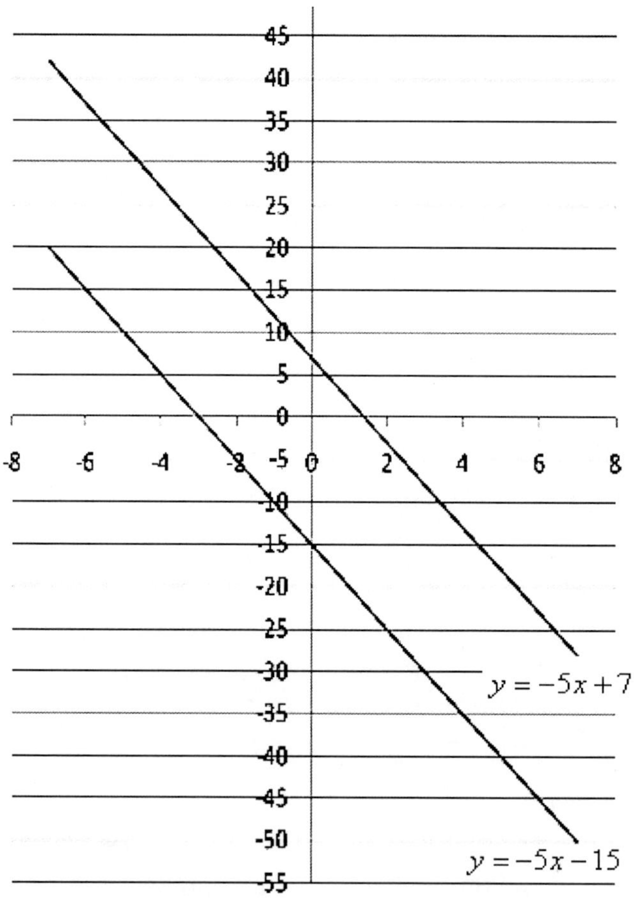

Figura 1.10. Retas paralelas: $y = -5x + 7$ **e** $y = -5x - 15$**.**

Exemplo 1.5. Determine a equação da reta s que passa pelo ponto (3,-8) e é perpendicular à reta r de equação $y = -5x - 15$.

Resolução

O coeficiente angular a da reta s é 1/5, pois, como ela é perpendicular à reta r dada por $y = -5x - 15$, tem o "inverso negativo" do coeficiente angular de r, ou seja, -1/-5=1/5.

Também sabemos que a reta s passa por $P_1=(x_1,y_1)=(3,-8)$. Logo, vamos usar $y - y_1 = a(x - x_1)$ para determinarmos sua equação.

$$y - y_1 = a(x - x_1)$$

$$y - (-8) = \frac{1}{5}(x - 3)$$

$$y = \frac{1}{5}x - \frac{3}{5} - 8$$

$$y = \frac{1}{5}x - \frac{43}{5}$$

1.3. Aplicações da função do 1° grau

Nos exemplos a seguir, vamos estudar algumas aplicações da função do 1º grau.

Exemplo 1.6. Imagine que um motorista de táxi cobre R$5,00 de "bandeirada" mais R$1,30 por quilômetro rodado. Com base nessas informações, determine:

a) a equação que relaciona o valor pago pela "corrida" e a quantidade de quilômetros rodados;

b) o valor a ser pago por uma "corrida" de 20 quilômetros e meio.

Resolução.

a) Vamos chamar de V (em R$) o valor a ser pago pela "corrida" e de q (em km) a quantidade de quilômetros rodados.

A equação que relaciona V e q é uma função do 1º grau dada por:

$$V = aq + b$$

Na equação, o coeficiente linear b é a "bandeirada" de R$5,00, que é o valor fixo a ser pago independentemente do número de quilômetros rodados, ou seja, $b = 5$.

O coeficiente angular a é o valor pago por quilômetro rodado, ou seja, $a = 1{,}30$.

Logo, a equação que relaciona V e q é:

$V = 1{,}30q + 5$

Observamos que, como a variável q é a quantidade de quilômetros rodados, ela somente pode ser substiuída por um número real maior do que zero, ou zero.

Dizemos que o domínio D_V da função $V = 1{,}30q + 5$ é:

$D_V = \{q \in \Re / q \geq 0\}$

b) Para uma "corrida" de 20 quilômetros e meio, temos $q = 20{,}5$. Se aplicarmos esse valor em $V = 1{,}30q + 5$, obtemos $V = 31{,}65$, pois:

$V = 1{,}30.20{,}5 + 5$

$V = 31{,}65$

Logo, o valor a ser pago por uma "corrida" de 20 quilômetros e meio é R$31,65.

Exemplo 1.7. Imagine que um vendedor de eletrodomésticos tenha seu salário mensal composto por uma parte fixa de R$1.200,00 e por uma parte variável correspondente a 2% do valor total vendido no mês. Com base nessas informações, determine:

a) a equação que relaciona o salário mensal do vendedor e o valor total vendido no mês;

b) o salário que o vendedor recebe em um mês no qual vende R$18.000,00 em eletrodomésticos.

Resolução.

a) Vamos chamar de S (em R$) o salário mensal do vendedor e de V (em R$) o valor total vendido no mês.

Como o vendedor recebe o valor fixo de R$1.200,00 mais o valor variável de 2% do valor total vendido no mês (2% de V ou $0{,}02V$), a equação que relaciona S e V é uma função do 1º grau dada por:

$S = 0{,}02V + 1200$

Ressaltamos que o valor total V vendido no mês à quantidade é um número real maior do que zero, ou zero. Logo, o domínio D_S da função $S = 0{,}02V + 1200$ é:

$D_S = \{V \in \Re / V \geq 0\}$

b) Para um mês no qual o vendedor vende R$18.000,00 em eletrodomésticos, temos $V = 18000$. Se aplicarmos esse valor em $S = 0{,}02V + 1200$, obtemos $S = 1560$:

$$S = 0{,}02.18000 + 1200$$

$$S = 1560$$

Logo, o salário que o vendedor recebe no mês no qual vende R$18.000,00 em eletrodomésticos é R$1.560,00.

Exemplo 1.8. Imagine que uma pequena fábrica de sabonetes tenha custo fixo mensal de R$3.000,00 e custo variável de R$1,20 por unidade produzida. Com base nessas informações, determine:

a) a equação que relaciona o custo mensal de produção e a quantidade de sabonetes produzidos;

b) o custo mensal para a produção de 500 sabonetes.

Resolução

a) Vamos chamar de C (em R$) o custo mensal de produção e de Q a quantidade de sabonetes produzidos. Como custo mensal é o custo fixo de R$3.000,00 mais o custo variável de R$1,20 por unidade produzida, a equação que relaciona C e Q é uma função do 1º grau dada por:

$$C = 1{,}20Q + 3000$$

Devemos observar que a variável Q apenas pode ser substituída por números inteiros e positivos, pois ela representa o número de sabonetes produzidos.

b) O custo mensal para a produção de $Q = 500$ sabonetes é de R$3.600,00, pois:

$$C = 1{,}2.500 + 3000$$

$$C = 3600$$

Exemplo 1.9. Imagine que uma pessoa tenha de escolher entre duas operadoras de celular, operadora 1 e operadora 2, que apresentam as condições a seguir.

Operadora 1. Cobra taxa fixa mensal de R$240,00 mais R$0,60 por minuto de ligação.

Operadora 2. Cobra taxa fixa mensal de R$200,00 mais R$0,80 por minuto de ligação.

Com base nessas informações, determine o que se pede.

a) A equação que relaciona a conta a ser paga pelo usuário (em R$) e o tempo de ligação (em min) para a operadora 1.

b) A equação que relaciona a conta a ser paga pelo usuário (em R$) e o tempo de ligação (em min) para a operadora 2.

c) As situações em que uma operadora é mais vantajosa do que outra em termos da conta mensal a ser paga pelo usuário.

Resolução

a) Vamos chamar de Y (em R$) a conta a ser paga pelo usuário e de t (em min) o tempo de ligação para a operadora 1.

Como essa operadora cobra taxa fixa mensal de R$240,00 mais R$0,60 por minuto de ligação, a equação que relaciona Y e t é uma função do 1º grau dada por:

$Y = 0{,}60t + 240$, com $t \geq 0$

b) Vamos chamar de Z (em R$) a conta a ser paga pelo usuário e de t (em min) o tempo de ligação para a operadora 2.

Como essa operadora cobra taxa fixa mensal de R$200,00 mais R$0,80 por minuto de ligação, a equação que relaciona Z e t é uma função do 1º grau dada por:

$Z = 0{,}80t + 200$, com $t \geq 0$

c) Na figura 1.11, temos, no mesmo sistema de eixos, os gráficos de $Y = 0{,}60t + 240$ e de $Z = 0{,}80t + 200$.

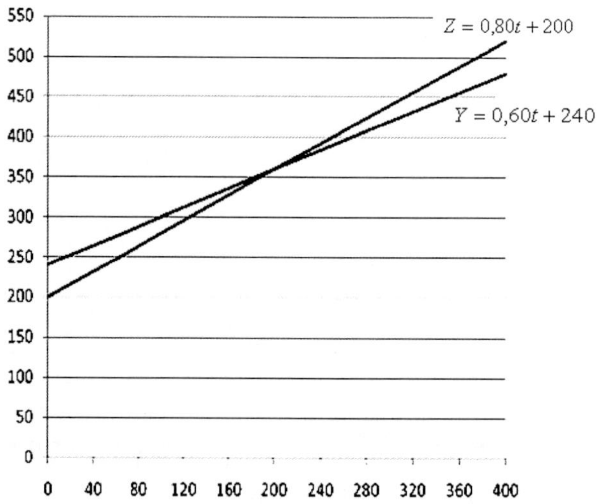

Figura 1.11. Retas de equações $Y = 0{,}60t + 240$ **e** $Z = 0{,}80t + 200$ **.**

A situação em que ambos os operadores apresentam o mesmo valor de conta mensal para o usuário é quando o tempo de ligação é de 200 minutos, valor que pode ser visto pelo ponto de interseção das retas na figura 1.10 ou que pode ser calculado se igualarmos $Y = 0{,}60t + 240$ com $Z = 0{,}80t + 200$, conforme segue.

$$0{,}60t + 240 = 0{,}80t + 200$$

$$240 - 200 = 0{,}80t - 0{,}60t$$

$$40 = 0{,}20t$$

$$\frac{40}{0{,}20} = t \Rightarrow t = 200 \text{ min}$$

Logo, temos as situações que seguem.

- Se o tempo de ligações no mês for menor do que 200 minutos, a operadora 1 é mais vantajosa, pois gera conta mensal menor do que a operadora 2. Nesse intervalo, o gráfico de $Y = 0{,}60t + 240$ fica "abaixo" do gráfico de $Z = 0{,}80t + 200$.
- Se o tempo de ligações no mês for igual a 200 minutos, as operadoras 1 e 2 são equivalentes, pois geram mesma conta mensal. Nesse ponto, o gráfico de $Y = 0{,}60t + 240$ e o gráfico de $Z = 0{,}80t + 200$ cruzam-se.
- Se o tempo de ligações no mês for maior do que 200 minutos, a operadora 2 é mais vantajosa, pois gera conta mensal menor do que a operadora 1. Nesse intervalo, o gráfico de $Z = 0{,}80t + 200$ fica "abaixo" do gráfico de $Y = 0{,}60t + 240$.

Exemplo 1.10. Considere as informações dadas na figura a seguir.

R$ 12,09/cada

Código do Produto: 89261515

Características

Produto	Arame
Material	Aço
Tipo	Galvanizado
Comprimento	36 m

Para essa situação, determine o que segue.

a) A equação que relaciona o preço do arame e sua massa.

b) A equação que relaciona o preço do arame e seu comprimento ("metragem").

Resolução

a) Pela figura, vemos que um rolo de arame de 1kg, ou seja, de 1000g, é vendido por R$12,09. Então, temos a proporção de R$12,09 para 1000g de arame. Para sabermos o valor V de 1g de arame, fazemos a regra de três a seguir.

$$\boxed{\begin{array}{ccc} 12{,}09reais & - & 1000g \\ V & - & 1g \end{array}}$$

Para acharmos o resultado V, fazemos a seguinte igualdade, vinda da multiplicação "em cruz" dos valores presentes no esquema anterior:

$$V.1000 = 12{,}09.1$$

$$V = \frac{12{,}09}{1000}$$

$$V = 0{,}01209reais$$

Ou seja, cada 1g de arame vale R$0,01209.

Se chamarmos de x a massa de arame (em gramas) e de y seu correspondente preço (em R$), temos que x e y são variáveis relacionadas por uma função do 1º grau dada por $y = ax + b$.

O coeficente angular a é o valor de cada grama de arame, ou seja, $a = 0{,}01209$.

O coeficinte linear b é zero, pois, para "0 gramas" de arame, o valor é "0 reais".

Logo, a equação que relaciona o preço y do arame e sua massa x é:

$$y = 0{,}01209\,x$$

a) Pela figura, vemos que um rolo de arame de 36m (36 metros) é vendido por R$12,09. Então, temos a proporção de R$12,09 para 36m de arame. Para sabermos o valor C de 1m de arame, fazemos a regra de três a seguir.

$$\boxed{\begin{array}{ccc} 12{,}09reais & - & 36m \\ C & - & 1m \end{array}}$$

Para acharmos o resultado C, fazemos a seguinte igualdade, vinda da multiplicação "em cruz" dos valores presentes no esquema anterior:

$$C.36 = 12{,}09.1$$

$$C = \frac{12{,}09}{36}$$

$$C = 0{,}3358\,reais$$

Ou seja, cada 1m de arame vale R$0,3358.

Se chamarmos de z o comprimento de arame (em metros) e de y o correspondente preço do arame (em R$), temos que z e y são variáveis relacionadas por uma função do 1º grau dada por $y = az + b$.

O coeficente angular a é o valor de cada grama de arame, ou seja, $a = 0{,}3358$.

O coeficinte linear b é zero, pois, para "0 metros" de arame, o valor é "0 reais".

Logo, a equação que relaciona o preço y do arame e seu comprimento z é $y = 0{,}3358z$.

CAPÍTULO 2. REVISÃO: REGRAS DE DERIVAÇÃO

Para fazermos aplicações de derivadas, é interessante revermos as propriedades operacionais e as regras de derivações de funções simples e compostas. Vamos à revisão.

2.1. Propriedades operacionais das derivadas

Considere as indicações a seguir.

- $f(x)$: função contínua e derivável da variável x .
- $g(x)$: função contínua e derivável da variável x , com $g(x) \neq 0$.
- $f'(x) = \dfrac{d(f(x))}{dx}$: derivada da função $f(x)$ em relação à variável x .
- $g'(x) = \dfrac{d(g(x))}{dx}$: derivada da função $g(x)$ em relação à variável x .
- k : constante.

Para as funções em análise, valem as propriedades operacionais P1, P2, P3 e P4 das derivadas listadas a seguir.

P1. $(f(x) \pm g(x))' = f'(x) \pm g'(x)$ ou $\dfrac{d(f(x) \pm g(x))}{dx} = \dfrac{df(x)}{dx} \pm \dfrac{dg(x)}{dx}$

Leitura de P1. A derivada da soma (ou subtração) de duas funções é igual à soma (ou subtração) das derivadas das funções. Isso também é válido para mais de duas funções.

P2. $(kf(x))' = kf'(x)$ ou $\dfrac{d(kf(x))}{dx} = k\dfrac{df(x)}{dx}$

Leitura de P2. A derivada do produto (multiplicação) de uma constante *k* (número real) por uma função é igual ao produto da constante *k* pela derivada da função.

P3. $\left(f(x)g(x)\right)' = f'(x)g(x) + f(x)g'(x)$ ou $\frac{d\left(f(x)g(x)\right)}{dx} = \frac{df(x)}{dx}g(x) + f(x)\frac{dg(x)}{dx}$

Leitura de P3. A derivada do produto (multiplicação) de duas funções é igual à soma da derivada da primeira função multiplicada pela segunda função com a primeira função multiplicada pela derivada da segunda função.

P4. $\left(\frac{f(x)}{g(x)}\right)' = \frac{f'(x)g(x) - f(x)g'(x)}{\left(g(x)\right)^2}$ ou $\frac{d\left(f(x)g(x)\right)}{dx} = \frac{\frac{df(x)}{dx}g(x) - f(x)\frac{dg(x)}{dx}}{\left(g(x)\right)^2}$

Leitura de P4. A derivada do quociente (divisão) de duas funções é igual à subtração entre a derivada da função do numerador multiplicada pela função do denominador e a função do numerador multiplicada pela derivada da função do denominador, dividindo-se essa subtração pela função do denominador elevada ao quadrado. A função do denominador deve ser diferente de zero.

2.2. Tabela de derivadas: funções simples

Se k e n são constantes, as derivadas das principais funções simples de uma variável encontram-se no quadro a seguir.

$(k)' = \frac{dk}{dx} = 0$
$(x)' = \frac{dx}{dx} = 1$
$\left(x^n\right)' = \frac{dx^n}{dx} = nx^{n-1}$
$\left(e^x\right)' = \frac{de^x}{dx} = e^x$
$(senx)' = \frac{dsenx}{dx} = \cos x$

$(\cos x)' = \dfrac{d\cos x}{dx} = -senx$
$(tgx)' = \dfrac{dtgx}{dx} = \sec^2 x$
$(\cot gx)' = \dfrac{d\cot gx}{dx} = -\cos\sec^2 x$
$(\sec x)' = \dfrac{d\sec x}{dx} = \sec x.tgx$
$(\cos\sec x)' = \dfrac{d\cos\sec x}{dx} = -\cos\sec x.\cot gx$
$(arcsenx)' = \dfrac{d(arcsenx)}{dx} = \dfrac{1}{\sqrt{1-x^2}}$
$(\arccos x)' = \dfrac{d(\arccos x)}{dx} = \dfrac{-1}{\sqrt{1-x^2}}$
$(arctgx)' = \dfrac{d(arctgx)}{dx} = \dfrac{1}{1+x^2}$
$(\ln x)' = \dfrac{d(\ln x)}{dx} = \dfrac{1}{x}$
$(a^x)' = \dfrac{d(a^x)}{dx} = a^x.\ln a$
$(\log_a x)' = \dfrac{d(\log_a x)}{dx} = \dfrac{1}{x\ln a}$

2.3. Tabela de derivadas: funções compostas

Se k e n são constantes e se $u = u(x)$ é uma função da variável x, as derivadas das principais funções compostas são apresentadas a seguir.

$(u^n)' = nu' u^{n-1}$
$(\sqrt{u})' = \dfrac{u'}{2\sqrt{u}}$
$(e^u)' = u' e^u$
$(senu)' = u' \cos u$
$(\cos u)' = -u' senu$
$(tgu)' = u' \sec^2 u$
$(\cot gu)' = -u' \cos\sec^2 u$
$(\sec u)' = u' \sec u.tgu$
$(\cos\sec u)' = -u' \cos\sec u.\cot gu$
$(arcsenu)' = \dfrac{u'}{\sqrt{1-u^2}}$
$(\arccos u)' = \dfrac{-u'}{\sqrt{1-u^2}}$

$(arctgu)' = \frac{u'}{1+u^2}$
$(\ln u)' = \frac{u'}{u}$
$(a^u)' = u' a^u \ln a$
$(\log_a u)' = \frac{u'}{u \ln a}$

Essa tabela parte da chamada "regra da cadeia": se y é uma função de u $(y = y(u))$ e se u é uma função de x $(u = u(x))$, então

$$\frac{dy}{dx} = \frac{du}{dx}\frac{dy}{du}$$

ou

$$y'(x) = u'(x)y'(u)$$

Nos exemplos a seguir, temos aplicações das propriedadades operacionais e das regras de derivação.

Exemplo 2.1. Derive $y = 2x^3$.

Resolução

Queremos fazer a seguinte derivada: $y' = \frac{dy}{dx} = \frac{d(2x^3)}{dx} = (2x^3)'$.

Para derivarmos $y = 2x^3$ em relação à variável x, usamos a propriedade $(kf(x))' = kf'(x)$, com $k = 2$ e $f(x) = x^3$:

$y' = (2x^3)' = 2(x^3)'$

Para derivarmos x^3 em relação à variável x, usamos $\left(x^n\right)' = nx^{n-1}$, com $n = 3$:

$$y' = f'(x) = \left(2x^3\right)' = 2(x^3)' = 2(3x^{3-1}) = 6x^2$$

Exemplo 2.2. Derive $y = 7x^5 + \dfrac{3}{x^5} - e^x + \cos x$**.**

Resolução

Visto que $\dfrac{1}{a^b} = a^{-b}$, se fizermos $a = x$ e $b = 5$, podemos escrever $\dfrac{1}{x^5}$ como x^{-5}.

Desse modo, a função a ser derivada, ou seja, $y = 7x^5 + \dfrac{3}{x^5} - e^x + \cos x$, pode ser reescrita como:

$$y = 7x^5 + 3x^{-5} - e^x + \cos x$$

Logo, a derivada a ser feita é:

$$y' = \frac{dy}{dx} = \frac{d(7x^5 + 3x^{-5} - e^x + \cos x)}{dx} = (7x^5 + 3x^{-5} - e^x + \cos x)'$$

Para derivarmos $y = 7x^5 + 3x^{-5} - e^x + \cos x$ em relação à variável x, podemos usar a propriedade P1, que diz que a derivada da soma (ou subtração) de funções é igual à soma (ou subtração) das derivadas das funções:

$$y' = \left(7x^5\right)' + \left(3x^{-5}\right)' - \left(e^x\right)' + \left(\cos x\right)'$$

Temos de derivar, de modo "independente", quatro funções da variável x: $7x^5$, $3x^{-5}$, e^x e $\cos x$.

A derivada da multiplicação constante 7 por x^5 é a constante 7 multiplicada pela derivada de x^5:

$$\left(7x^5\right)' = 7\left(x^5\right)'$$

Para derivarmos x^5 em relação à variável x, usamos $\left(x^n\right)' = nx^{n-1}$, com $n = 5$:

$$\left(7x^5\right)' = 7\left(x^5\right)' = 7\left(x^5\right)' = 7(5)x^{5-1} = 35x^4$$

A derivada da multiplicação constante 3 por x^{-5} é a constante 3 multiplicada pela derivada de x^{-5}:

$$\left(3x^{-5}\right)' = 3\left(x^{-5}\right)'$$

Para derivarmos $3x^{-5}$ em relação à variável x, usamos $\left(x^n\right)' = nx^{n-1}$, com $n = -5$:

$$\left(3x^{-5}\right)' = 3\left(x^{-5}\right)' = 3(-5)x^{-5-1} = -15x^{-6}$$

Para derivarmos e^x em relação à variável x, usamos diretamente $\left(e^x\right)' = e^x$.

Para derivarmos $\cos x$ em relação à variável x, usamos diretamente $(\cos x)' = -senx$.

Logo:

$$y' = (7x^5 + \frac{3}{x^5} - e^x + \cos x)'$$

$$y' = (7x^5 + 3x^{-5} - e^x + \cos x)'$$

$$y' = \left(7x^5\right)' + \left(3x^{-5}\right)' - \left(e^x\right)' + (\cos x)'$$

$$y' = 7.5x^{5-1} + 3(-5)x^{-5-1} - e^x + (-senx)$$

$$y' = 35x^4 - 15x^{-6} - e^x - senx$$

Exemplo 2.3. Derive $y = x^9\left(x^2 + senx\right)$**.**

Resolução

Queremos fazer a seguinte derivada: $y' = \frac{dy}{dx} = \frac{d\left(x^9\left(x^2 + senx\right)\right)}{dx} = \left(x^9\left(x^2 + senx\right)\right)'$.

Para derivarmos $y = x^9\left(x^2 + senx\right)$ em relação à variável x, usamos a propriedade indicada a seguir, pois temos uma "multiplicação" de duas funções.

$$(f(x)g(x))' = f'(x)g(x) + f(x)g'(x)$$

Se fizermos $f(x) = x^9$ e $g(x) = x^2 + senx$, ficamos com:

$$y' = \left(x^9\right)'\left(x^2 + senx\right) + x^9\left(x^2 + senx\right)'$$

Para derivarmos x^9 em relação à variável x, usamos $\left(x^n\right)' = nx^{n-1}$, com $n = 9$:

$$\left(x^9\right)' = 9x^{9-1} = 9x^8$$

Para derivarmos $x^2 + senx$ em relação à variável x, usamos a propriedade P1, que diz que a derivada da soma de funções é igual à soma das derivadas das funções:

$$y' = \left(x^2 + senx\right)' = \left(x^2\right)' + (senx)'$$

Para derivarmos x^2 em relação à variável x, usamos $\left(x^n\right)' = nx^{n-1}$, com $n = 2$, e, para derivarmos $senx$ em relação à variável x, usamos $(senx)' = \cos x$:

$$y' = \left(x^2 + senx\right)' = \left(x^2\right)' + (senx)' = 2x^{2-1} + \cos x = 2x + \cos x$$

Logo:

$$y' = \left(x^9\right)'\left(x^2 + senx\right) + x^9\left(x^2 + senx\right)'$$

$$y' = 9x^8\left(x^2 + senx\right) + x^9(2x + \cos x)$$

Já finalizamos a derivação, mas ainda podemos colocar x^8 em evidência:

$$y' = x^8\left(9\left(x^2 + senx\right) + x\left(2x + \cos x\right)\right)$$

$$y' = x^8\left(9x^2 + 9senx + 2x^2 + x\cos x\right)$$

$$y' = x^8\left(11x^2 + 9senx + x\cos x\right)$$

Exemplo 2.4. Derive $y = \dfrac{x^3}{5 + senx}$**.**

Resolução

Queremos fazer a seguinte derivada: $y' = \dfrac{dy}{dx} = \dfrac{d\left(\dfrac{x^3}{5+senx}\right)}{dx} = \left(\dfrac{x^3}{5+senx}\right)'$.

Para derivarmos $y = \dfrac{x^3}{5 + senx}$ em relação à variável x, usamos a propriedade indicada a seguir, pois temos uma "divisão" de duas funções.

$$\left(\frac{f(x)}{g(x)}\right)' = \frac{f'(x)g(x) - f(x)g'(x)}{(g(x))^2}$$

Se fizermos $f(x) = x^3$ e $g(x) = 5 + senx$, ficamos com:

$$y' = \frac{\left(x^3\right)'(5 + senx) - x^3(5 + senx)'}{(5 + senx)^2}$$

Para derivarmos x^3 em relação à variável x, usamos $\left(x^n\right)' = nx^{n-1}$, com $n = 3$:

$$\left(x^3\right)' = 3x^{3-1} = 3x^2$$

Para derivarmos $5 + senx$ em relação à variável x, podemos usar a propriedade P1, que diz que a derivada da soma de funções é igual à soma das derivadas das funções:

$$y' = (5 + senx)' = (5)' + (senx)'$$

A derivada da constante 5 é zero e a derivada de $senx$ em relação à variável x é $\cos x$:

$$y' = (5 + senx)' = (5)' + (senx)' = 0 + \cos x = \cos x$$

Logo:

$$y' = \frac{\left(x^3\right)'(5 + senx) - x^3(5 + senx)'}{(5 + senx)^2}$$

$$y' = \frac{3x^2(5 + senx) + x^3 \cos x}{(5 + senx)^2}$$

Exemplo 2.5. Derive $y = sen\left(x^3 - x^2\right)$.

Resolução

Queremos fazer a seguinte derivada: $y' = \frac{dy}{dx} = \frac{d\left(sen\left(x^3 - x^2\right)\right)}{dx} = \left(sen\left(x^3 - x^2\right)\right)'$.

Nesse caso, temos uma composição de funções: a função seno composta com uma função do terceiro grau, dada por $x^3 - x^2$.

Para derivarmos $y = sen\left(x^3 - x^2\right)$ em relação à variável x, usamos a regra indicada a seguir.

$$(senu)' = u' \cos u$$

Se fizermos $u = x^3 - x^2$, ficamos com:

$$y' = \left(x^3 - x^2\right)' \cos\left(x^3 - x^2\right)$$

Para derivarmos $x^3 - x^2$ em relação à variável x, usamos a propriedade P1, que diz que a derivada da subtração de funções é igual à subtração das derivadas das funções:

$$y' = \left(x^3 - x^2\right)' = \left(x^3\right)' - \left(x^2\right)'$$

Agora, usamos $\left(x^n\right)' = nx^{n-1}$ com $n = 3$ para fazermos $\left(x^3\right)'$ e com $n = 2$ para fazermos $\left(x^2\right)'$:

$$y' = \left(x^3 - x^2\right)' = \left(x^3\right)' - \left(x^2\right)' = 3x^{3-1} - 2x^{2-1} = 3x^2 - 2x$$

Logo:

$$y' = \left(sen\left(x^3 - x^2\right)\right)'$$

$$y' = \left(x^3 - x^2\right)' \cos\left(x^3 - x^2\right)$$

$$y' = \left(3x^{3-1} \quad 2x^{2-1}\right)\cos\left(x^3 - x^2\right)$$

$$y' = \left(3x^2 - 2x\right)\cos\left(x^3 - x^2\right)$$

Exemplo 2.6. Derive $y = e^{\left(7x^5 + \cos x\right)}$**.**

Resolução

Queremos fazer a seguinte derivada: $y' = \dfrac{dy}{dx} = \dfrac{d\left(e^{\left(7x^5 + \cos x\right)}\right)}{dx} = \left(e^{\left(7x^5 + \cos x\right)}\right)'$.

Nesse caso, temos uma composição de funções: a função exponencial de base *e* composta com uma soma de função do quinto grau e de função cosseno.

Para derivarmos $y = e^{\left(7x^5 + \cos x\right)}$ em relação à variável x, usamos a regra a seguir.

$$\left(e^u\right)' = u' e^u$$

Se fizermos $u = 7x^5 + \cos x$, ficamos com:

$$y' = (7x^5 + \cos x)' e^{(7x^5 + \cos x)}$$

Para derivarmos $7x^5 + \cos x$ em relação à variável x, usamos a propriedade P1, que diz que a derivada da soma de funções é igual à soma das derivadas das funções:

$$y' = \left(7x^5 + \cos x\right)' = \left(7x^5\right)' + \left(\cos x\right)'$$

A derivada da multiplicação da constante 7 por x^5 é igual à multiplicação da constante 7 pela derivada de x^5:

$$y' = \left(7x^5 + \cos x\right)' = \left(7x^5\right)' + \left(\cos x\right)' = 7\left(x^5\right)' + \left(\cos x\right)'$$

Para derivarmos x^5 em relação à variável x, usamos $\left(x^n\right)' = nx^{n-1}$, com $n = 5$, e, para derivarmos $\cos x$ em relação à variável x, usamos $\left(\cos x\right)' = -senx$:

$$y' = \left(7x^5 + \cos x\right)' = \left(7x^5\right)' + \left(\cos x\right)' = 7\left(x^5\right)' + \left(\cos x\right)' = 7\left(5x^4\right) + \left(-senx\right)$$

$$y' = \left(7x^5 + \cos x\right)' = 35x^4 - senx$$

Logo:

$$y = \left(e^{\left(7x^5 + \cos x\right)}\right)'$$

$$y' = (7x^5 + \cos x)' \, e^{(7x^5 + \cos x)}$$

$$y' = \left(35x^4 - senx\right) e^{\left(7x^5 + \cos x\right)}$$

Exemplo 2.7. Derive $f(x) = \left(5x^3 - x^6\right)^{12}$.

Resolução

Queremos fazer a seguinte derivada: $y' = \dfrac{dy}{dx} = \dfrac{d\left(\left(5x^3 - x^6\right)^{12}\right)}{dx} = \left(\left(5x^3 - x^6\right)^{12}\right)'$.

Temos de derivar uma função composta dada por $u = u(x) = 5x^3 - x^6$ e $f(u) = u^{12}$.

Da tabela de derivadas de funções compostas, temos que $\left(u^n\right)' = nu'u^{n-1}$.

No caso, n=12 e $u = 5x^3 - x^6$. Assim, a derivada da função $f(x) = \left(5x^3 - x^6\right)^{12}$ é:

$$f'(x) = \left(\left(5x^3 - x^6\right)^{12}\right)'$$

$$f'(x) = 12\left(5x^3 - x^6\right)' \left(5x^3 - x^6\right)^{12-1}$$

$$f'(x) = 12\left(5x^3 - x^6\right)' \left(5x^3 - x^6\right)^{11}$$

Ainda temos de derivar, em relação à variável x, a subtração $5x^3 - x^6$.

Como a derivada da subtração de duas funções é a subtração das derivadas dessas funções, temos que:

$$\left(5x^3 - x^6\right)' = \left(5x^3\right)' - \left(x^6\right)'$$

Logo:

$$f'(x) = 12\left(\left(5x^3\right)' - \left(x^6\right)'\right)\left(5x^3 - x^6\right)^{11}$$

A derivada da multiplicação da constante 5 por x^3 é igual à multiplicação da constante 5 pela derivada de x^3:

$$f'(x) = 12\left(5\left(x^3\right)' - \left(x^6\right)'\right)\left(5x^3 - x^6\right)^{11}$$

Agora, usamos $\left(x^n\right)' = nx^{n-1}$ com $n = 3$ para fazermos $\left(x^3\right)'$ e com $n = 6$ para fazermos $\left(x^6\right)'$:

$$f'(x) = 12\left(5.3x^{3-1} - 6x^{6-1}\right)\left(5x^3 - x^6\right)^{11}$$

$$f'(x) = 12\left(15x^2 - 6x^5\right)\left(5x^3 - x^6\right)^{11}$$

Exemplo 2.8. Derive $y = \ln\left(5x^7 - 27x\right)$

Resolução

Queremos fazer a seguinte derivada: $y' = \dfrac{dy}{dx} = \dfrac{d\left(\ln\left(5x^7 - 27x\right)\right)}{dx} = \left(\ln\left(5x^7 - 27x\right)\right)'$.

Temos de derivar uma função composta dada por $u = u(x) = 5x^7 - 27x$ e $f(u) = \ln u$.

Da tabela de derivadas de funções compostas, temos que $(\ln u)' = \dfrac{u'}{u}$.

Ou seja,

$$y' = \left(\ln\left(5x^7 - 27x\right)\right)' = \frac{\left(5x^7 - 27x\right)'}{5x^7 - 27x}$$

Como a derivada da subtração de duas funções é a subtração das derivadas dessas funções, temos que:

$$(5x^7 - 27x)' = (5x^7)' - (27x)'$$

Logo:

$$y' = (\ln(5x^7 - 27x))' = \frac{(5x^7)' - (27x)'}{5x^7 - 27x}$$

Como a derivada do produto de uma constante por uma função é igual ao produto da constante pela derivada da função, em $(5x^7)'$ e $(27x)'$, podemos colocar as constantes 5 e 27 como fatores que multiplicam, respectivamente, das derivadas de x^7 e de x:

$$(5x^7 - 27x)' = (5x^7)' - (27x)' = 5(x^7)' - 27(x)'$$

Logo:

$$y' = (\ln(5x^7 - 27x))' = \frac{5(x^7)' - 27(x)'}{5x^7 - 27x}$$

Para derivarmos x^7 em relação à variável x, usamos $(x^n)' = nx^{n-1}$, com $n = 7$, e, para derivarmos x em relação à variável x, usamos $(x)' = 1$:

$$y' = (\ln(5x^7 - 27x))' = \frac{5(7x^{7-1}) - 27(1)}{5x^7 - 27x}$$

$$y' = (\ln(5x^7 - 27x))' = \frac{5(7x^6) - 27}{5x^7 - 27x}$$

$$y' = \frac{35x^6 - 27}{5x^7 - 27x}$$

Exemplo 2.9. Derive $f(x) = sen(8x-12)$.

Resolução

Queremos fazer a seguinte derivada: $y' = \frac{dy}{dx} = \frac{d(sen(8x-12))}{dx} = (sen(8x-12))'$.

Temos de derivar uma função composta dada por $u = u(x) = 8x-12$ e $f(u) = senu$.

Da tabela de derivadas de funções compostas, temos que $(senu)' = u' \cos u$.

Ou seja,

$$f'(x) = (sen(8x-12))'$$

$$f'(x) = (8x-12)' \cos(8x-12)$$

Temos de derivar, em relação à variável x, a subtração $8x-12$.

Como a derivada da subtração de duas funções é a subtração das derivadas dessas funções, temos que:

$$(8x-12)' = (8x)' - (12)'$$

A derivada da multiplicação da constante 8 por x é igual à multiplicação da constante 8 pela derivada de x:

$$(8x-12)' = (8x)' - (12)' = \mathbf{8}(x)' - (12)'$$

A derivada de x em relação à variável x é $(x)' = 1$ e a derivada da constante 12 em relação à variável x é zero:

$$(8x-12)' = (8x)' - (12)' = \mathbf{8}(x)' - (12)' = 8.1 - 0 = 8$$

Logo:

$$f'(x) = \left((8x)' - (12)' \right) \cos(8x-12)$$

$$f'(x) = \left(8(x)' - (12)' \right) \cos(8x-12)$$

$$f'(x) = (8(1) - (0))\cos(8x - 12)$$

$$f'(x) = 8\cos(8x - 12)$$

Exemplo 2.10. Derive $h(x) = \sqrt[5]{x^{10} + x^9}$.

Resolução

Queremos fazer a seguinte derivada: $y' = \dfrac{dy}{dx} = \dfrac{d\left(\sqrt[5]{x^{10} + x^9}\right)}{dx} = \left(\sqrt[5]{x^{10} + x^9}\right)'$.

Primeiramente, vamos reescrever $h(x) = \sqrt[5]{x^{10} + x^9}$ como $h(x) = \left(x^{10} + x^9\right)^{\frac{1}{5}}$, pois:

$$h(x) = \sqrt[5]{x^{10} + x^9} = \sqrt[5]{\left(x^{10} + x^9\right)^1} = \left(x^{10} + x^9\right)^{\frac{1}{5}}$$

Para escrevermos $h(x) = \sqrt[5]{x^{10} + x^9}$ como $h(x) = \left(x^{10} + x^9\right)^{\frac{1}{5}}$, usamos a propriedade $\sqrt[c]{a^b} = a^{\frac{b}{c}}$, com $a = x^{10} + x^9$, $b = 1$ e $c = 5$.

Temos de fazer a derivada de $h(x)$ em relação à variável x:

$$h'(x) = \frac{d\left(x^{10} + x^9\right)^{\frac{1}{5}}}{dx} = \left(\left(x^{10} + x^9\right)^{\frac{1}{5}}\right)'$$

Usamos $\left(u^n\right)' = nu'u^{n-1}$, com $u = x^{10} + x^9$ e $n = \dfrac{1}{5}$.

$$h'(x) = \frac{1}{5}\left(x^{10} + x^9\right)'\left(x^{10} + x^9\right)^{\frac{1}{5}-1}$$

$$h'(x) = \frac{1}{5}\left(x^{10} + x^9\right)'\left(x^{10} + x^9\right)^{-\frac{4}{5}}$$

Temos de derivar, em relação à variável x, a soma $x^{10} + x^{9}$.

Como a derivada da soma de duas funções é a soma das derivadas dessas funções, temos que:

$$\left(x^{10} + x^{9}\right)' = \left(x^{10}\right)' + \left(x^{9}\right)'$$

Usamos $\left(x^{n}\right)' = nx^{n-1}$ com $n = 10$ para fazermos $\left(x^{10}\right)'$ e com $n = 9$ para fazermos $\left(x^{9}\right)'$:

$$\left(x^{10} + x^{9}\right)' = \left(x^{10}\right)' + \left(x^{9}\right)' = 10x^{10-1} + 9x^{9-1} = 10x^{9} + 9x^{8}$$

Logo:

$$h'(x) = \frac{1}{5}\left(x^{10} + x^{9}\right)'\left(x^{10} + x^{9}\right)^{-\frac{4}{5}}$$

$$h'(x) = \frac{1}{5}\left(\left(x^{10}\right)' + \left(x^{9}\right)'\right)\left(x^{10} + x^{9}\right)^{-\frac{4}{5}}$$

$$h'(x) = \frac{1}{5}\left(\left(10x^{10-1}\right) + \left(9x^{9-1}\right)\right)\left(x^{10} + x^{9}\right)^{-\frac{4}{5}}$$

$$h'(x) = \frac{1}{5}\left(10x^{9} + 9x^{8}\right)\left(x^{10} + x^{9}\right)^{-\frac{4}{5}}$$

CAPÍTULO 3. REVISÃO: MÉTODOS DE INTEGRAÇÃO

Para fazermos aplicações de integrais, é interessante revermos as propriedades, a tabela e os métodos de integração. Vamos à revisão.

3.1. Propriedades das integrais

Considere as indicações a seguir.

- $f(x)$: função contínua e derivável da variável x .
- $g(x)$: função contínua e derivável da variável x .
- $\int f(x)dx$: integral da função $f(x)$.
- $\int g(x)dx$: integral da função $g(x)$.
- k : constante.

Para as funções em análise, valem as propriedades P1 e P2 das integrais listadas a seguir.

P1. $\int (f(x) \pm g(x))dx = \int f(x)dx \pm \int g(x)dx$

Leitura de P1. A integral da soma (ou subtração) de duas funções é igual à soma (ou subtração) das integrais de cada uma das funções. Essa propriedade também é válida para mais de duas funções.

P2. $\int kf(x)dx = k\int f(x)dx$

Leitura de P2. A integral de uma constante multiplicada por uma função é igual à constante multiplicada pela integral da função.

3.2. Tabela de integrais imediatas

Se k e n são constantes, podemos elaborar a tabela de integrais imediatas que segue. Nessa tabela, C é um número real que representa a constante de integração.

Tabela de integrais imediatas

$\int x^n dx = \dfrac{x^{n+1}}{n+1} + C$	$\int \dfrac{1}{x} dx = \int x^{-1} dx = \ln\|x\| + C$
$\int dx = \int 1dx = x + C$	$\int e^x dx = e^x + C$
$\int senxdx = -\cos x + C$	$\int \cos xdx = senx + C$
$\int \sec^2 xdx = tgx + C$	$\int \cos\sec^2 xdx = -\cot gx + C$
$\int \sec x.tgxdx = \sec x + C$	$\int \operatorname{cossec} x.\cot gxdx = -\operatorname{cossec} x + C$
$\int \dfrac{1}{\sqrt{a^2 - x^2}} dx = arcsen\left(\dfrac{x}{a}\right) + C$	$\int \dfrac{1}{a^2 + x^2} dx = \dfrac{1}{a} arctg\left(\dfrac{x}{a}\right) + C$
$\int \dfrac{1}{x\sqrt{a^2 - x^2}} dx = \dfrac{1}{a} arc\sec\left(\dfrac{x}{a}\right) + C$	$\int \dfrac{1}{a^2 - x^2} dx = \dfrac{1}{2a} \ln\left\|\dfrac{x+a}{x-a}\right\| + C$
$\int \dfrac{1}{\sqrt{x^2 - a^2}} dx = \ln\left\|x + \sqrt{x^2 - a^2}\right\| + C$	$\int a^x dx = \dfrac{1}{\ln a} a^x + C$

Nos exemplos a seguir, temos aplicações das propriedadades e da tabela de integrais.

Exemplo 3.1. Calcule $\int (x^{-5} + 8x^5 + \cos x)dx.$

Resolução

Temos de integrar a soma de "x elevado a -5", de "8 vezes x elevado a 5" e de "cosseno de x". Vamos aplicar a propriedade P1, segundo a qual a integral da soma de funções é igual à soma das integrais das funções:

$$\int (x^{-5} + 8x^5 + \cos x)dx = \int x^{-5} dx + \int 8x^5 dx + \int \cos xdx$$

De acordo com a propriedade P2, a integral do produto de uma constante por uma função é igual à constante multiplicada pela integral da função.

Logo, em $\int 8x^5 dx$, podemos colocar a constante 8 como fator de multiplicação de $\int x^5 dx$:

$$\int (x^{-5} + 8x^5 + \cos x)dx = \int x^{-5}dx + 8\int x^5 dx + \int \cos x dx$$

Assim, ficamos com três integrais independentes que podem ser resolvidas diretamente pela tabela: $\int x^{-5}dx$, $\int x^5 dx$ e $\int \cos x dx$.

Para fazermos $\int x^{-5}dx$, usamos $\int x^n dx = \frac{x^{n+1}}{n+1} + C$, com $n = -5$:

$$\int x^{-5}dx = \frac{x^{-5+1}}{-5+1} + C = \frac{x^{-4}}{-4} + C = \frac{1}{-4x^4} + C = -\frac{1}{4x^4} + C$$

Para fazermos $\int x^5 dx$, usamos $\int x^n dx = \frac{x^{n+1}}{n+1} + C$, com $n = 5$:

$$\int x^5 dx = \frac{x^{5+1}}{5+1} + C = \frac{x^6}{6} + C$$

Para fazermos $\int \cos x dx$, usamos $\int \cos x dx = senx + C$.

Logo:

$$\int (x^{-5} + 8x^5 + \cos x)dx = \int x^{-5}dx + 8\int x^5 dx + \int \cos x dx$$

$$\int (x^{-5} + 8x^5 + \cos x)dx = \frac{x^{-5+1}}{-5+1} + 8\frac{x^{5+1}}{5+1} + senx + C$$

$$\int (x^{-5} + 8x^5 + \cos x)dx = \frac{x^{-4}}{-4} + 8\frac{x^6}{6} + senx + C$$

$$\int (x^{-5} + 8x^5 + \cos x)dx = -\frac{1}{4x^4} + 8\frac{x^6}{6} + senx + C$$

$$\int (x^{-5} + 8x^5 + \cos x)dx = -\frac{1}{4x^4} + \frac{4x^6}{3} + senx + C$$

Exemplo 3.2. Calcule $\int \left(e^x + \frac{1}{5}x + \operatorname{cossec}^2 x \right)dx.$

Resolução

Temos de integrar a soma do "número neperiano *e* elevado a x", de "x multiplicado pela constante 1/5" e de "cossecante ao quadrado de x".

Vamos aplicar a propriedade P1, segundo a qual a integral da soma de funções é igual à soma das integrais das funções:

$$\int\left(e^x+\frac{1}{5}x+\cos\sec^2 x\right)dx=\int e^x dx+\int\frac{1}{5}xdx+\int\cos\sec^2 xdx$$

De acordo com a propriedade P2, a integral do produto de uma constante por uma função é igual à constante multiplicada pela integral da função.

Logo, em $\int\frac{1}{5}xdx$, podemos colocar a constante $\frac{1}{5}$ como fator de multiplicação de $\int xdx$:

$$\int\left(e^x+\frac{1}{5}x+\cos\sec^2 x\right)dx=\int e^x dx+\frac{1}{5}\int xdx+\int\cos\sec^2 xdx$$

Para fazermos $\int e^x dx$, usamos $\int e^x dx=e^x+C$.

Para fazermos $\int xdx=\int x^1 dx$, usamos $\int x^n dx=\frac{x^{n+1}}{n+1}+C$, com $n=1$:

$$\int xdx=\int x^1 dx=\frac{x^{1+1}}{1+1}+C=\frac{x^2}{2}+C$$

Para fazermos $\int\cos\sec^2 xdx$, usamos $\int\cos\sec^2 xdx=-\cot gx+C$.

Logo:

$$\int\left(e^x+\frac{1}{5}x+\cos\sec^2 x\right)dx=\int e^x dx+\frac{1}{5}\int xdx+\int\cos\sec^2 xdx$$

$$\int\left(e^x+\frac{1}{5}x+\cos\sec^2 x\right)dx=e^x+\frac{1}{5}\frac{x^2}{2}+(-\cot gx)+C$$

$$\int\left(e^x+\frac{1}{5}x+\cos\sec^2 x\right)dx=e^x+\frac{1}{10}x^2-\cot gx+C$$

Exemplo 3.3. Calcule $\int x^4(8+x)^2\,dx$.

Resolução

Precisamos notar que **não** há propriedade que permita "separar" a integral da multiplicação de duas funções na multiplicação das integrais dessas funções.

Assim, a resolução desse exemplo parte do desenvolvimento de $(8+x)^2$ para obtermos três parcelas que se somam.

Vejamos:

$$(a+b)^2 = a^2 + 2ab + b^2$$

Fazendo $a = 8$ e $b = x$, temos que:

$$(8+x)^2 = 8^2 + 2.8x + x^2 = 64 + 16x + x^2$$

Multiplicando x^4 por $(8+x)^2$, desenvolvido em $64+16x+x^2$, ficamos com:

$$x^4(8+x)^2 = x^4(64+16x+x^2) = 64x^4 + 16x^4x^1 + x^4x^2$$

Visto que $a^b a^c = a^{b+c}$, podemos fazer $x^4x^1 = x^{4+1} = x^5$ e $x^4x^2 = x^{4+2} = x^6$.

Logo:

$$x^4(8+x)^2 = 64x^4 + 16x^5 + x^6$$

Ou seja,

$$\int x^4(8+x)^2\,dx = \int(64x^4 + 16x^5 + x^6)\,dx$$

Vamos aplicar a propriedade P1, segundo a qual a integral da soma de funções é igual à soma das integrais das funções:

$$\int x^4(8+x)^2\,dx = \int(64x^4 + 16x^5 + x^6)\,dx = \int 64x^4\,dx + \int 16x^5\,dx + \int x^6\,dx$$

De acordo com a propriedade P2, a integral do produto de uma constante por uma função é igual à constante multiplicada pela integral da função.

Logo, em $\int 64x^4\,dx$, podemos colocar a constante 64 como fator de multiplicação de $\int x^4\,dx$, e, em $\int 16x^5\,dx$, podemos colocar a constante 16 como fator de multiplicação de $\int x^5\,dx$:

$$\int x^4(8+x)^2\,dx = \int(64x^4 + 16x^5 + x^6)\,dx = 64\int x^4\,dx + 16\int x^5\,dx + \int x^6\,dx$$

Chegamos a três integrais "independentes": $\int x^4 dx$, $\int x^5 dx$ e $\int x^6 dx$.

Para fazermos $\int x^4 dx$, usamos $\int x^n dx = \dfrac{x^{n+1}}{n+1} + C$, com $n = 4$:

$$\int x^4 dx = \frac{x^{4+1}}{4+1} + C = \frac{x^5}{5} + C$$

Para fazermos $\int x^5 dx$, usamos $\int x^n dx = \dfrac{x^{n+1}}{n+1} + C$, com $n = 5$:

$$\int x^5 dx = \frac{x^{5+1}}{5+1} + C = \frac{x^6}{6} + C$$

Para fazermos $\int x^6 dx$, usamos $\int x^n dx = \dfrac{x^{n+1}}{n+1} + C$, com $n = 6$:

$$\int x^6 dx = \frac{x^{6+1}}{6+1} + C$$

$$\int x^6 dx = \frac{x^7}{7} + C$$

Logo:

$$\int x^4 (8+x)^2 dx = 64 \int x^4 dx + 16 \int x^5 dx + \int x^6 dx$$

$$\int x^4 (8+x)^2 dx = 64 \frac{x^5}{5} + 16 \frac{x^6}{6} + \frac{x^7}{7} + C$$

$$\int x^4 (8+x)^2 dx = \frac{64x^5}{5} + \frac{8x^6}{3} + \frac{x^7}{7} + C$$

Exemplo 3.4. Calcule $\int \left(\dfrac{3}{x} + \sec^2 x \right) dx.$

Resolução

Vamos usar $\int (f(x) \pm g(x)) dx = \int f(x) dx \pm \int g(x) dx$, com $f(x) = \dfrac{3}{x}$ e $g(x) = \sec^2 x$.

Logo:

$$\int\left(\frac{3}{x}+\sec^2 x\right)dx=\int\frac{3}{x}dx+\int\sec^2 x dx$$

Podemos escrever $f(x)=\frac{3}{x}$ como $f(x)=3\frac{1}{x}$:

$$\int\left(\frac{3}{x}+\sec^2 x\right)dx=\int 3\frac{1}{x}dx+\int\sec^2 x dx$$

Para fazermos $\int 3\frac{1}{x}dx$, vamos usar $\int kf(x)dx=k\int f(x)dx$, com $k=3$ e $f(x)=\frac{1}{x}$:

$$\int\left(\frac{3}{x}+\sec^2 x\right)dx=3\int\frac{1}{x}dx+\int\sec^2 x dx$$

Da tabela de integrais, temos que $\int\frac{1}{x}dx=\ln|x|+C$ e $\int\sec^2 x dx=tgx+C$:

$$\int\left(\frac{3}{x}+\sec^2 x\right)dx=3\ln|x|+tgx+C$$

Exemplo 3.5. Calcule $\int\left(\sqrt[3]{x^2}+\frac{1}{\sqrt[3]{x^2}}\right)dx.$

Resolução

Como $\sqrt[c]{a^b}=a^{b/c}$, fazendo $a=x$, $b=2$ e $c=3$, podemos reescrever $\sqrt[3]{x^2}$ como $x^{2/3}$ e $\frac{1}{\sqrt[3]{x^2}}$ como $\frac{1}{x^{2/3}}$.

Ou seja:

$$\sqrt[3]{x^2}=x^{2/3}$$

$$\frac{1}{\sqrt[3]{x^2}}=\frac{1}{x^{2/3}}$$

Como $\frac{1}{d^{e}} = d^{-e}$, fazendo $d = x$ e $e = 3$, podemos reescrever $\frac{1}{x^{2/3}}$ como $x^{-2/3}$, ou seja, $\frac{1}{\sqrt[3]{x^2}} = \frac{1}{x^{2/3}} = x^{-2/3}$.

Logo:

$$\int\left(\frac{1}{\sqrt[3]{x^2}} + \sqrt[3]{x^2}\right)dx = \int\left(x^{-\frac{2}{3}} + x^{\frac{2}{3}}\right)dx$$

Vamos usar $\int(f(x) \pm g(x))dx = \int f(x)dx \pm \int g(x)dx$, com $f(x) = x^{-\frac{2}{3}}$ e $g(x) = x^{\frac{2}{3}}$:

$$\int\left(x^{-\frac{2}{3}} + x^{\frac{2}{3}}\right)dx = \int x^{-\frac{2}{3}}dx + \int x^{\frac{2}{3}}dx$$

Vamos usar $\int x^{n}dx = \frac{x^{n+1}}{n+1} + C$, com $n = -\frac{2}{3}$ na primeira integral e com $n = \frac{2}{3}$ na segunda integral:

$$\int\left(x^{-\frac{2}{3}} + x^{\frac{2}{3}}\right)dx = \frac{x^{-\frac{2}{3}+1}}{-\frac{2}{3}+1} + \frac{x^{\frac{2}{3}+1}}{\frac{2}{3}+1} + C$$

$$\int\left(x^{-\frac{2}{3}} + x^{\frac{2}{3}}\right)dx = \frac{x^{\frac{-2+3}{3}}}{\frac{-2+3}{3}} + \frac{x^{\frac{2+3}{3}}}{\frac{2+3}{3}} + C$$

$$\int\left(x^{-\frac{2}{3}} + x^{\frac{2}{3}}\right)dx = \frac{x^{\frac{1}{3}}}{\frac{1}{3}} + \frac{x^{\frac{5}{3}}}{\frac{5}{3}} + C$$

$$\int\left(x^{-\frac{2}{3}}+x^{\frac{2}{3}}\right)dx=3x^{\frac{1}{3}}+\frac{3}{5}x^{\frac{5}{3}}+C$$

3.3. Método de integração por substituição

O método da substituição refere-se à mudança de variável na integral: imagine que, usando as propriedades P1 e P2 e a tabela de integração, possamos resolver a integral $\int f(u)du.$

Se u é uma função de x, ou seja, u=u(x), sua derivada em relação à variável x, é

$$\frac{du}{dx}=u'(x) \Rightarrow \ du=u'(x)dx$$

Assim, por substituição, temos de resolver integrais do tipo

$$\int f(u(x))u'(x)dx=\int f(u)du$$

Exemplo 3.6. Calcule $\int (x^5+8)^{21}5x^4dx.$

Resolução

Se chamarmos a soma x^5+8 de u, temos que:

$$u=u(x)=x^5+8$$

$$\frac{du}{dx}=\left(x^5+8\right)'=\left(x^5\right)'+(8)'=5x^4+0$$

$$\frac{du}{dx}=5x^4$$

$$du=5x^4dx$$

Esse exemplo trata de uma integral "formada" por u elevado ao expoente 21 e pela derivada da função u, o que possibilita o uso do método da substituição. A função x^5+8 é substituída por u e $5x^4$ x é substituído por du, conforme segue.

$$\int(x^5+8)^{21}5x^4dx=\int u^{21}du$$

Continuamos a integração usando $\int u^n du=\dfrac{u^{n+1}}{n+1}+C$, com $n=21$:

$$\int(x^5+8)^{21}5x^4dx=\int u^{21}du=\frac{u^{21+1}}{21+1}+C=\frac{u^{22}}{22}+C$$

Agora, retornamos com a variável x, fazendo $u=x^5+8$ em

$$\int(x^5+8)^{21}5x^4dx=\frac{u^{22}}{22}+C:$$

$$\int(x^5+8)^{21}5x^4dx=\frac{(x^5+8)^{22}}{22}+C$$

Exemplo 3.7. Calcule $\int\dfrac{senx}{(\cos x-1)^7}dx.$

Resolução

Se chamarmos a subtração $\cos x-1$ de u, temos que:

$$u=u(x)=\cos x-1$$

$$\frac{du}{dx}=(\cos x-1)'=(\cos x)'-(1)'=senx-0$$

$$\frac{du}{dx}=senx$$

$$du=senxdx$$

A função cosx-1 é substituída por u e senxdx é substituído por du:

$$\int\frac{senx}{(\cos x-1)^7}dx=\int\frac{du}{u^7}=\int\frac{1}{u^7}du=\int u^{-7}du$$

Continuamos a integração usando $\int u^n du=\dfrac{u^{n+1}}{n+1}+C$, com $n=-7$:

$$\int \frac{senx}{(\cos x-1)^7}dx = \int u^{-7}du = \frac{u^{-7+1}}{-7+1}+C = \frac{u^{-6}}{-6}+C = \frac{-1}{6u^6}+C$$

Agora, retornamos com a variável x, fazendo $u = \cos x - 1$ em $\int \frac{senx}{(\cos x-1)^7}dx = \frac{-1}{6u^6}+C$:

$$\int \frac{senx}{(\cos x-1)^7}dx = \frac{-1}{6u^6}+C = \frac{-1}{6(\cos x-1)^6}+C$$

Exemplo 3.8. Calcule $\int x^7 e^{x^8-15}dx.$

Resolução

Podemos escrever a integral desse exemplo como $\int x^7 e^{x^8-15}dx = \int (e^{x^8-15})x^7 dx.$

Se chamarmos a subtração x^8-15 de u, temos que:

$$u = u(x) = x^8 - 15$$

$$\frac{du}{dx} = \left(x^8-15\right)' = \left(x^8\right)' - (15)'$$

$$\frac{du}{dx} = 8x^7$$

$$du = 8x^7 dx$$

$$\frac{du}{8} = x^7 dx$$

Concluímos que o exemplo trata de uma integral formada pela exponencial de base *e*, elevada à função u=x^8-15, e pela derivada de u, com exceção da constante 8, o que possibilita o uso do método da substituição. A função x^8-15 é substituída por u e x^7dx é substituído por du/8, conforme segue.

$$\int x^7 e^{x^8-15}dx = \int (e^{x^8-15})x^7 dx = \int e^u \frac{du}{8} = \int \frac{1}{8}e^u du$$

Usamos a propriedade $\int kf(u)du = k\int f(u)du$, com $k = \frac{1}{8}$ e $f(u) = e^u$:

$$\int x^7 e^{x^8-15} dx = \int \frac{1}{8} e^u du = \frac{1}{8} \int e^u du$$

Continuamos a integração usando $\int e^u du = e^u + C$:

$$\int x^7 e^{x^8-15} dx = \frac{1}{8} \int e^u du = \frac{1}{8} e^u + C$$

Agora, retornamos com a variável x, fazendo $u = x^8 - 15$ em $\int x^7 e^{x^8-15} dx = \frac{1}{8} e^u + C$:

$$\int x^7 e^{x^8-15} dx = \frac{1}{8} e^{x^8-15} + C$$

3.4. Método de integração por partes

O método da integração por partes consiste em igualar a integral de udv com a subtração do produto uv e da integral de vdu , conforme segue.

$$\boxed{\int udv = uv - \int vdu}$$

Se tivermos a função $u = u(x)$, podemos determinar $du = u'(x)dx$, visto que $\frac{du}{dx} = u'(x)$. Se tivermos dv , esperamos determinar $v = v(x)$, visto que $v = \int dv$.

Em geral, esse método é adequado para as situações em que a integral de vdu é mais fácil do que a integral de udv .

Exemplo 3.9. Calcule $\int xe^x dx$.

Resolução

Façamos as seguintes equivalências:

$$u = u(x) = x \to \frac{du}{dx} = (x)' = 1 \to du = 1dx \to du = dx$$

$$dv = e^x dx \to v = \int dv = \int e^x dx = e^x + C$$

Aplicamos o método da integração por partes, com $u = x$, $du = dx$, $v = e^x$ e $dv = e^x dx$:

$$\int udv = uv - \int vdu$$

$$\int xe^x dx = xe^x - \int e^x dx$$

Prosseguimos utilizando a seguinte regra da tabela de integrais imediatas $\int e^x dx = e^x + C$:

$$\int xe^x dx = xe^x - \int e^x dx = xe^x - e^x + C$$

A integral já foi acabada, mas ainda podemos colocar e^x em evidência para dar a resposta final:

$$\int xe^x dx = xe^x - e^x + C = e^x(x-1) + C$$

Exemplo 3.10. Calcule $\int (16x-5)e^{8x} dx.$

Resolução

Façamos as seguintes equivalências:

$$u = u(x) = 16x - 5$$

$$\frac{du}{dx} = (16x-5)' = (16x)' - (5)' = 16.1 - 0 = 16$$

$$\frac{du}{dx} = 16$$

$$du = 16dx$$

$$dv = e^{8x} dx$$

Logo, $v = \int dv = \int e^{8x} dx = \frac{1}{8} e^{8x} + C$.

Aplicamos o método da integração por partes, com $u = 16x - 5$, $du = 16dx$, $v = \frac{1}{8}e^{8x}$ e $dv = 8e^{x}dx$:

$$\int udv = uv - \int vdu$$

$$\int (16x-5)e^{8x}dx = (16x-5)\frac{1}{8}e^{8x} - \int \frac{1}{8}e^{8x}16dx$$

$$\int (16x-5)e^{8x}dx = (16x-5)\frac{1}{8}e^{8x} - \int 2e^{8x}x$$

Em $\int 2e^{8x}dx$, usamos a propriedade $\int kf(x)du = k\int f(x)du$, com $k = 2$ e $f(x) = e^{8x}$:

$$\int (16x-5)e^{8x}dx = (16x-5)\frac{1}{8}e^{8x} - 2\int e^{8x}x$$

Para resolvermos $\int e^{8x}dx$, usamos o método da substituição, com $t = 8x$.

Se $t = 8x$, então:

$$t' = \frac{dt}{dx} = (8x)' = 8$$

$$dt = 8dx \Rightarrow dx = \frac{1}{8}dt$$

Logo:

$$\int e^{8x}dx = \int e^{t}\frac{1}{8}dt = \int \frac{1}{8}e^{t}dt$$

Em $\int \frac{1}{8}e^{t}dt$, usamos a propriedade $\int kf(t)du = k\int f(t)du$, com $k = \frac{1}{8}$ e $f(t) = e^{t}$:

$$\int e^{8x}dx = \frac{1}{8}\int e^{t}dt$$

Como $\int e^{t}dt = e^{t} + C$, ficamos com:

$$\int e^{8x}dx = \frac{1}{8}e^{t} + C$$

Substituímos $t = 8x$ em $\int e^{8x} dx = \frac{1}{8} e^t + C$:

$$\int e^{8x} dx = \frac{1}{8} e^{8x} + C$$

Substituímos $\int e^{8x} dx = \frac{1}{8} e^{8x} + C$ em $\int (16x-5)e^{8x} dx = (16x-5)\frac{1}{8} e^{8x} - 2\int e^{8x} x$:

$$\int (16x-5)e^{8x} dx = \frac{1}{8}(16x-5)e^{8x} - 2\frac{1}{8} e^{8x} = \frac{1}{8}(16x-5)e^{8x} - \frac{1}{4} e^{8x}$$

A integral já foi acabada, mas podemos colocar $\frac{1}{4} e^{8x}$ em evidência:

$$\int (16x-5)e^{8x} dx = \frac{1}{4} e^{8x}\left(\frac{1}{2}(16x-5) - 1\right) = \frac{1}{4} e^{8x}\left(8x - \frac{5}{2} - 1\right) = \frac{1}{4} e^{8x}\left(8x - \frac{7}{2}\right)$$

CAPÍTULO 4. APLICAÇÃO DAS DERIVADAS: RETAS TANGENTES

Vamos pensar no ponto $P=(x_0,y_0)$, ou seja, no ponto de abscissa x_0 e de ordenada y_0, do gráfico de uma função $y=f(x)$ contínua e derivável em P.

A derivada de $y=f(x)$ em $P=(x_0,y_0)$, indicada por

$y_0{}' = f\,'(x_0) = \left.\frac{dy}{dx}\right|_{x_0} = \left.\frac{df(x)}{dx}\right|_{x_0}$, é o coeficente angular a da reta t tangente ao gráfico de $y=f(x)$ no ponto $P=(x_0,y_0)$, ou seja. Isso está ilustrado na figura 4.1.

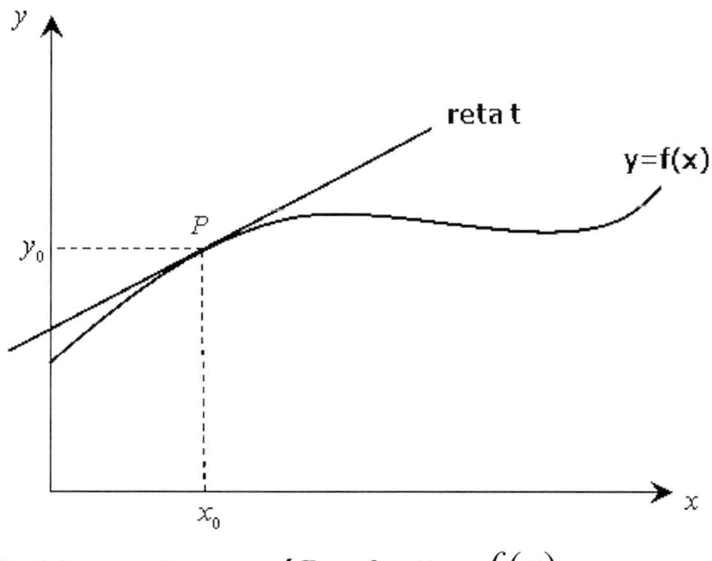

Figura 4.1. Reta t tangente ao gráfico de $y=f(x)$ no ponto $P=(x_0,y_0)$.

Se a reta t tem coeficente angular a e passa pelo ponto $P=(x_0,y_0)$, então sua equação é $y-y_0=a(x-x_0)$, com $a=y_0{}' = f\,'(x_0) = \left.\frac{dy}{dx}\right|_{x_0} = \left.\frac{df(x)}{dx}\right|_{x_0}$.

Para aplicarmos o que vimos, vamos fazer os exemplos a seguir, que estão resolvidos de modo detalhado.

Exemplo 4.1. Determine a equação da reta tangente ao gráfico de $y = x^2$ no ponto de abscissa $x_0 = 3$.

Resolução

A abscissa do gráfico de $y = x^2$ indicada no enunciado é $x_0 = 3$.

Para acharmos a ordenada y_0 correspondente a $x_0 = 3$, substituímos x por x_0 , que vale 3, em $y = x^2$.

Então, $y_0 = 9$, pois $y_0 = x_0^2 = (3)^2 = 9$.

Logo, queremos determinar a equação da reta tangente ao gráfico de $y = x^2$ no ponto $P = (3,9)$, conforme indicado na figura 4.2.

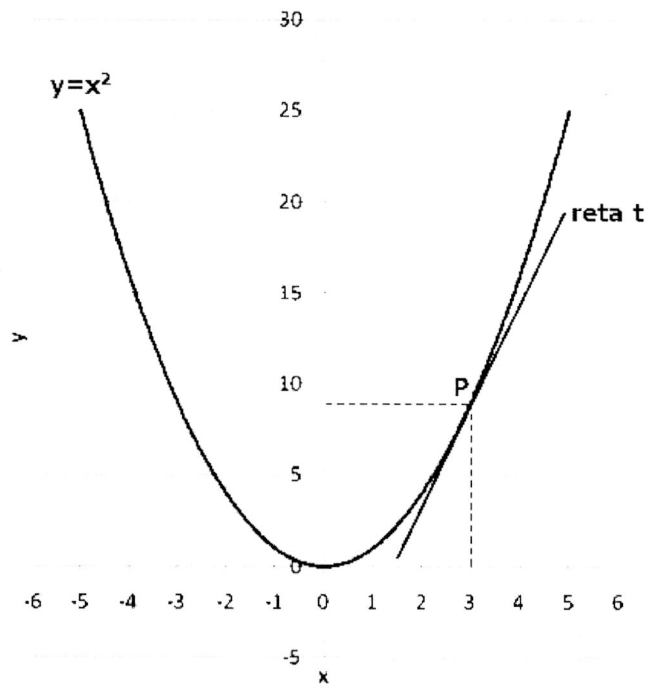

Figura 4.2. Indicação da reta t tangente ao gráfico de $y = x^2$ no ponto $P = (3,9)$.

Precisamos fazer a derivada de $y = x^2$ em relação à variável x.

Para isso, usamos a regra $\left(x^n\right)' = \dfrac{dx^n}{dx} = nx^{n-1}$, com $n = 2$:

$$y' = f'(x) = \left(x^2\right)' = \frac{dx^2}{dx} = 2x^{2-1} = 2x^1 = 2x$$

Devemos achar a derivada y_0' de $y = x^2$ no ponto de abscissa $x_0 = 3$. Para isso, substituímos x por x_0, que vale 3, em $y' = 2x$:

$$y_0' = f'(x_0) = 2x_0 = 2.3 = 6$$

Visto que o coeficente angular a da reta t tangente ao gráfico de $y = x^2$ no ponto $P = (3,9)$ é a derivada de $y = x^2$ nesse ponto, temos $a = 6$, pois $a = y_0' = 6$.

A equação da reta de coeficente angular $a = 6$ e que passa pelo ponto $P = (x_0 = 3, y_0 = 9)$ é:

$$y - y_0 = a(x - x_0)$$

$$y - 9 = 6(x - 3)$$

$$y = 6x - 18 + 9$$

$$y = 6x - 9$$

Exemplo 4.2. Determine a equação da reta tangente ao gráfico de $y = 2x^3$ no ponto de abscissa $x_0 = -2$.

Resolução

A abscissa do gráfico de $y = 2x^3$ indicada no enunciado é $x_0 = -2$.

Para acharmos a ordenada y_0 correspondente a $x_0 = -2$, substituímos x por x_0, que vale -2, em $y = 2x^3$.

Então, $y_0 = -16$, pois $y_0 = 2x_0^3 = 2(-2)^3 = 2(-8) = -16$.

Logo, queremos determinar a equação da reta tangente ao gráfico de $y = 2x^3$ no ponto $P = (-2,-16)$, conforme indicado na figura 4.3.

Para isso, precisamos, inicialmente, determinar a derivada da função $y = 2x^3$.

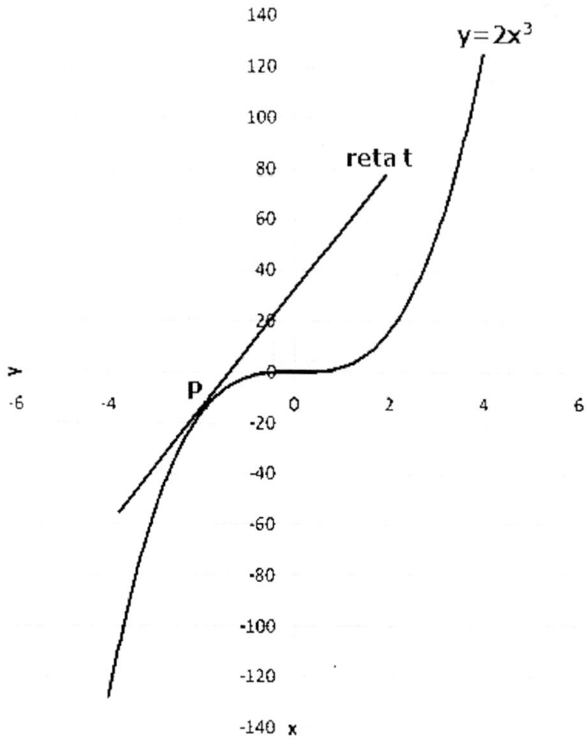

Figura 4.3. Indicação da reta t tangente ao gráfico de $y = 2x^3$ no ponto $P = (-2,-16)$.

Para derivarmos $y = 2x^3$ em relação à variável x, colocamos a constante 2 que multiplica x^3 como "fator de multiplicação" da derivada de x^3:

$$y' = f'(x) = \left(2x^3\right)' = 2(x^3)'$$

Agora, precisamos fazer a derivada de x^3 em relação à variável x.

Usamos a regra $\left(x^n\right)' = \dfrac{dx^n}{dx} = nx^{n-1}$, com $n = 3$:

$$y' = f'(x) = 2(x^3)' = 2(3x^{3-1}) = 6x^2$$

Para acharmos a derivada y_0' de $y = 2x^3$ no ponto de abscissa $x_0 = -2$, substituímos x por x_0, que vale -2, em $y' = 6x^2$:

$y_0' = f'(x_0) = 6x_0^2 = 6(-2)^2 = 6.4 = 24$

O coeficente angular a da reta t tangente ao gráfico de $y = 2x^3$ no ponto $P = (-2,-16)$ é a derivada de $y = 2x^3$ em $x_0 = -2$, ou seja, $y_0' = 24$. Logo, $a = 24$.

A equação da reta de coeficente angular $a = 24$ e que passa pelo ponto $P = (x_0 = -2, y_0 = -16)$ é:

$y - y_0 = a(x - x_0)$

$y - (-16) = 24(x - (-2))$

$y + 16 = 24(x + 2)$

$y = 24x + 48 - 16$

$y = 24x + 32$

Exemplo 4.3. Determine o ponto $P = (x_0, y_0)$ do gráfico da função $y = 3x^4$ cuja reta tangente é horizontal.

Resolução

Se no ponto $P = (x_0, y_0)$ de $y = 3x^4$ a reta tangente t é horizontal, então seu coeficiente angular a vale zero, ou seja, $a = 0$. Esse coeficente angular é a derivada de $y = 3x^4$ em $P = (x_0, y_0)$. Logo, precisamos fazer $y_0' = 0$.

Para isso, vamos fazer a derivada $y = 3x^4$ em relação à variável x:

$y' = \left(3x^4\right)'$

A derivada da constante 3 que multiplica x^4 é a multiplicação de 3 pela derivada de x^4:

$$y' = 3(x^4)'$$

Para derivarmos x^4 em relação à variável x, usamos a regra $\left(x^n\right)' = \dfrac{dx^n}{dx} = nx^{n-1}$, com $n = 4$:

$$y' = 3(4x^{4-1}) = 12x^3$$

A derivada y_0' de $y = 3x^4$ em $P = (x_0, y_0)$ é:

$$y_0' = 12{x_0}^3$$

Se fizermos $y_0' = 0$, ficamos com $x_0 = 0$, conforme segue:

$$y_0' = 0$$

$$12{x_0}^3 = 0$$

$${x_0}^3 = 0$$

$$x_0 = 0$$

Substiuindo x por x_0, que vale 0, em $y = 3x^4$, ficamos com $y_0 = 0$, pois:

$$y_0 = 3(0)^4 = 0$$

Logo, o ponto P em que a reta tangente ao gráfico de $y = 3x^4$ é horizontal é $P = (x_0 = 0, y_0 = 0)$. Isso está indicado na figura 4.4.

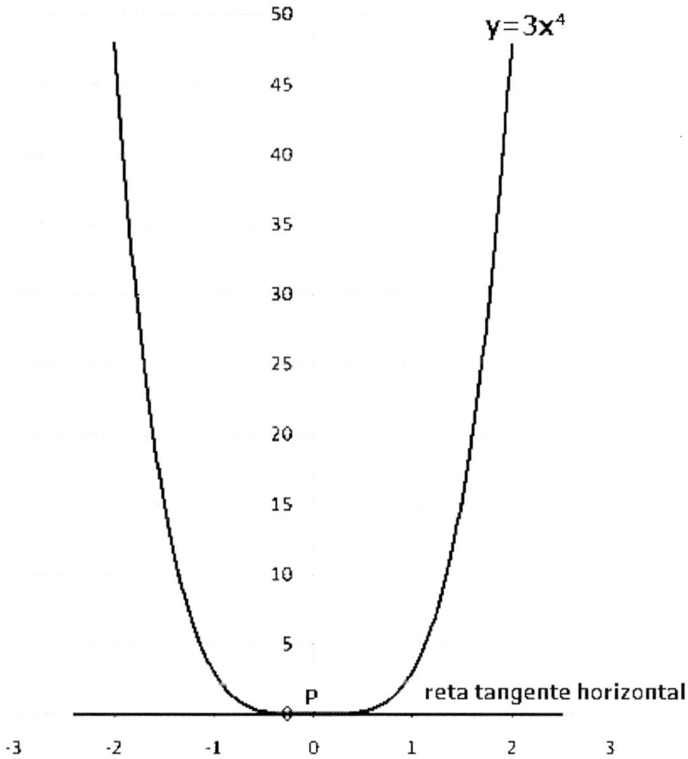

Figura 4.4. Reta tangente ao gráfico de $y = 3x^4$ horizontal em $P = (x_0 = 0, y_0 = 0)$.

Exemplo 4.4. Determine os pontos do gráfico da função $y = 4x^3 + 6x^2 - 24x + 10$ em que as retas tangentes são horizontais.

Resolução

Se em determinado ponto $P = (x_0, y_0)$ de $y = 4x^3 + 6x^2 - 24x + 10$ a reta tangente t é horizontal, então seu coeficiente angular a vale zero, ou seja, $a = 0$. Esse coeficente angular é a derivada de $y = 4x^3 + 6x^2 - 24x + 10$ em $P = (x_0, y_0)$.

Logo, precisamos fazer $y_0' = 0$.

A derivada $y = 4x^3 + 6x^2 - 24x + 10$ em relação à variável x é:

$$y' = \left(4x^3 + 6x^2 - 24x + 10\right)'$$

A derivada da soma (ou subtração) de funções é igual à soma (ou subtração) das derivadas das funções:

$$y' = \left(4x^3 + 6x^2 - 24x + 10\right)' = (4x^3)' + (6x^2)' - (24x)' + (10)'$$

A derivada da multiplicação de uma constante (número real) por uma função é igual ao produto da constante pela derivada da função. Assim, as constantes 4, 6 e 24 podem ser escritas, respectivamente, como fatores de multiplicação das derivadas de x^3, x^2 e x:

$$y' = \left(4x^3 + 6x^2 - 24x + 10\right)' = 4(x^3)' + 6(x^2)' - 24(x)' + (10)'$$

A derivada da constante 10 vale zero, ou seja, $(10)' = 0$:

$$y' = \left(4x^3 + 6x^2 - 24x + 10\right)' = 4(x^3)' + 6(x^2)' - 24(x)' + 0$$

$$y' = \left(4x^3 + 6x^2 - 24x + 10\right)' = 4(x^3)' + 6(x^2)' - 24(x)'$$

Para derivarmos x^3, x^2 e $x = x^1$ em relação à variável x, usamos $\left(x^n\right)' = nx^{n-1}$, com, respectivamente, $n = 3$, $n = 2$ e $n = 1$:

$$y' = 4(3x^{3-1}) + 6(2x^{2-1}) - 24(x^{1-1})$$

$$y' = 4(3x^2) + 6(2x^1) - 24(1)$$

$$y' = 12x^2 + 12x - 24$$

A derivada $y = 4x^3 + 6x^2 - 24x + 10$ em $P = (x_0, y_0)$ é:

$$y_0' = 12x_0^2 + 12x_0 - 24$$

Se fizermos $y_0' = 0$, ficamos com:

$$y_0' = 0 \Rightarrow 12x_0^2 + 12x_0 - 24 = 0$$

Para simplificarmos as contas, podemos dividir os dois lados da equação por 12:

$$\frac{12x_0^2 + 12x_0 - 24}{12} = \frac{0}{12}$$

$$x_0^2 + x_0 - 2 = 0$$

Para resolvermos $x_0^2 + x_0 - 2 = 0$, precisamos achar as raízes de

$ax^2 + bx + c = 1x_0^2 + 1x_0 - 2$, ou seja, precisamos achar as raízes de uma função do 2º grau com coeficientes $a = 1$, $b = 1$ e $c = -2$. Para encontrarmos essas raízes, usamos a fórmula de Bhaskara, conforme segue.

$ax^2 + bx + c \Rightarrow x = \dfrac{-b \pm \sqrt{\Delta}}{2a}$, com $\Delta = b^2 - 4ac$.

Como $a = 1$, $b = 1$ e $c = -2$, temos $\Delta = b^2 - 4ac = (1)^2 - 4(1)(-2) = 9$ e as raízes de $x_0^2 + x_0 - 2$ são $x_1 = -2$ e $x_2 = 1$, conforme calculado a seguir.

- $x_1 = \dfrac{-b - \sqrt{\Delta}}{2a} = \dfrac{-(1) - \sqrt{9}}{2(1)} = \dfrac{-1-3}{2} = -2$

- $x_2 = \dfrac{-b + \sqrt{\Delta}}{2a} = \dfrac{-(1) + \sqrt{9}}{2(1)} = \dfrac{-1+3}{2} = 1$

Se substituirmos x por x_1, que vale -2, em $y = 4x^3 + 6x^2 - 24x + 10$, ficamos com $y_1 = 50$, pois:

$y_1 = 4(-2)^3 + 6(-2)^2 - 24(-2) + 10 = 50$

Se substituirmos x por x_2, que vale 1, em $y = 4x^3 + 6x^2 - 24x + 10$, ficamos com $y_2 = -4$, pois:

$y_2 = 4(1)^3 + 6(1)^2 - 24(1) + 10 = -4$

Logo, os pontos do gráfico da função $y = 4x^3 + 6x^2 - 24x + 10$ em que as retas tangentes são horizontais são $P_1 = (-2, 50)$ e $P_2 = (1, -4)$.

A representação gráfica de $y = 4x^3 + 6x^2 - 24x + 10$ e das retas horizontais que passam por P_1 e P_2 está na figura 4.5.

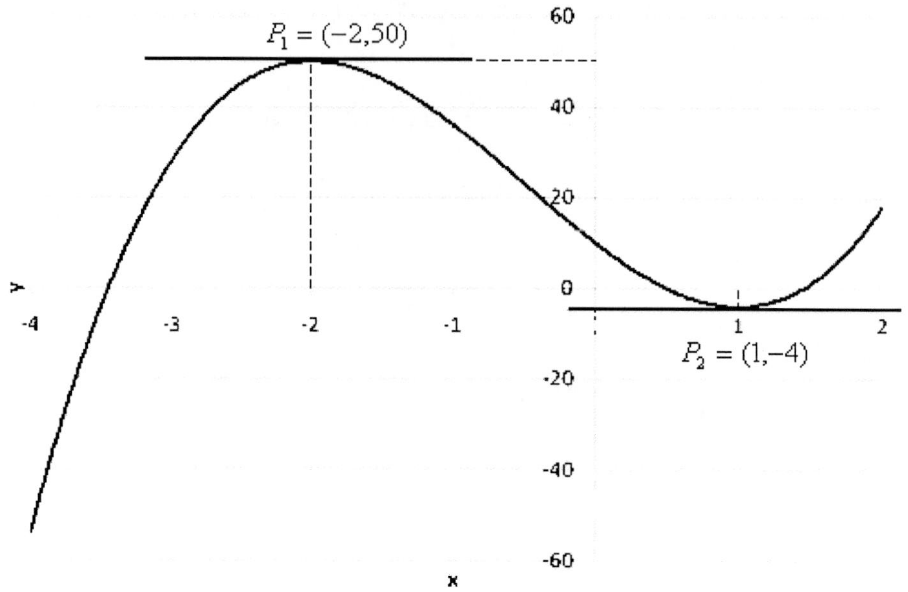

Figura 4.5. Retas horizontais tangentes ao gráfico de $y = 4x^3 + 6x^2 - 24x + 10$ em $P_1 = (-2,50)$ e em $P_2 = (1,-4)$.

Exemplo 4.5. Determine o ponto do gráfico da função $y = e^x$ em que a reta tangente é horizontal.

Resolução

Se em um ponto $P = (x_0, y_0)$ de $y = e^x$ houver reta tangente t horizontal, então seu coeficiente angular a será zero, ou seja, $a = 0$. Esse coeficente angular é a derivada de $y = e^x$ em $P = (x_0, y_0)$. Logo, precisamos fazer $y_0' = 0$.

A derivada $y = e^x$ pode ser obtida diretamente da tabela de derivadas do capítulo 2:

$$y' = \left(e^x\right)' = e^x$$

A derivada $y = e^x$ em $P = (x_0, y_0)$ é $y_0' = e^{x_0}$.

Se fizermos $y_0' = 0$, ficamos com: $e^{x0} = 0$.

No entanto, não há valores de x_0 que façam com que e^{x_0} seja zero. Vejamos.

- Se $x_0 = 0$, então $e^{x_0} = e^0 = 1$.

- Se $x_0 > 0$ ou se $x_0 < 0$, então e^{x_0} é um número positivo.

Logo, não há ponto do gráfico da função $y = e^x$ cuja reta tangente seja horizontal.

Exemplo 4.6. Determine a equação da reta t tangente ao gráfico da função $y = x^2$ e que seja paralela à reta s de equação $y = 4x + 2$.

Resolução

A equação geral de uma reta é $y = ax + b$, sendo a seu coeficiente angular e b seu coeficiente linear.

No caso da reta s, de equação $y = 4x + 2$, temos $a = 4$ e $b = 2$. Ou seja, o coeficiente angular da reta s é 4.

É dito que a reta t é paralela à reta s. Duas retas paralelas têm o mesmo coeficiente angular. Logo, o coeficente angular a da reta t é 4 (igual ao da reta s).

A reta t é tangente ao gráfico de $y = x^2$.

Então, o coefiente angular da reta t ($a = 4$) é a derivada de $y = x^2$ no ponto $P = (x_0, y_0)$ de tangência entre a reta t e o gráfico de $y = x^2$. Ou seja, $a = y_0$'.

A derivada de $y = x^2$ em relação à variável x é $y' = \left(x^2\right)' = 2x$.

A derivadade $y = x^2$ em $P = (x_0, y_0)$ é $y_0' = 2x_0$.

Se fizermos $y_0' = 4$, ficamos com:

$$y_0' = 4$$

$$2x_0 = 4$$

$$x_0 = \frac{4}{2}$$

$$x_0 = 2$$

Assim, podemos calcular a ordenada y_0 de $y = x^2$ correspondente a $x_0 = 2$:

$y_0 = {x_0}^2 = (2)^2$

$y_0 = 4$

Logo, o ponto de tangência entre a reta t e o gráfico de $y = x^2$ é $P = (x_0 = 2, y_0 = 4)$. Além disso, o coeficiente angular da reta t é $a = 4$.

A equação da reta t é:

$y - y_0 = a(x - x_0)$

$y - (4) = 4(x - 2)$

$y = 4x - 8 + 4$

$y = 4x - 4$

Exemplo 4.7. Determine a equação da reta t tangente ao gráfico da função $y = |x|$ no ponto de abscissa $x_0 = 0$.

Resolução

A abscissa do gráfico de $y = |x|$ indicada no enunciado é $x_0 = 0$.

Para acharmos a ordenada y_0 correspondente a $x_0 = 0$, substituímos x por x_0, que vale 0, em $y = |x|$.

Então, $y_0 = 0$, pois $y_0 = |x_0| = |0| = 0$.

Vamos observar, na figura 4.6, o gráfico de $y = |x|$, especialmente no ponto $P = (x_0 = 0, y_0 = 0)$. Vemos que ele apresenta "bico" nesse ponto.

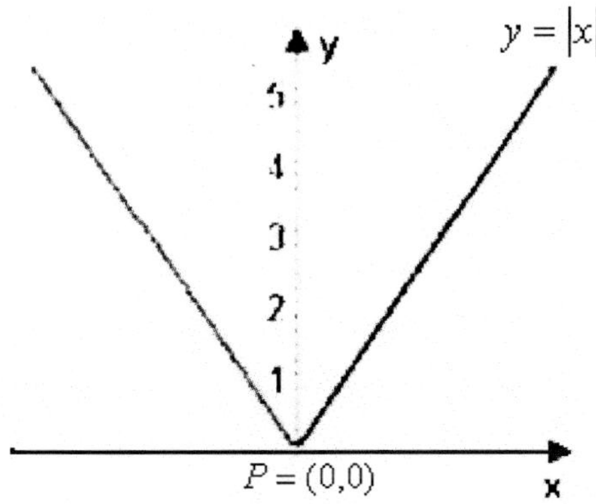

Figura 4.6. Gráfico de $y = |x|$, com destaque para o ponto $P = (x_0 = 0, y_0 = 0)$.

Não há como esboçarmos a reta tangente a $y = |x|$ em $P = (0,0)$, pois:

- pelo lado esquerdo do ponto P, o gráfico é uma reta inclinada para a esquerda, e
- pelo lado direito do ponto P, o gráfico é uma reta inclinada para a direita.

Logo, não há reta tangente ao gráfico de $y = |x|$ em $P = (0,0)$.

	Não há reta tangente, ou seja, não há derivada, no ponto em que o gráfico de uma função apresente "bico", como no caso estudado no exemplo 1.7.

Exemplo 4.8. Determine a equação da reta t tangente ao gráfico da função $y = x^2$ no ponto de abscissa $x_0 = -1$ e a equação da reta s normal a essa função no ponto de abscissa $x_0 = -1$.

Resolução

A abscissa do gráfico de $y = x^2$ indicada no enunciado é $x_0 = -1$.

Para acharmos a ordenada y_0 correspondente a $x_0 = -1$, substituímos x por x_0, que vale -1, em $y = x^2$.

Então, $y_0 = 1$, pois:

$$y_0 = x_0^2 = (-1)^2 = 1$$

Queremos determinar a equação da reta t tangente e a equação da reta s normal ao gráfico de $y = x^2$ no ponto $P = (-1,1)$.

Precisamos fazer a derivada de $y = x^2$ em relação à variável x. Para isso, usamos $\left(x^n\right)' = nx^{n-1}$, com $n = 2$:

$$y' = f'(x) = \left(x^2\right)' = \frac{dx^2}{dx} = 2x^{2-1} = 2x^1 = 2x$$

Devemos achar a derivada y_0' de $y = x^2$ no ponto de abscissa $x_0 = -1$. Para isso, substituímos x por x_0, que vale -1, em $y' = 2x$:

$$y_0' = f'(x_0) = 2x_0 = 2(-1) = -2.$$

Visto que o coeficente angular a_t da reta t tangente ao gráfico de $y = x^2$ no ponto $P = (-1,1)$ é a derivada de $y = x^2$ nesse ponto, temos $a_t = -2$, pois $a_t = y_0' = -2$.

A equação da reta t de coeficente angular $a_t = -2$ e que passa pelo ponto $P = (x_0 = -1, y_0 = 1)$ é $y = -2x - 1$, conforme indicado a seguir.

$$y - y_0 = a_t(x - x_0)$$

$$y - 1 = -2(x - (-1))$$

$$y = -2x - 2 + 1$$

$$y = -2x - 1$$

Como a reta s é normal ao gráfico de $y = x^2$ em $P = (-1,1)$, seu coeficente angular a_s é o "inverso negativo" do coeficiente angular da reta t, ou seja, $a_s = -\frac{1}{a_t}$.

Logo:

$$a_s = -\frac{1}{-2}$$

$$a_s = \frac{1}{2}$$

A equação da reta s de coeficente angular $a_s = \frac{1}{2}$ e que passa pelo ponto $P = (x_0 = -1, y_0 = 1)$ é $y = \frac{1}{2}x + \frac{3}{2}$, conforme indicado a seguir.

$$y - y_0 = a_s(x - x_0)$$

$$y - 1 = \frac{1}{2}(x - (-1))$$

$$y = \frac{1}{2}x + \frac{1}{2} + 1$$

$$y = \frac{1}{2}x + \frac{3}{2}$$

Na figura 4.7, temos os gráficos de $y = x^2$ e das retas t e s.

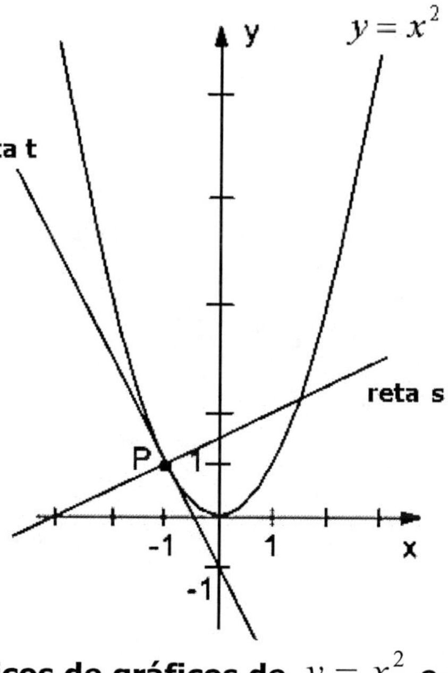

Figura 4.7. Gráficos de gráficos de $y = x^2$ e das retas t e s.

Exemplo 4.9. Determine os pontos do gráfico da função $y = h(x) = \dfrac{x-1}{x+1}$ em que as retas tangentes são paralelas à reta s de equação $x - 2y - 2 = 0$.

Resolução

A reta s, de equação $x - 2y - 2 = 0$, pode ser reescrita do seguinte modo:

$$x - 2y - 2 = 0$$

$$x - 2 = 2y$$

$$\frac{x-2}{2} = y$$

$$y = \frac{1}{2}x - 1$$

Apresentando a reta s como $y = \dfrac{1}{2}x - 1$, seu coeficiente angular a_s fica explícito: $a_s = \dfrac{1}{2}$.

Procuramos pela reta t paralela à reta s. Logo, o coeficente angular a_t da reta t é igual ao coeficiente angular a_s da reta s: $a_t = a_s = \dfrac{1}{2}$.

A reta t é tangente ao gráfico de $h(x) = \dfrac{x-1}{x+1}$ em $P = (x_0, y_0)$. Logo, o coeficente angular a_t da reta t é a derivada de $h(x) = \dfrac{x-1}{x+1}$ em $P = (x_0, y_0)$.

A função derivada de $h(x) = \dfrac{x-1}{x+1}$ é:

$$h'(x) = \left(\frac{x-1}{x+1}\right)'$$

Para derivarmos $h(x) = \dfrac{x-1}{x+1}$ em relação à variável x, usamos a propriedade indicada a seguir, pois temos uma "divisão" de duas funções.

$$\left(\frac{f(x)}{g(x)}\right)' = \frac{f'(x)g(x) - f(x)g'(x)}{(g(x))^2}$$

Se fizermos $f(x) = x - 1$ e $g(x) = x + 1$, ficamos com:

$$h'(x) = \frac{(x-1)'(x+1) - (x-1)(x+1)'}{(x+1)^2}$$

Para fazermos $(x-1)'$ e $(x+1)'$, usamos a propriedade de a derivada da soma ou da subtração de funções ser igual à soma ou à subtração das derivadas das funções:

$$(x-1)' = (x)' - (1)'$$

$$(x+1)' = (x)' + (1)'$$

A derivada de x em relação à variável x é 1, ou seja, $(x)' = 1$.

A derivada da constante 1 é zero, ou seja, $(1)' = 0$.

Logo:

$$(x-1)' = (x)' - (1)' = 1 - 0 = 1$$

$$(x+1)' = (x)' + (1)' = 1 + 0 = 1$$

Aplicando $(x-1)' = 1$ e $(x+1)' = 1$ em $h'(x) = \dfrac{(x-1)'(x+1) - (x-1)(x+1)'}{(x+1)^2}$,

ficamos com:

$$h'(x) = \frac{(1)(x+1) - (x-1)(1)}{(x+1)^2}$$

$$h'(x) = \frac{x + 1 - x + 1}{(x+1)^2}$$

$$h'(x) = \frac{2}{(x+1)^2}$$

A derivada de $h(x) = \frac{x-1}{x+1}$ em x_0 é: $h'(x_0) = \frac{2}{(x_0+1)^2}$.

Agora, igualamos $h'(x_0) = \frac{2}{(x_0+1)^2}$ e $a_t = \frac{1}{2}$:

$$\frac{2}{(x_0+1)^2} = \frac{1}{2}$$

$$4 = (x_0+1)^2$$

$$4 = x_0^2 + 2x_0(1) + (1)^2$$

$$x_0^2 + 2x_0 - 3 = 0$$

Para resolvermos $x_0^2 + 2x_0 - 3 = 0$, precisamos achar as raízes de $ax^2 + bx + c = 1x_0^2 + 2x_0 - 3$, ou seja, precisamos achar as raízes de uma função do 2º grau com coeficientes $a = 1$, $b = 2$ e $c = -3$. Para encontrarmos essas raízes, usamos a fórmula de Bhaskara, conforme segue.

$$ax^2 + bx + c \Rightarrow x = \frac{-b \pm \sqrt{\Delta}}{2a}$$, com $\Delta = b^2 - 4ac$.

Como $a = 1$, $b = 2$ e $c = -3$, temos $\Delta = b^2 - 4ac = (2)^2 - 4(1)(-3) = 16$ e as raízes de $x_0^2 + 2x_0 - 3$ são $x_1 = -3$ e $x_2 = 1$, conforme calculado a seguir.

- $x_1 = \frac{-b - \sqrt{\Delta}}{2a} = \frac{-(2) - \sqrt{16}}{2(1)} = \frac{-2-4}{2} = -3$

- $x_2 = \dfrac{-b+\sqrt{\Delta}}{2a} = \dfrac{-(2)+\sqrt{16}}{2(1)} = \dfrac{-2+4}{2} = 1$

Se substituirmos x por $x_1 = -3$ em $y = h(x) = \dfrac{x-1}{x+1}$, ficamos com $y_1 = 2$, pois:

$$y_1 = h(x_1) = h(-3) = \frac{-3-1}{-3+1} = \frac{-4}{-2} \Rightarrow y_1 = 2$$

Se substituirmos x por $x_2 = 1$ em $y = h(x) = \dfrac{x-1}{x+1}$, ficamos com $y_2 = -1$, pois:

$$y_2 = h(x_2) = h(1) = \frac{-1-1}{1+1} = \frac{-2}{2} \Rightarrow y_2 = -1$$

Logo, os pontos do gráfico da função $y = h(x) = \dfrac{x-1}{x+1}$ em que as retas tangentes são paralelas à reta s de equação $x - 2y - 2 = 0$ são $P_1 = (2, 2)$ e $P_2 = (-1,-1)$.

Exemplo 4.10. Determine a equação da reta t tangente à parábola de equação $y=2x^2+5$ e que é paralela à reta s de equação y=8x+5.

Resolução

A equação da reta s é y=8x+5, o que indica que seu coeficiente angular é 8.

Como a reta t é paralela à reta s, ambas têm o mesmo coeficiente angular. Logo, o coeficiente angular da reta t vale 8.

A reta t é tangente ao gráfico da parábola $y=2x^2+5$, mas ainda não conhecemos o ponto $P = (x_0, y_0)$ de tangência.

Sabemos que o coeficiente angular da reta t, que vale 8, é o valor da derivada de $y=2x^2+5$ em x_0, ou seja, $y'_0 = 8$.

Precisamos determinar a derivada de $y = 2x^2 + 5$ em relação à variável x :

$$y' = (2x^2 + 5)'$$

A derivada da soma de funções é igual à soma das derivadas das funções:

$$y' = (2x^2)' + (5)'$$

A derivada da multiplicação da constante 2 por x^2 pode ser escrita como a multiplicação da constante 2 pela derivada de x^2:

$$y' = 2(x^2)' + (5)'$$

A derivada da constante 5 vale zero, ou seja, $(5)' = 0$:

A derivada de x^2 em relação à variável x é feita por $\left(x^n\right)' = nx^{n-1}$, com $n = 2$:

$$y' = 2(2x^{2-1}) + 0$$

$$y' = 4x$$

A derivada $y' = 4x$ em $x = x_0$ é:

$$y'_0 = 4x_0$$

Sabemos que o coeficiente angular da reta t é $y'_0 = 8$.

Substituindo $y'_0 = 8$ em $y'_0 = 4x_0$, achamos a abscissa x_0:

$$8 = 4x_0$$

$$x_0 = \frac{8}{4}$$

$$x_0 = 2$$

Para calcularmos a ordenada y_0 do ponto $P = (x_0, y_0)$, substituímos x por $x_0 = 2$ em $y=2x^2+5$:

$$y_0 = 2x_0^2 + 5$$

$$y_0 = 2(2)^2 + 5$$

$$y_0 = 13$$

Logo, o ponto $P = (x_0, y_0)$ de tangência entre a parábola e a reta t é

$P = (x_0 = 2, y_0 = 13)$.

A equação da reta t é:

$$y - y_0 = y'_0(x - x_0)$$

$$y - (13) = 8(x - 2)$$

$$y = 8x - 16 + 13$$

$$y = 8x - 3$$

Na figura 4.8, temos os gráficos de $y=2x^2+5$ e das retas de equações y=8x-3 (reta t) e y=8x+5 (reta s).

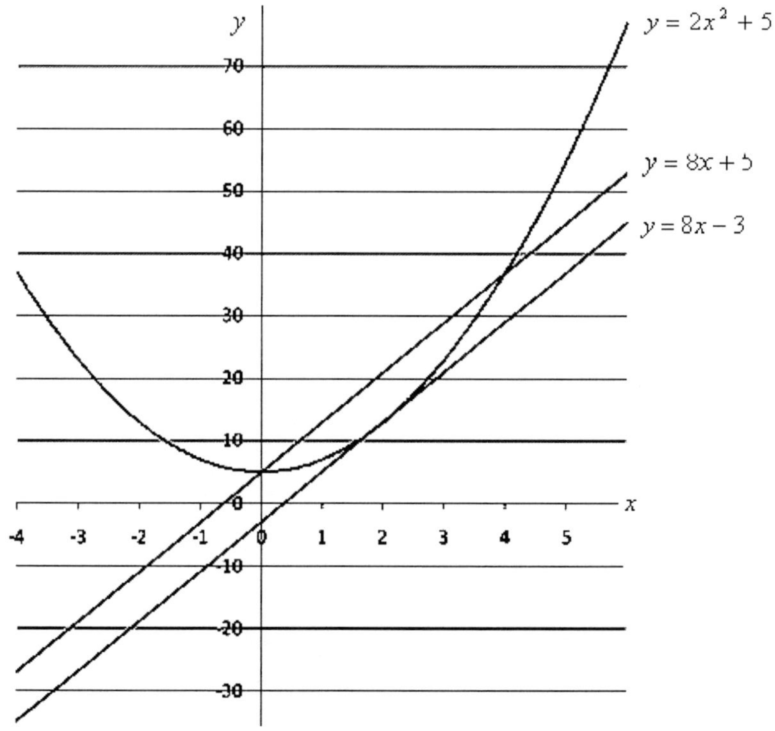

Figura 4.8. Gráficos de $y=2x^2+5$ e das retas y=8x-3 e y=8x+5.

Exemplo 4.11. Determine quantas retas passam por $Q = (1,2)$ e são tangentes à curva $y = \dfrac{x}{x+1}$. Determine os pontos em que essas retas tocam a curva.

Resolução

Inicialmente, vamos fazer a derivada de $y = \dfrac{x}{x+1}$:

$$y' = \left(\frac{x}{x+1}\right)'$$

Para derivarmos $y = \dfrac{x}{x+1}$ em relação à variável x, usamos a propriedade indicada a seguir, pois temos uma "divisão" de duas funções.

$$\left(\frac{f(x)}{g(x)}\right)' = \frac{f'(x)g(x) - f(x)g'(x)}{(g(x))^2}$$

Se fizermos $f(x) = x$ e $g(x) = x + 1$, ficamos com:

$$y' = \frac{(x)'(x+1) - (x)(x+1)'}{(x+1)^2}$$

A derivada de x em relação à variável x é 1, ou seja, $(x)' = 1$.

A derivada da soma de funções é igual à soma das derivadas das funções:

$$(x+1)' = (x)' + (1)'$$

Acabamos de ver que a derivada de x em relação à variável x é 1, ou seja, $(x)' = 1$.

A derivada da constante 1 é zero, ou seja, $(1)' = 0$.

Logo:

$$(x+1)' = (x)' + (1)' = 1 + 0 = 1$$

Substituindo $(x)' = 1$ e $(x+1)' = 1$ em $y' = \dfrac{(x)'(x+1) - (x)(x+1)'}{(x+1)^2}$, ficamos com:

$$y' = \frac{1(x+1) - (x)(1)}{(x+1)^2}$$

$$y' = \frac{x+1-x}{(x+1)^2}$$

$$y' = \frac{1}{(x+1)^2}$$

Uma reta t tangente à curva $y = \dfrac{x}{x+1}$, que passa por $Q = (x_Q, y_Q) = (1,2)$ e que tem coeficente angular a apresenta a seguinte equação:

$$y - y_Q = a(x - x_Q)$$

$$y - 2 = a(x-1)$$

O ponto $Q = (x_Q, y_Q) = (1,2)$ não é o ponto em que a reta t toca (tangencia) a curva.

Vamos chamar de $P = (x_0, y_0)$ o ponto em que a reta t toca a curva.

O coeficiente angular a da reta t é a derivada de $y = \dfrac{x}{x+1}$ em $P = (x_0, y_0)$:

$$a = y_0' = \frac{1}{(x_0+1)^2}$$

Como o ponto $P = (x_0, y_0)$ pertence tanto à reta t quanto à curva $y = \dfrac{x}{x+1}$, temos que:

$$y_0 = \frac{x_0}{x_0+1}$$

Aplicando $y_0 = \dfrac{x_0}{x_0+1}$, $a = y_0' = \dfrac{1}{(x_0+1)^2}$ e $x = x_0$ em $y - 2 = a(x-1)$, ficamos com:

$$y_0 - 2 = a(x_0 - 1)$$

$$\frac{x_0}{x_0 + 1} - 2 = \frac{1}{(x_0 + 1)^2}(x_0 - 1)$$

$$\frac{x_0 - 2(x_0 + 1)}{x_0 + 1} = \frac{(x_0 - 1)}{(x_0 + 1)^2}$$

$$\frac{x_0 - 2x_0 - 2}{x_0 + 1} = \frac{(x_0 - 1)}{(x_0 + 1)^2}$$

$$\frac{-x_0 - 2}{x_0 + 1} = \frac{(x_0 - 1)}{(x_0 + 1)^2}$$

$$\frac{(-x_0 - 2).(x_0 + 1) - (x_0 - 1)}{(x_0 + 1)^2} = 0$$

$$\frac{-x_0^2 - 2x_0 - x_0 - 2 - x_0 + 1}{(x_0 + 1)^2} = 0$$

$$\frac{-x_0^2 - 4x_0 + 1}{(x_0 + 1)^2} = 0$$

Para uma fração "ser zero", seu numerador deve "ser zero" (e seu denominador deve ser diferente de zero, sempre):

$$-x_0^2 - 4x_0 + 1 = 0$$

Para resolvermos $-x_0^2 - 4x_0 + 1 = 0$, precisamos achar as raízes de $ax^2 + bx + c = -1x_0^2 - 4x_0 + 1$, ou seja, precisamos achar as raízes de uma função do 2º grau com coeficientes $a = -1$, $b = -4$ e $c = 1$. Para encontrarmos essas raízes, usamos a fórmula de Bhaskara, conforme segue.

$ax^2 + bx + c \Rightarrow x = \dfrac{-b \pm \sqrt{\Delta}}{2a}$, com $\Delta = b^2 - 4ac$.

Como $a=-1$, $b=-4$ e $c=1$, temos $\Delta=b^2-4ac=(-4)^2-4(-1)(1)=20$ e as raízes de $-x_0^{\ 2}-4x_0+1$ são $x_1=-2+\sqrt{5}$ e $x_2=-2-\sqrt{5}$, conforme calculado a seguir.

- $x_1=\dfrac{-b-\sqrt{\Delta}}{2a}=\dfrac{-(-4)-\sqrt{20}}{2(-1)}=\dfrac{4-2\sqrt{5}}{-2}=-2+\sqrt{5}$
- $x_2=\dfrac{-b+\sqrt{\Delta}}{2a}=\dfrac{-(-4)+\sqrt{20}}{2(-1)}=\dfrac{4+2\sqrt{5}}{-2}=-2-\sqrt{5}$

Ou seja, há duas retas tangentes à curva $y=\dfrac{x}{x+1}$ e que passam por $Q=(1,2)$. Elas tangenciam a curva nas abscissas $x_1=-2+\sqrt{5}$ e $x_2=-2-\sqrt{5}$.

Exemplo 4.12. Determine as equações das retas tangentes à parábola de equação $y=5-x^2$ e que passam por $Q=(1,5)$.

Resolução

Inicialmente, precisamos ficar atentos ao fato de que o ponto $Q=(1,5)$ é ponto de retas tangentes a $y=5-x^2$, mas não corresponde aos pontos de tangência entre as retas e a parábola, conforme indicado na figura 4.9.

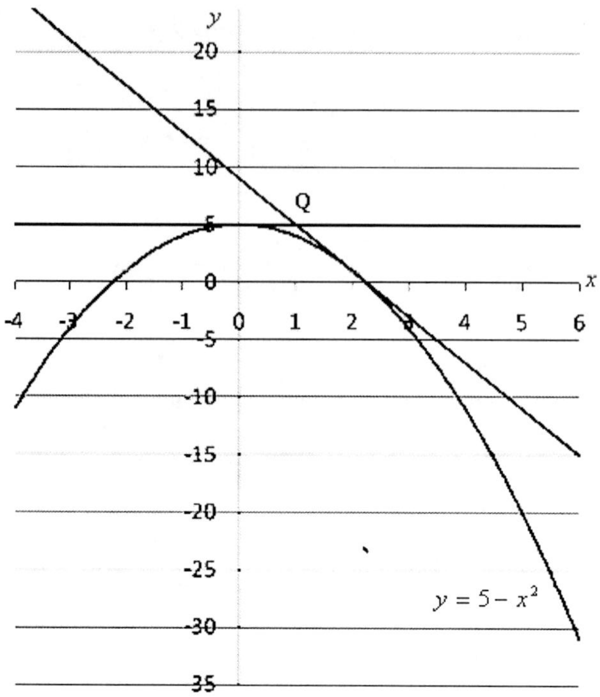

Figura 4.9. Gráficos de $y = 5 - x^2$ e das retas tangentes que passam por $Q = (1,5)$.

Vamos indicar, genericamente, o ponto de tangência como $P = (x_0, y_0)$.

Sabemos que o coeficiente angular de uma reta tangente ao gráfico de $y = 5 - x^2$ em $P = (x_0, y_0)$ é a derivada y'_0 dessa função em x_0.

Logo, precisamos fazer a derivada de $y = 5 - x^2$ em relação a x:

$$y' = (5 - x^2)'$$

Como a derivada da subtração de funções é igual à subtração das derivadas das funções, temos que:

$$y' = (5 - x^2)' = (5)' - (x^2)'$$

A derivada da constante 5 é zero, ou seja, $(5)' = 0$.

A derivada de x^2 em relação à variável x é feita por $\left(x^n\right)' = nx^{n-1}$, com $n = 2$:

$(x^2)' = 2x^{2-1} = 2x$

Substituindo $(5)' = 0$ e $(x^2)' = 2x$ em $y' = (5 - x^2)'$, ficamos com:

$y' = (5 - x^2)' = 0 - 2x$

$y' = -2x$

Aplicando $x = x_0$ em $y' = -2x$, ficamos com:

$y'_0 = -2x_0$

Para determinarmos a ordenada y_0 do ponto $P = (x_0, y_0)$, substituímos x por x_0 em $y = 5 - x^2$:

$y_0 = 5 - x_0^2$

A equação da reta tangente é:

$y - y_0 = y'_0(x - x_0)$

$y - (5 - x_0^2) = -2x_0(x - x_0)$

Como $Q = (1,5)$ é ponto da reta tangente, podemos substituir x por 1 e y por 5 em $y - (5 - x_0^2) = -2x_0(x - x_0)$:

$5 - (5 - x_0^2) = -2x_0(1 - x_0)$

$5 - 5 + x_0^2 = -2x_0 + 2x_0^2$

$x_0^2 = -2x_0 + 2x_0^2$

$2x_0 - 2x_0^2 + x_0^2 = 0$

$-x_0^2 + 2x_0 = 0$

$x_0(-x_0 + 2) = 0$

$$\begin{cases} x_0 = 0 \\ -x_0 + 2 = 0 \Rightarrow x_0 = 2 \end{cases}$$

A ordenada de $x_0 = 0$ é $y_0 = 5$, pois:

$$y_0 = 5 - x_0^{\ 2} = 5 - (0)^2 = 5$$

Logo, em $P = (x_0 = 0, y_0 = 5)$, a equação da reta tangente é:

$$y - (5 - x_0^{\ 2}) = -2x_0(x - x_0)$$

$$y - (5 - (0)^2) = -2(0)(x - 0)$$

$$y - 5 = 0$$

$$y = 5$$

A ordenada de $x_0 = 2$ é $y_0 = 1$, pois

$$y_0 = 5 - x_0^{\ 2} = 5 - (2)^2 = 1$$

Em $P = (x_0 = 2, y_0 = 1)$, a equação da reta tangente é:

$$y - (5 - x_0^{\ 2}) = -2x_0(x - x_0)$$

$$y - (5 - (2)^2) = -2(2)(x - 2)$$

$$y - 1 = -4x + 8$$

$$y = -4x + 9$$

Assim, temos as seguintes retas tangentes a tangentes à parábola $y = 5 - x^2$ que passam $Q = (1,5)$:

$$y = 5$$

$$y = -4x + 9$$

Exemplo 4.13. Determine a equação da reta tangente ao gráfico de $y = \dfrac{f(x)}{g(x)}$ no ponto de abscissa $x_0 = -1$, sendo $f(x) = \sqrt[3]{x^4 + 2x^2}$ e $g(x) = e^{3x^2-1}$.

Resolução.

A função em estudo pode ser escrita como $y = \dfrac{\sqrt[3]{x^4 + 2x^2}}{e^{3x^2-1}}$.

A abscissa do gráfico de $y = \dfrac{\sqrt[3]{x^4 + 2x^2}}{e^{3x^2-1}}$ indicada no enunciado é $x_0 = -1$.

Para acharmos a ordenada y_0 correspondente a $x_0 = -1$, precisamos substituir x por -1 em $y = \dfrac{\sqrt[3]{x^4 + 2x^2}}{e^{3x^2-1}}$.

Assim, obtemos $y_0 = \dfrac{\sqrt[3]{3}}{e^2}$, conforme segue.

$$y_0 = \frac{\sqrt[3]{(-1)^4 + 2(-1)^2}}{e^{3(-1)^2-1}} = \frac{\sqrt[3]{1+2}}{e^2} = \frac{\sqrt[3]{3}}{e^2}$$

Logo, queremos determinar a equação da reta tangente ao gráfico de $y = \dfrac{\sqrt[3]{x^4 + 2x^2}}{e^{3x^2-1}}$ no ponto $P = \left(-1, \dfrac{\sqrt[3]{3}}{e^2}\right)$.

Para derivarmos $y = \dfrac{\sqrt[3]{x^4 + 2x^2}}{e^{3x^2-1}}$ em relação à variável x, usamos a regra do quociente:

$$\left(\frac{f(x)}{g(x)}\right)' = \frac{f'(x)g(x) - f(x)g'(x)}{(g(x))^2}$$

Se fizermos $f(x) = \sqrt[3]{x^4 + 2x^2}$ e $g(x) = e^{3x^2-1}$, ficamos com o seguinte:

$$y' = \frac{\left(\sqrt[3]{x^4 + 2x^2}\right)' e^{3x^2 -1} - \sqrt[3]{x^4 + 2x^2}\left(e^{3x^2 -1}\right)'}{\left(e^{3x^2 -1}\right)^2}$$

Como $\sqrt[c]{a^b} = a^{\frac{b}{c}}$, se fizermos $a = x^4 + 2x^2$, $b = 1$ e $c = 3$, podemos reescrever $\sqrt[3]{x^4 + 2x^2}$ como $\left(x^4 + 2x^2\right)^{1/3}$, pois:

$$\sqrt[3]{x^4 + 2x^2} = \sqrt[3]{\left(x^4 + 2x^2\right)^1} = \left(x^4 + 2x^2\right)^{1/3}$$

Logo:

$$y' = \frac{\left(\left(x^4 + 2x^2\right)^{1/3}\right)' e^{3x^2 -1} - \sqrt[3]{x^4 + 2x^2}\left(e^{3x^2 -1}\right)'}{\left(e^{3x^2 -1}\right)^2}$$

Vamos aplicar $\left(u^n\right)' = nu'u^{n-1}$, com $u = x^4 + 2x^2$ e $n = \frac{1}{3}$, para fazermos

$$\left(\left(x^4 + 2x^2\right)^{1/3}\right)' :$$

$$\left(\left(x^4 + 2x^2\right)^{1/3}\right)' = \frac{1}{3}\left(x^4 + 2x^2\right)' \left(x^4 + 2x^2\right)^{\frac{1}{3}-1}$$

$$\left(\left(x^4 + 2x^2\right)^{1/3}\right)' = \frac{1}{3}\left(x^4 + 2x^2\right)' \left(x^4 + 2x^2\right)^{\frac{1-3}{3}}$$

$$\left(\left(x^4+2x^2\right)^{1/3}\right)' = \frac{1}{3}\left(x^4+2x^2\right)'\left(x^4+2x^2\right)^{-\frac{2}{3}}$$

Como a derivada da soma de funções é igual à soma das derivadas das funções, temos que:

$$\left(x^4+2x^2\right)' = \left(x^4\right)' + \left(2x^2\right)'$$

A derivada da multiplicação da constante 2 por x^2 pode ser escrita como a multiplicação da constante 2 pela derivada de x^2:

$$\left(x^4+2x^2\right)' = \left(x^4\right)' + \left(2x^2\right)' = \left(x^4\right)' + 2\left(x^2\right)'$$

Usamos $\left(x^n\right)' = nx^{n-1}$ com $n = 4$ para fazermos $\left(x^4\right)'$ e com $n = 2$ para fazermos $\left(x^2\right)'$:

$$\left(x^4+2x^2\right)' = 4x^{4-1} + 2\left(2x^{2-1}\right)$$

$$\left(x^4+2x^2\right)' = 4x^3 + 4x$$

Podemos colocar $4x$ em evidência:

$$\left(x^4+2x^2\right)' = 4x\left(x^2+1\right)$$

Vamos substituir $\left(x^4+2x^2\right)'$ por $4x\left(x^2+1\right)$ em

$$\left(\left(x^4+2x^2\right)^{1/3}\right)' = \frac{1}{3}\left(x^4+2x^2\right)'\left(x^4+2x^2\right)^{-\frac{2}{3}}:$$

$$\left(\left(x^4+2x^2\right)^{1/3}\right)' = \frac{1}{3}4x\left(x^2+1\right)\left(x^4+2x^2\right)^{-\frac{2}{3}}$$

$$\left(\left(x^4 + 2x^2\right)^{1/3}\right)' = \frac{4}{3}x\left(x^2 + 1\right)\left(x^4 + 2x^2\right)^{-\frac{2}{3}}$$

Vamos aplicar $\left(e^u\right)' = u'e^u$, com $u = 3x^2 - 1$, para fazermos $\left(e^{3x^2 - 1}\right)'$:

$$\left(e^{3x^2 - 1}\right)' = \left(3x^2 - 1\right)'\left(e^{3x^2 - 1}\right)$$

A derivada da soma de funções é igual à soma das derivadas das funções:

$$\left(3x^2 - 1\right)' = \left(3x^2\right)' - (1)'$$

A derivada da multiplicação da constante 3 por x^2 pode ser escrita como a multiplicação da constante 3 pela derivada de x^2:

$$\left(3x^2 - 1\right)' = \left(3x^2\right)' - (1)' = 3\left(x^2\right)' - (1)'$$

A derivada da constante 1 é zero, ou seja, $(1)' = 0$.

Usamos $\left(x^n\right)' = nx^{n-1}$ com $n = 2$ para fazermos $\left(x^2\right)'$:

$$\left(3x^2 - 1\right)' = 3\left(x^2\right)' - (1)' = 3\left(x^{2-1}\right) = 0$$

$$\left(3x^2 - 1\right)' = 6x$$

Vamos substituir $\left(3x^2 - 1\right)'$ por $6x$ em $\left(e^{3x^2 - 1}\right)' = \left(3x^2 - 1\right)'\left(e^{3x^2 - 1}\right)$:

$$\left(e^{3x^2 - 1}\right)' = 3x\left(e^{3x^2 - 1}\right)$$

Substituindo $\left(\left(x^4+2x^2\right)^{1/3}\right)' = \frac{4}{3}x\left(x^2+1\right)\left(x^4+2x^2\right)^{-\frac{2}{3}}$ e

$\left(e^{3x^2-1}\right)' = 6x\left(e^{3x^2-1}\right)$ em

$$y' = \frac{\left(\left(x^4+2x^2\right)^{1/3}\right)' e^{3x^2-1} - \sqrt[3]{x^4+2x^2}\left(e^{3x^2-1}\right)'}{\left(e^{3x^2-1}\right)^2}$$, ficamos com:

$$y' = \frac{\frac{4}{3}x\left(x^2+1\right)\left(x^4+2x^2\right)^{-\frac{2}{3}} e^{3x^2-1} - \sqrt[3]{x^4+2x^2}\,6x\left(e^{3x^2-1}\right)}{\left(e^{3x^2-1}\right)^2}$$

Podemos reescrever $\left(x^4+2x^2\right)^{-\frac{2}{3}}$ como $\frac{1}{\sqrt[3]{\left(x^4+2x^2\right)^2}}$, pois:

$$\left(x^4+2x^2\right)^{-\frac{2}{3}} = \frac{1}{\left(x^4+2x^2\right)^{\frac{2}{3}}} = \frac{1}{\sqrt[3]{\left(x^4+2x^2\right)^2}}$$

Substituindo $\left(x^4+2x^2\right)^{-\frac{2}{3}}$ por $\frac{1}{\sqrt[3]{\left(x^4+2x^2\right)^2}}$ em

$$y' = \frac{\frac{4}{3}x\left(x^2+1\right)\left(x^4+2x^2\right)^{-\frac{2}{3}} e^{3x^2-1} - \sqrt[3]{x^4+2x^2}\,6x\left(e^{3x^2-1}\right)}{\left(e^{3x^2-1}\right)^2}$$, ficamos com:

$$y' = \frac{\frac{4}{3}x\left(x^2+1\right)\frac{1}{\sqrt[3]{\left(x^4+2x^2\right)^2}}e^{3x^2-1} - \sqrt[3]{x^4+2x^2}\,6x\left(e^{3x^2-1}\right)}{\left(e^{3x^2-1}\right)^2}$$

Podemos colocar $x\left(e^{3x^2-1}\right)$ em evidência:

$$y' = \frac{x\left(e^{3x^2-1}\right)\left(\frac{4}{3}\left(x^2+1\right)\frac{1}{\sqrt[3]{\left(x^4+2x^2\right)^2}} - 6\sqrt[3]{x^4+2x^2}\right)}{\left(e^{3x^2-1}\right)^2}$$

Para acharmos a derivada y_0' de $y = \frac{\sqrt[3]{x^4+2x^2}}{e^{3x^2-1}}$ no ponto de abscissa $x_0 = -1$,

substituímos x por -1 em $y' = \frac{x\left(e^{3x^2-1}\right)\left(\frac{4}{3}\left(x^2+1\right)\frac{1}{\sqrt[3]{\left(x^4+2x^2\right)^2}} - 6\sqrt[3]{x^4+2x^2}\right)}{\left(e^{3x^2-1}\right)^2}$:

$$y_0' = f'(x_0) = f'(-1) = \frac{(-1)\left(e^{3(-1)^2-1}\right)\left(\frac{4}{3}\left((-1)^2+1\right)\frac{1}{\sqrt[3]{\left((-1)^4+2(-1)^2\right)^2}} - 6\sqrt[3]{(-1)^4+2(-1)^2}\right)}{\left(e^{3(-1)^2-1}\right)^2}$$

$$y_0' = f'(x_0) = f'(-1) = \frac{(-1)\left(e^2\right)\left(\frac{4}{3}(2)\frac{1}{\sqrt[3]{(3)^2}} - 6\sqrt[3]{3}\right)}{\left(e^2\right)^2}$$

$$y_0' = f'(x_0) = f'(-1) = \frac{-e^2\left(\dfrac{8}{3\sqrt[3]{9}} - 6\sqrt[3]{3}\right)}{e^4}$$

$$y_0' = f'(x_0) = f'(-1) = \frac{-\left(\dfrac{8}{3\sqrt[3]{9}} - 6\sqrt[3]{3}\right)}{e^2}$$

$$y_0' = f'(x_0) = f'(-1) = \frac{-1}{e^2}\left(\frac{8}{3\sqrt[3]{9}} - 6\sqrt[3]{3}\right)$$

$$y_0' = f'(x_0) = f'(-1) = \frac{1}{e^2}\left(6\sqrt[3]{3} - \frac{8}{3\sqrt[3]{9}}\right)$$

O coeficente angular a da reta t tangente ao gráfico de $y = \dfrac{\sqrt[3]{x^4 + 2x^2}}{e^{3x^2-1}}$ no ponto $P = \left(-1, \dfrac{\sqrt[3]{3}}{e^2}\right)$ é a derivada da função nesse ponto, ou seja, $a = \dfrac{1}{e^2}\left(6\sqrt[3]{3} - \dfrac{8}{3\sqrt[3]{9}}\right)$.

A equação da reta t é:

$$y - y_0 = a(x - x_0)$$

$$y - \left(\frac{\sqrt[3]{3}}{e^2}\right) = \frac{1}{e^2}\left(6\sqrt[3]{3} - \frac{8}{3\sqrt[3]{9}}\right)(x - (-1))$$

$$y = \frac{1}{e^2}\left(6\sqrt[3]{3} - \frac{8}{3\sqrt[3]{9}}\right)(x + 1) + \left(\frac{\sqrt[3]{3}}{e^2}\right)$$

$$y = \frac{1}{e^2}\left(6\sqrt[3]{3} - \frac{8}{3\sqrt[3]{9}}\right)x + \frac{1}{e^2}\left(6\sqrt[3]{3} - \frac{8}{3\sqrt[3]{9}}\right) + \left(\frac{\sqrt[3]{3}}{e^2}\right)$$

$$y = \frac{1}{e^2}\left(6\sqrt[3]{3} - \frac{8}{3\sqrt[3]{9}}\right)x + \frac{1}{e^2}\left(6\sqrt[3]{3} - \frac{8}{3\sqrt[3]{9}} + \sqrt[3]{3}\right)$$

$$y = \frac{1}{e^2}\left(6\sqrt[3]{3} - \frac{8}{3\sqrt[3]{9}}\right)x + \frac{1}{e^2}\left(7\sqrt[3]{3} - \frac{8}{3\sqrt[3]{9}}\right)$$

Exemplo 4.14. Determine a equação da reta tangente ao gráfico de $y = 5^x \cos\left(\dfrac{\pi}{3} + x\right)$ no ponto de abscissa $x_0 = \dfrac{\pi}{6}$.

Resolução

A abscissa do gráfico de $y = 5^x \cos\left(\dfrac{\pi}{3} + x\right)$ indicada no enunciado é $x_0 = \dfrac{\pi}{6}$.

Para acharmos a ordenada y_0 correspondente a $x_0 = \dfrac{\pi}{6}$, precisamos substituir x por $\dfrac{\pi}{6}$ em $y = 5^x \cos\left(\dfrac{\pi}{3} + x\right)$.

Assim, obtemos $y_0 = 0$, conforme segue.

$$y_0 = 5^{\frac{\pi}{6}} \cos\left(\frac{\pi}{3} + \frac{\pi}{6}\right) = 5^{\frac{\pi}{6}} \cos\left(\frac{2\pi + \pi}{6}\right) = 5^{\frac{\pi}{6}} \cos\left(\frac{3\pi}{6}\right) = 5^{\frac{\pi}{6}} \cos\left(\frac{\pi}{2}\right) = 5^{\frac{\pi}{6}} 0 = 0$$

Vemos que $\cos\dfrac{\pi}{2}$ corresponde a $\cos 90^o$, que é zero.

Logo, queremos determinar a equação da reta tangente ao gráfico de $y = 5^x \cos\left(\dfrac{\pi}{3} + x\right)$ no ponto $P = \left(\dfrac{\pi}{6}, 0\right)$.

Para derivarmos $y = 5^x \cos\left(\dfrac{\pi}{3} + x\right)$ em relação à variável x, usamos a regra do produto:

$$(f(x)g(x))' = f'(x)g(x) + f(x)g'(x)$$

Se fizermos $f(x) = 5^x$ e $g(x) = \cos\left(\dfrac{\pi}{3} + x\right)$, ficamos com o seguinte:

$$y' = \left(5^x\right)' \cos\left(\frac{\pi}{3} + x\right) + 5^x\left(\cos\left(\frac{\pi}{3} + x\right)\right)'$$

Vamos aplicar $(a^x)' = a^x \ln a$, com $a = 5$, para fazermos $(5^x)'$:

$$(5^x)' = 5^x \ln 5$$

Vamos aplicar $(\cos u)' = -u' senu$, com $u = \frac{\pi}{3} + x$, para fazermos $\left(\cos\left(\frac{\pi}{3} + x\right)\right)'$:

$$\left(\cos\left(\frac{\pi}{3} + x\right)\right)' = -\left(\frac{\pi}{3} + x\right)' sen\left(\frac{\pi}{3} + x\right)$$

Como a derivada da soma de funções é igual à soma das derivadas das funções, temos que:

$$\left(\cos\left(\frac{\pi}{3} + x\right)\right)' = -\left(\left(\frac{\pi}{3}\right)' + (x)'\right) sen\left(\frac{\pi}{3} + x\right)$$

A derivada da constante $\frac{\pi}{3}$ é zero, ou seja, $\left(\frac{\pi}{3}\right)' = 0$.

A derivada de x em relação à variável x é 1, ou seja, $(x)' = 1$.

Logo:

$$\left(\cos\left(\frac{\pi}{3} + x\right)\right)' = -(0 + 1) sen\left(\frac{\pi}{3} + x\right)$$

$$\left(\cos\left(\frac{\pi}{3} + x\right)\right)' = -sen\left(\frac{\pi}{3} + x\right)$$

Substituindo $(5^x)' = 5^x \ln 5$ e $\left(\cos\left(\frac{\pi}{3} + x\right)\right)' = -sen\left(\frac{\pi}{3} + x\right)$ em

$y' = (5^x)' \cos\left(\frac{\pi}{3} + x\right) + 5^x\left(\cos\left(\frac{\pi}{3} + x\right)\right)'$, ficamos com:

$$y' = 5^x \ln 5 \cos\left(\frac{\pi}{3} + x\right) + 5^x\left(-sen\left(\frac{\pi}{3} + x\right)\right)$$

$$y' = 5^x \ln 5 \cos\left(\frac{\pi}{3} + x\right) - 5^x sen\left(\frac{\pi}{3} + x\right)$$

Para acharmos a derivada y_0' de $y = 5^x \cos\left(\frac{\pi}{3} + x\right)$ no ponto de abscissa $x_0 = \frac{\pi}{6}$, substituímos x por $\frac{\pi}{6}$ em $y' = 5^x \ln 5 \cos\left(\frac{\pi}{3} + x\right) - 5^x sen\left(\frac{\pi}{3} + x\right)$:

$$y_0' = f'(x_0) = f'\left(\frac{\pi}{6}\right) = 5^{\frac{\pi}{6}} \ln 5 \cos\left(\frac{\pi}{3} + \frac{\pi}{6}\right) - 5^{\frac{\pi}{6}} sen\left(\frac{\pi}{3} + \frac{\pi}{6}\right)$$

$$y_0' = f'(x_0) = f'\left(\frac{\pi}{6}\right) = 5^{\frac{\pi}{6}} \ln 5 \cos\left(\frac{2\pi + \pi}{6}\right) - 5^{\frac{\pi}{6}} sen\left(\frac{2\pi + \pi}{6}\right)$$

$$y_0' = 5^{\frac{\pi}{6}} \ln 5 \cos\left(\frac{\pi}{2}\right) - 5^{\frac{\pi}{6}} sen\left(\frac{\pi}{2}\right)$$

Vemos que $\cos\frac{\pi}{2}$ corresponde a $\cos 90^o$, que é zero, e que $sen\frac{\pi}{2}$ corresponde a $sen 90^o$, que é 1. Logo:

$$y_0' = 5^{\frac{\pi}{6}}(\ln 5)0 - 5^{\frac{\pi}{6}}(1)$$

$$y_0' = -5^{\frac{\pi}{6}}$$

O coeficente angular a da reta t tangente ao gráfico de $y = 5^x \cos\left(\frac{\pi}{3} + x\right)$ no ponto $P = \left(\frac{\pi}{6}, 0\right)$ é a derivada da função nesse ponto, ou seja, $a = -5^{\frac{\pi}{6}}$.

A equação da reta t é:

$$y - y_0 = a(x - x_0)$$

$$y-(0)=-5^{\frac{\pi}{6}}\left(x-\frac{\pi}{6}\right)$$

$$y=-5^{\frac{\pi}{6}}x+\frac{\pi 5^{\frac{\pi}{6}}}{6}$$

Exemplo 4.15. Considere um ponto $P=(x_0,y_0)$ do gráfico de $y=\frac{1}{x}$, com $x_0>0$. Verifique que o triângulo formado pelo eixo x, pela reta tangente a $y=\frac{1}{x}$ em $P=(x_0,y_0)$ e pela reta que liga $P=(x_0,y_0)$ à origem $O=(0,0)$ é isósceles. Calcule a área desse triângulo.

Resolução

A abscissa do gráfico de $y=\frac{1}{x}$ indicada no enunciado é x_0.

Para acharmos a ordenada y_0 correspondente a x_0, precisamos substituir x por x_0 em $y=\frac{1}{x}$. Assim, $y_0=\frac{1}{x_0}$.

Logo, o ponto indicado é $P=\left(x_0,\frac{1}{x_0}\right)$.

O triângulo OPC formado pelo eixo x, pela reta tangente a $y=\frac{1}{x}$ em $P=(x_0,y_0)$, com $x>0$, e pela reta que liga $P=\left(x_0,\frac{1}{x_0}\right)$ à origem $O=(0,0)$ está indicado na figura 4.10.

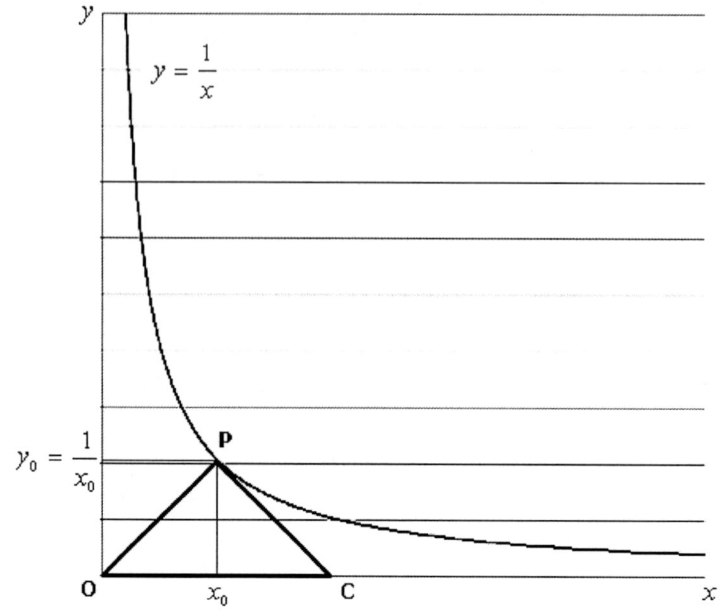

Figura 4.10. Triângulo OPC formado pelo eixo x, pela reta tangente a $y = \frac{1}{x}$ em $P = (x_0, y_0)$, com $x > 0$, e pela reta que liga $P = \left(x_0, \frac{1}{x_0}\right)$ à origem $O = (0,0)$.

Observamos que o segmento PC pertence à reta t tangente ao gráfico de $y = \frac{1}{x}$ no ponto $P = \left(x_0, \frac{1}{x_0}\right)$.

A fim de determinarmos a equação da reta t, vamos derivar $y = \frac{1}{x}$ em relação à variável x.

Para isso, escrevemos $y = \frac{1}{x}$ como $y = x^{-1}$ e usamos $(x^n)' = nx^{n-1}$, com n=-1:

$$y' = \left(\frac{1}{x}\right)'$$

$$y' = (x^{-1})' = -1x^{-2}$$

$$y' = \frac{-1}{x^2}$$

Para acharmos a derivada y_0' de $y = \frac{1}{x}$ no ponto de abscissa x_0, substituímos x por x_0 em

$y' = \frac{-1}{x^2}$.

Logo, $y_0' = \frac{-1}{x_0^2}$.

O coeficente angular a da reta t tangente ao gráfico de $y = \frac{1}{x}$ no ponto $P = \left(x_0, \frac{1}{x_0}\right)$ é a

derivada da função nesse ponto, ou seja, $a = \frac{-1}{x_0^2}$.

A equação da reta t é:

$$y - y_0 = a(x - x_0)$$

$$y - \left(\frac{1}{x_0}\right) = \frac{-1}{x_0^2}(x - x_0)$$

O ponto $C = (x_C, 0)$ pertence à reta t. Logo, para determinarmos x_C, substituímos y por zero na equação da reta t:

$$0 - \left(\frac{1}{x_0}\right) = \frac{-1}{x_0^2}(x_C - x_0)$$

$$-\frac{1}{x_0} = \frac{-1}{x_0^2}(x_C - x_0)$$

$$\frac{x_0^2}{x_0} = x_C - x_0$$

$$x_0 = x_C - x_0$$

$$x_C = 2x_0$$

O triângulo OPC, com suas medidas, está indicado na figura 4.11.

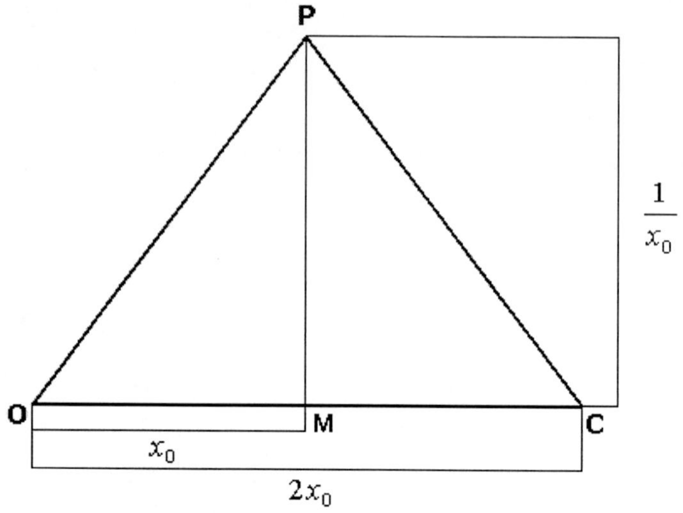

Figura 4.11. Triângulo OPC com suas medidas.

Vemos que o triângulo OPC é isósceles, pois, ao traçarmos a mediana, a altura e a bissetriz em relação à base, temos o mesmo segmento PM.

Como as medidas da base e da altura do triângulo OPC são, respectivamente, $2x_0$ e $\frac{1}{x_0}$, sua área A vale $\frac{1}{4}$ unidade de área, pois:

$$A = \frac{base\ x\ altura}{2} = \frac{2x_0 \frac{1}{x_0}}{2} = \frac{\frac{1}{2}}{2} = \frac{1}{4}$$

CAPÍTULO 5. APLICAÇÃO DAS DERIVADAS: TAXAS DE VARIAÇÃO

Se quisermos saber a taxa média de variação da função contínua $y = f(x)$ entre seus pontos $P = (x_0, f(x_0))$ e $Q = (x_Q, f(x_Q))$, fazemos o seguinte:

$$\text{Taxa média de variação de f(x)} = \frac{f(x_Q) - f(x_0)}{x_Q - x_0}$$

A taxa média de variação é o coeficiente angular da reta secante (reta s) que passa pelos pontos $P = (x_0, f(x_0))$ e $Q = (x_Q, f(x_Q))$, indicados na figura 5.1.

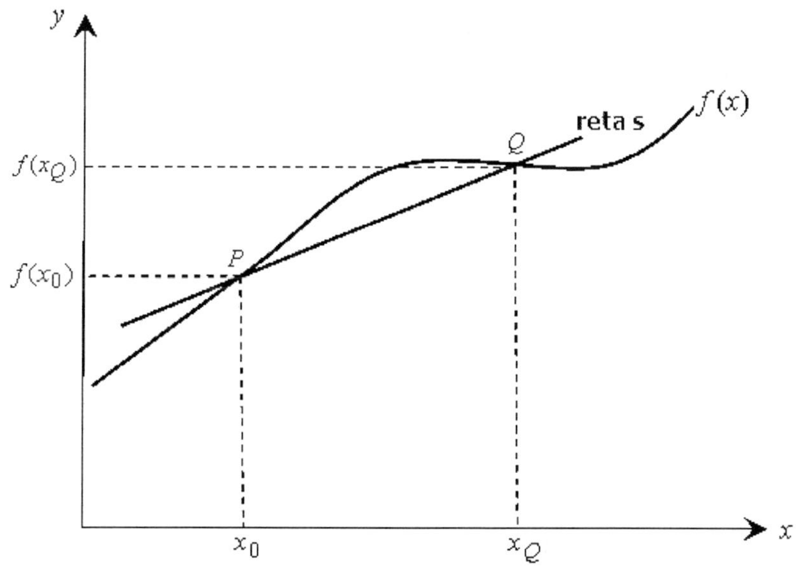

Figura 5.1. Gráfico de $y = f(x)$**, reta s e pontos** $P = (x_0, f(x_0))$ **e** $Q = (x_Q, f(x_Q))$**.**

Na figura 5.2, podemos visualizar, de modo ampliado, as diferenças $f(x_Q)-f(x_0)$ e $x_Q - x_0$, cujo quociente $\dfrac{f(x_Q)-f(x_0)}{x_Q - x_0}$ fornece a taxa média de variação da função contínua $y = f(x)$ entre $P=(x_0, f(x_0))$ e $Q=(x_Q, f(x_Q))$.

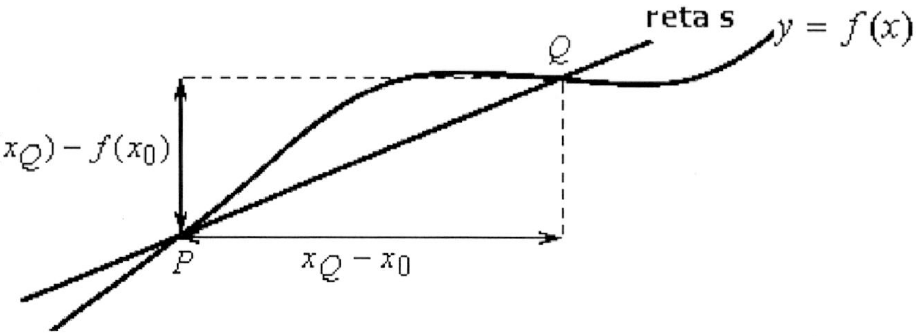

Figura 5.2. Representação ampliada dos gráficos de $y = f(x)$ e da reta s e das diferenças $f(x_Q)-f(x_0)$ e $x_Q - x_0$.

Se quisermos saber a taxa de variação instantânea de uma função contínua $y = f(x)$ em $P=(x_0, f(x_0))$, sendo $y = f(x)$ derivável em $P=(x_0, f(x_0))$, temos que calcular o coeficiente angular da reta t tangente ao gráfico de $y = f(x)$ em $P=(x_0, f(x_0))$, conforme figura 5.3.

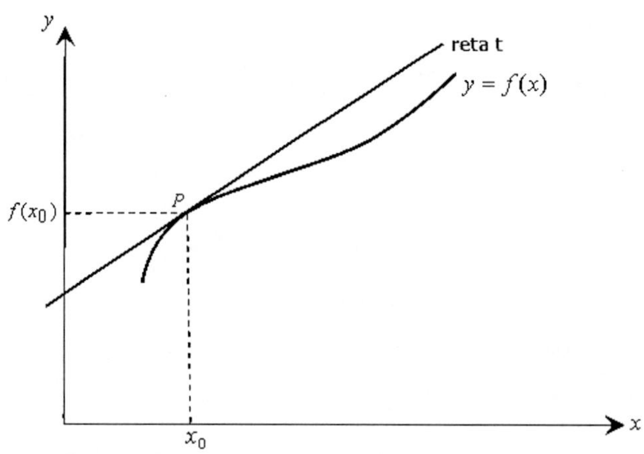

Figura 5.3. Gráfico de $y = f(x)$, reta t e ponto $P=(x_0, f(x_0))$.

Conforme vimos no capítulo 4, a derivada de $y = f(x)$ em $P = (x_0, y_0)$, indicada por $y_0' = f'(x_0) = \left.\frac{dy}{dx}\right|_{x_0} = \left.\frac{df(x)}{dx}\right|_{x_0}$, é o coeficente angular da reta t tangente ao gráfico de $y = f(x)$ no ponto $P = (x_0, y_0)$. Vale lembrar que estamos trabalhando com uma função $y = f(x)$ contínua e derivável em $P = (x_0, y_0)$.

Logo, a taxa de variação instantânea de $y = f(x)$ em $P = (x_0, y_0)$ é:

$$\text{Taxa de variação instantânea de } y = f(x) \text{ em } x_0 = f'(x_0) = \left.\frac{dy}{dx}\right|_{x_0} = \left.\frac{df(x)}{dx}\right|_{x_0}$$

Para uma função qualquer $y = f(x)$ derivável em todos os seus pontos, a função derivada de $y = f(x)$ em relação à variável x, indicada por $y' = f'(x) = \frac{dy}{dx} = \frac{df(x)}{dx}$, representa a taxa de variação de $y = f(x)$ com a variável x.

Para aplicarmos o que foi dito, vamos fazer os exemplos a seguir.

Exemplo 5.1. Imagine que a posição p de um corpo que se move em linha reta varie com o tempo t, sendo $t \geq 0$, de acordo com a seguinte função: $p = p(t) = 2t^3 - 4t + 2$. Na função, a posição é dada em centímetros (cm) e o tempo é dado em segundos (s). Para essa situação, determine o que segue.

a) A função que relaciona a velocidade v do corpo com o tempo t, ou seja, $v = v(t)$.

b) A velocidade do corpo no instante 5 segundos.

c) A função que relaciona a aceleração a do corpo com o tempo t, ou seja, $a = a(t)$.

d) A aceleração do corpo no instante 5 segundos.

Resolução

a) A velocidade v do corpo em função do tempo t, ou seja, a função $v = v(t)$, é a taxa de variação da posição $p = p(t)$ do corpo com o tempo t.

Logo, $v = v(t)$ é a derivada de $p = p(t)$ em relação à variável t:

$$v = p'(t) = \frac{dp}{dt}$$

$$v = \left(2t^3 - 4t + 2\right)' = \frac{d\left(2t^3 - 4t + 2\right)}{dt}$$

A derivada da soma (ou subtração) de funções é igual à soma (ou subtração) das derivadas das funções:

$$v = \left(2t^3 - 4t + 2\right)' = (2t^3)' - (4t)' + (2)'$$

Como a derivada da constante que multiplica a função é a constante multiplicada pela derivada da função, fazemos $(2t^3)' = 2(t^3)'$ e $(4t)' = 4(t)'$.

Logo:

$$v = (2t^3)' - (4t)' + (2)' = 2(t^3)' - 4(t)' + (2)'$$

Como $\left(t^n\right)' = nt^{n-1}$, se fizermos $n = 3$, ficamos com $(t^3)' = 3t^{3-1} = 3t^2$.

A derivada de t em relação à variável t é 1, ou seja, $(t)' = 1$.

A derivada da constante 2 é zero, ou seja, $(2)' = 0$.

Substituindo $(t^3)' = 3t^2$, $(t)' = 1$ e $(2)' = 0$ em $v = 2(t^3)' - 4(t)' + (2)'$, ficamos com:

$$v = 2(3t^2) - 4(1) + 0$$

$$v = v(t) = 6t^2 - 4$$

b) Para determinarmos a velocidade do corpo no instante 5 segundos, substituímos t por 5 em $v = v(t) = 6t^2 - 4$:

$$v(t = 5s) = 6(5)^2 - 4 = 6.25 - 4 = 150 - 4$$

$$v(t = 5s) = 146 \ \ cm/s$$

c) A aceleração a do corpo em função do tempo t, ou seja, a função $a = a(t)$, é a taxa de variação da velocidade $v = v(t)$ do corpo com o tempo t.

Logo, $a = a(t)$ é a derivada de $v = v(t)$ em relação à variável t:

$$a = v'(t) = \frac{dv}{dt}$$

$$a = \left(6t^2 - 4\right)' = \frac{d\left(6t^2 - 4\right)}{dt}$$

A derivada da subtração de funções é igual à subtração das derivadas das funções:

$$a = \left(6t^2 - 4\right)' = \left(6t^2\right)' - (4)'$$

Como a derivada da constante que multiplica a função é a constante multiplicada pela derivada da função, fazemos $(6t^2)' = 6(t^2)'$.

Logo:

$$a = \left(6t^2 - 4\right)' = 6\left(t^2\right)' - (4)'$$

Como $\left(t^n\right)' = nt^{n-1}$, se fizermos $n = 2$, ficamos com $(t^2)' = 2t^{2-1} = 2t$.

A derivada da constante 4 é zero, ou seja, $(4)' = 0$.

Substituindo $(t^2)' = 2t$ e $(4)' = 0$ em $a = \left(6t^2 - 4\right)' = 6\left(t^2\right)' - (4)'$, ficamos com:

$$a = 6(2t) - 0$$

$$a = a(t) = 12t$$

d) Para determinarmos a aceleração do corpo no instante 5 segundos, substituímos t por 5 em $a = a(t) = 12t$:

$$a = a(t = 5s) = 12(5)$$

$$a = a(t = 5s) = 60\ cm/s^2$$

Exemplo 5.2. Um corpo movimenta-se em linha reta de acordo com a seguinte equação horária: $s = s(t) = \sqrt{5 + 4t^2}$, sendo $t \geq 0$, Na equação, a posição s é dada em centímetros (cm) e o tempo t é dado em segundos (s). Para essa situação, determine o que segue.

a) A velocidade média do corpo entre os instantes 0 e 3 segundos.

b) As velocidades do corpo nos instantes 0 e 3 segundos.

c) A média das velocidades do corpo entre os instantes 0 e 3 segundos.

Resolução

a) Para acharmos a velocidade média v_m do corpo entre os instantes 0 e 3 segundos, precisamos fazer a divisão da variação Δs do espaço pela variação Δt do tempo. Ou seja:

$$v_m = \frac{\Delta s}{\Delta t}$$

No caso, a variação Δs do espaço é a diferença (subtração) entre o "espaço final" $s(3)$ no "instante final de 3 segundos" e o "espaço inicial" $s(0)$ no "instante inicial de 0 segundos":

$$v_m = \frac{\Delta s}{\Delta t} = \frac{s(3) - s(0)}{3 - 0}$$

Para acharmos $s(3)$ e $s(0)$, substituímos, respectivamente, t por 3 e por 0 na equação $s = s(t) = \sqrt{5 + 4t^2}$:

$$s(3) = \sqrt{5 + 4(3)^2} = \sqrt{41}$$

$$s(0) = \sqrt{5 + 4(0)^2} = \sqrt{5}$$

Fazendo $s(3) = \sqrt{41}$ e $s(0) = \sqrt{5}$ em $v_m = \frac{\Delta s}{\Delta t} = \frac{s(3) - s(0)}{3 - 0}$, ficamos com:

$$v_m = \frac{\sqrt{41} - \sqrt{5}}{3}$$

Se fizermos essa conta com a calculadora, chegaremos ao seguinte resultado:

$$v_m = \frac{\sqrt{41} - \sqrt{5}}{3} = \frac{6{,}403 - 2{,}236}{3}$$

$v_m = 1{,}389 cm/s$

b) Para acharmos as velocidades do corpo nos instantes 0 e 3 segundos, indicadas, respectivamente, por $v(0)$ e $v(3)$, precisamos determinar a velocidade v do corpo em função do tempo t, ou seja, a função $v = v(t)$, que é a taxa de variação do espaço $s = s(t)$ do corpo com o tempo t.

A função $v = v(t)$ é a derivada de $s = s(t)$ em relação à variável t:

$$v = s'(t) = \frac{ds}{dt}$$

$$v = \left(\sqrt{5 + 4t^2}\right)'$$

No capítulo 2, vimos que $\left(\sqrt{u}\right)' = \dfrac{u'}{2\sqrt{u}}$.

No caso, temos de fazer $u = 5 + 4t^2$ em $\left(\sqrt{u}\right)' = \dfrac{u'}{2\sqrt{u}}$:

$$v = \left(\sqrt{5 + 4t^2}\right)' = \frac{\left(5 + 4t^2\right)'}{2\sqrt{5 + 4t^2}}$$

A derivada da soma de funções é igual à soma das derivadas das funções:

$$\left(5 + 4t^2\right)' = (5)' + \left(4t^2\right)'$$

Como a derivada da constante que multiplica a função é a constante multiplicada pela derivada da função, fazemos $(4t^2)' = 4(t^2)'$:

$$\left(5 + 4t^2\right)' = (5)' + \left(4t^2\right)' = (5)' + 4\left(t^2\right)'$$

A derivada da constante 5 é zero, ou seja, $(5)' = 0$.

Como $\left(t^n\right)' = nt^{n-1}$, se fizermos $n = 2$, ficamos com $(t^2)' = 2t^{2-1} = 2t$.

Logo:

$$\left(5+4t^2\right)' = (5)' + 4\left(t^2\right)' = 0 + 4(2t) = 8t$$

Fazendo $\left(5+4t^2\right)' = 8t$ em $v = \dfrac{\left(5+4t^2\right)'}{2\sqrt{5+4t^2}}$, ficamos com:

$$v = \frac{8t}{2\sqrt{5+4t^2}}$$

$$v = v(t) = \frac{4t}{\sqrt{5+4t^2}}$$

Para calcularmos as velocidades $v(0)$ e $v(3)$, substituímos, respectivamente, t por 0 e por 3 na equação $v = v(t) = \dfrac{4t}{\sqrt{5+4t^2}}$:

$$v(0) = \frac{4.0}{\sqrt{5+4(0)^2}} = \frac{0}{\sqrt{5}} \Rightarrow v(0) = 0$$

$$v(3) = \frac{4.3}{\sqrt{5+4(3)^2}} = \frac{12}{\sqrt{5+36}} = \frac{12}{\sqrt{41}} \Rightarrow v(3) = 1{,}874cm/s$$

c) Para acharmos a média das velocidades do corpo nos instantes 0 e 3 segundos, calculamos a média aritmética entre $v(0) = 0$ e $v(3) = 1{,}874cm/s$:

$$Média\ das\ velocidades = \frac{v(0)+v(3)}{2} = \frac{0+1{,}874}{2} = 0{,}937cm/s$$

Vemos que a média das velocidades entre 0 e 3 segundos (0,937cm/s) não é igual à velocidade média do móvel entre 0 e 3 segundos (1,389cm/s).

Exemplo 5.3. Imagine que as coordenadas x e y, em milímetros (mm), de um corpo em movimento ao longo de uma curva no plano xOy sejam dadas por $x = x(t) = t^3 - 5t$ e $y = y(t) = 2t^2 - 3t$. Nessas equações, t representa o tempo, em segundos (s), com $t \geq 0$.

Para essa situação, determine o que segue.

a) As equações dos componentes horizontal e vertical da velocidade do corpo em função do tempo t, ou seja, $v_x = v_x(t)$ e $v_y = v_y(t)$, respectivamente.

b) O módulo da velocidade do corpo no instante 8 segundos.

c) As equações dos componentes horizontal e vertical da aceleração do corpo em função do tempo t, ou seja, $a_x = a_x(t)$ e $a_y = a_y(t)$, respectivamente.

d) O módulo da aceleração do corpo no instante 8 segundos.

Resolução

a) O componente horizontal da velocidade em função do tempo t, ou seja, $v_x = v_x(t)$, é a taxa de variação da posição horizontal $x = x(t)$ do corpo com o tempo t.

Logo, $v_x = v_x(t)$ é a derivada de $x = x(t)$ em relação à variável t:

$$v_x = x'(t) = \frac{dx}{dt}$$

$$v_x = \left(t^3 - 5t\right)'$$

A derivada da subtração de funções é igual à substração das derivadas das funções:

$$v_x = (t^3)' - (5t)'$$

Como a derivada da constante que multiplica a função é a constante multiplicada pela derivada da função, fazemos $(5t)' = 5(t)'$:

$$v_x = (t^3)' - (5t)' = (t^3)' - 5(t)'$$

Como $\left(t^n\right)' = nt^{n-1}$, se fizermos $n = 3$, ficamos com $(t^3)' = 3t^{3-1} = 3t^2$.

A derivada de t em relação à variável t é 1, ou seja, $(t)' = 1$.

Logo:

$$v_x = (t^3)' - 5(t)' = 3t^2 - 5(1)$$

$v_x = v_x(t) = 3t^2 - 5$

O componente vertical da velocidade em função do tempo t, ou seja, $v_y = v_y(t)$, é a taxa de variação da posição vertical $y = y(t)$ do corpo com o tempo t.

Logo, $v_y = v_y(t)$ é a derivada de $y = y(t)$ em relação à variável t:

$$v_y = y'(t) = \frac{dy}{dt}$$

$$v_y = \left(2t^2 - 3t\right)'$$

A derivada da subtração de funções é igual à subtração das derivadas das funções:

$$v_y = \left(2t^2 - 3t\right)' = (2t^2)' - (3t)'$$

Como a derivada da constante que multiplica a função é a constante multiplicada pela derivada da função, fazemos $(2t^2)' = 2(t^2)'$ e $(3t)' = 3(t)'$:

$$v_y = (2t^2)' - (3t)' = 2(t^2)' - 3(t)'$$

Como $\left(t^n\right)' = nt^{n-1}$, se fizermos $n = 2$, ficamos com $(t^2)' = 2t^{2-1} = 2t$.

A derivada de t em relação à variável t é 1, ou seja, $(t)' = 1$.

Logo:

$$v_y = 2(t^2)' - 3(t)' = 2(2t) - 3(1)$$

$$v_y = v_y(t) = 4t - 3$$

b) Inicialmente, precisamos calcular os componentes horizontal e vertical da velocidade do móvel no instante 8 segundos. Para isso, substituímos t por 8 em $v_x(t) = 3t^2 - 5$ e em $v_y(t) = 4t - 3$:

$$v_x(8) = 3(8)^2 - 5 = 3.64 - 5 \Rightarrow v_x(8) = 187 mm/s$$

$v_y(8) = 4(8) - 3 = 32 - 3 \Rightarrow v_y(8) = 29mm/s$

Na figura 5.4, temos uma representação de $v_x(8) = 187mm/s$ e de $v_y(8) = 29mm/s$ nos eixos Ox e Oy e, também, a indicação do vetor velocidade $\vec{v}(8)$ no instante 8 segundos.

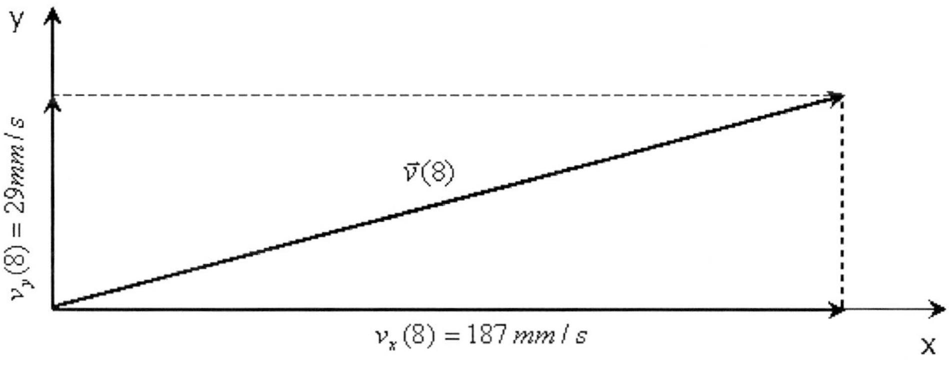

Figura 5.4. Representação de $v_x(8) = 187mm/s$**,** $v_y(8) = 29mm/s$ **e** $\vec{v}(8)$**.**

Temos um triângulo retângulo cuja hipotenusa é o módulo de $\vec{v}(8)$, como na figura 5.5.

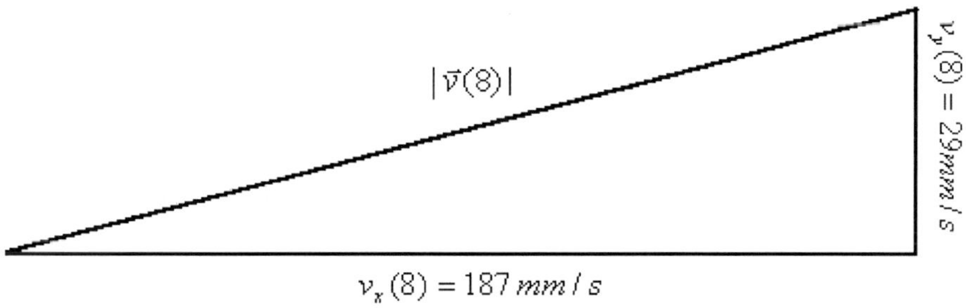

Figura 5.5. Triângulo retângulo: $v_x(8) = 187mm/s$**,** $v_y(8) = 29mm/s$ **e módulo de** $\vec{v}(8)$**.**

Para acharmos o módulo da velocidade no instante 8 segundos, ou seja, $|\vec{v}(8)|$, aplicamos o teorema de Pitágoras à figura 5.5: em um triângulo retângulo, a hipotenusa ao quadrado é igual à soma dos quadrados dos catetos.

Vejamos:

$$|\vec{v}(8)|^2 = (v_x(8))^2 + (v_y(8))^2$$

$$|\vec{v}(8)|^2 = 187^2 + 29^2$$

$$|\vec{v}(8)|^2 = 34969 + 841$$

$$|\vec{v}(8)|^2 = 35810$$

$$|\vec{v}(8)| = \sqrt{35810}$$

$$|\vec{v}(8)| = 189{,}23 mm/s$$

c) O componente horizontal da aceleração em função do tempo t, ou seja, $a_x = a_x(t)$, é a taxa de variação da velocidade horizontal $v_x = v_x(t)$ do corpo com o tempo t.

Logo, $a_x = a_x(t)$ é a derivada de $v_x = v_x(t)$ em relação à variável t:

$$a_x = v_x'(t)$$

$$a_x = \left(3t^2 - 5\right)'$$

A derivada da subtração de funções é igual à subtração das derivadas das funções:

$$a_x = \left(3t^2 - 5\right)' = \left(3t^2\right)' - (5)'$$

Como a derivada da constante que multiplica a função é a constante multiplicada pela derivada da função, fazemos $(3t^2)' = 3(t^2)'$:

$$a_x = \left(3t^2\right)' - (5)' = 3\left(t^2\right)' - (5)'$$

Como $\left(t^n\right)' = nt^{n-1}$, se fizermos $n = 2$, ficamos com $(t^2)' = 2t^{2-1} = 2t$.

A derivada da constante 5 é zero, ou seja, $(5)' = 0$.

Logo:

$$a_x = 3\left(t^2\right)' - (5)' = 3(2t) - 0$$

$$a_x = a_x(t) = 6t$$

O componente vertical da aceleração em função do tempo t, ou seja, $a_y = a_y(t)$, é a taxa de variação da velocidade vertical $v_y = v_y(t)$ do corpo com o tempo t.

Logo, $a_y = a_y(t)$ é a derivada de $v_y = v_y(t)$ em relação à variável t:

$$a_y = v_y'(t) = (4t - 3)'$$

A derivada da subtração de funções é igual à subtração das derivadas das funções:

$$a_y = (4t - 3)' = (4t)' - (3)'$$

Como a derivada da constante que multiplica a função é a constante multiplicada pela derivada da função, fazemos $(4t)' = 4(t)'$:

$$a_y = (4t)' - (3)' - 4(t)' - (3)'$$

A derivada de t em relação à variável t é 1, ou seja, $(t)' = 1$.

A derivada da constante 3 é zero, ou seja, $(3)' = 0$.

Logo:

$$a_y = 4(t)' - (3)' = 4(1) - 0$$

$$a_y = a_y(t) = 4$$

d) Precisamos calcular os componentes horizontal e vertical da aceleração do móvel no instante 8 segundos.

Para isso, substituímos t por 8 em $a_x(t) = 6t$ e em $a_y(t) = 4$:

$$a_x(8) = 6.8 \Rightarrow a_x(8) = 48mm/s^2$$

$$a_y(8) = 4mm/s^2$$

Na figura 5.6, temos uma representação de $a_x(8) = 48mm/s^2$ e de $a_y(8) = 4mm/s^2$ nos eixos Ox e Oy e, também, a indicação do vetor aceleração $\vec{a}(8)$ no instante 8 segundos.

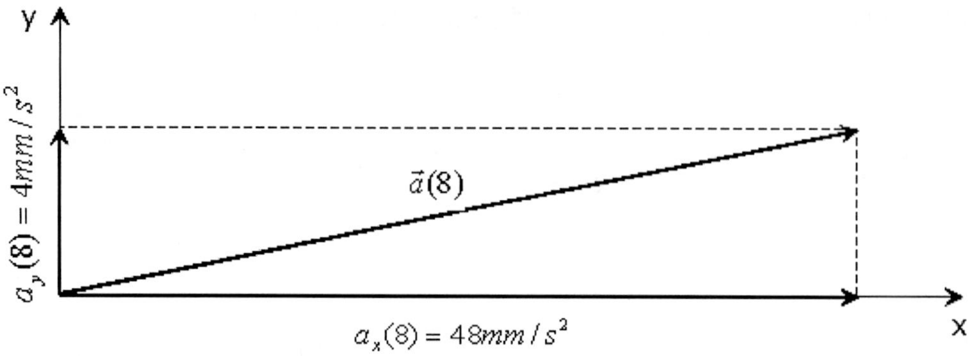

Figura 5.6. Representação de $a_x(8) = 48mm/s^2$**,** $a_y(8) = 4mm/s^2$ **e** $\vec{a}(8)$**.**

Temos um triângulo retângulo cuja hipotenusa é o módulo de $\vec{a}(8)$ e cujos catetos são $a_x(8) = 48mm/s^2$ e $a_y(8) = 4mm/s^2$, como na figura 5.7.

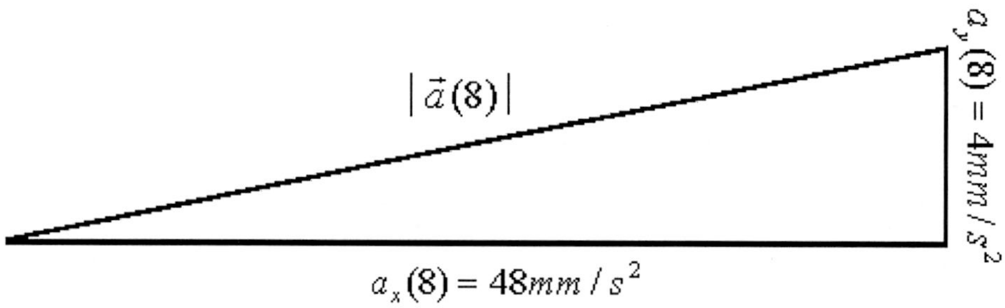

Figura 5.7. Triângulo retângulo: $a_x(8) = 48mm/s^2$**,** $a_y(8) = 4mm/s^2$ **e módulo de** $\vec{a}(8)$**.**

Para acharmos o módulo da aceleração no instante 8 segundos, ou seja, $|\vec{a}(8)|$, aplicamos o teorema de Pitágoras à figura 5.7: em um triângulo retângulo, a hipotenusa ao quadrado é igual à soma dos quadrados dos catetos.

Vejamos:

$$|\vec{a}(8)|^2 = (a_x(8))^2 + (a_y(8))^2$$

$$|\vec{a}(8)|^2 = 48^2 + 4^2 = 2320$$

$$|\vec{a}(8)| = \sqrt{2320}$$

$$|\vec{a}(8)| = 48{,}17mm/s^2$$

Exemplo 5.4. Imagine que, em uma comunidade atingida por certa epidemia, o número P de pessoas afetadas em função do tempo t (medido em dias, a partir do primeiro dia de epidemia) seja $P = P(t) = 27t - \frac{t^3}{3}$.

Para essa situação, determine o que segue.

a) O número de pessoas afetadas no primeiro dia.

b) O número de pessoas afetadas no sexto dia.

c) A representação gráfica da função que relaciona o número de pessoas afetadas com o tempo e sua análise.

d) A taxa de variação do número de pessoas afetadas com o tempo.

Resolução

a) Para acharmos o número $P(1)$ de pessoas afetadas no primeiro dia, substituímos t por 1 na equação $P = P(t) = 27t - \frac{t^3}{3}$:

$$P = P(1) = 27(1) - \frac{(1)^3}{3}$$

$$P(1) = \frac{81-1}{3} = \frac{80}{3}$$

$$P(1) \cong 26{,}666\ldots$$

$$P(1) \cong 27 \ pessoas$$

O número de pessoas afetadas é um número inteiro, logo aproximamos "26,666... pessoas" para 27 pessoas atingidas pela doença.

b) Para acharmos o número $P(6)$ de pessoas afetadas no sexto dia, substituímos t por 6 na equação $P = P(t) = 27t - \frac{t^3}{3}$:

$$P = P(6) = 27(6) - \frac{(6)^3}{3}$$

$$P = 162 - \frac{216}{3}$$

$$P = \frac{486-216}{3}$$

$$P = \frac{270}{3}$$

$$P(6) = 90 \ pessoas$$

c) A representação gráfica da função que relaciona o número de pessoas afetadas com o tempo, ou seja, $P = P(t) = 27t - \frac{t^3}{3}$, está na figura 5.8.

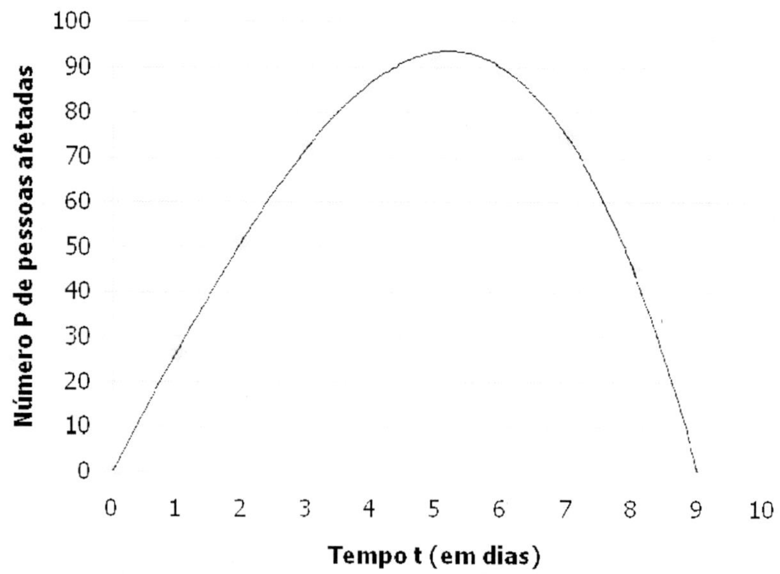

Figura 5.8. Gráfico do número de pessoas afetadas com o tempo.

Pela figura 5.8, vemos que o número de pessoas afetadas diariamente aumenta até o quinto dia e, depois disso, diminui com o tempo. No nono dia, não há mais "novas" pessoas atingidas pela epidemia.

d) A taxa de variação do número de pessoas afetadas com o tempo é a derivada de $P = P(t) = 27t - \frac{t^3}{3}$ em função do tempo t:

$$P'(t) = \frac{dP}{dt} = \frac{d\left(27t - \frac{t^3}{3}\right)}{dt}$$

$$P'(t) = \left(27t - \frac{t^3}{3}\right)'$$

A derivada da subtração de funções é igual à subtração das derivadas das funções:

$$P'(t) = \left(27t - \frac{t^3}{3}\right)' = (27t)' - \left(\frac{t^3}{3}\right)'$$

Como a derivada da constante que multiplica a função é a constante multiplicada pela derivada da função, fazemos $(27t)' = 27(t)'$ e $\left(\frac{t^3}{3}\right)' = \left(\frac{1}{3}t^3\right)' = \frac{1}{3}\left(t^3\right)'$:

$$P'(t) = (27t)' - \left(\frac{t^3}{3}\right)' = 27(t)' - \frac{1}{3}\left(t^3\right)'$$

A derivada de t em relação à variável t é 1, ou seja, $(t)' = 1$.

Como $\left(t^n\right)' = nt^{n-1}$, se fizermos $n = 3$, ficamos com $(t^3)' = 3t^{3-1} = 3t^2$.

Logo:

$$P'(t) = 27(t)' - \frac{1}{3}\left(t^3\right)' = 27(1) - \frac{1}{3}(3t^2)$$

$$P'(t) = \frac{dP}{dt} = 27 - t^2$$

Por exemplo, no segundo dia, ou seja, em t igual a 2, o número de pessoas infectadas está aumentando com o tempo à taxa de 23 pessoas/dia, pois:

$$P'(2) = \left.\frac{dP}{dt}\right|_{t=2} = 27 - (2)^2 = 27 - 4 = 23 \ pessoas/dia$$

Já no sétimo dia, ou seja, em t igual a 7, o número de pessoas infectadas está diminuindo com o tempo à taxa de 22 pessoas/dia, pois:

$$P'(7) = \left.\frac{dP}{dt}\right|_{t=7} = 27 - (7)^2 = 27 - 49 = -22 \ pessoas / dia$$

Exemplo 5.5. A equação que relaciona a área A de um quadrado com o valor do seu lado L é $A = L^2$, conforme ilustrado a seguir.

Quadrado de lado L 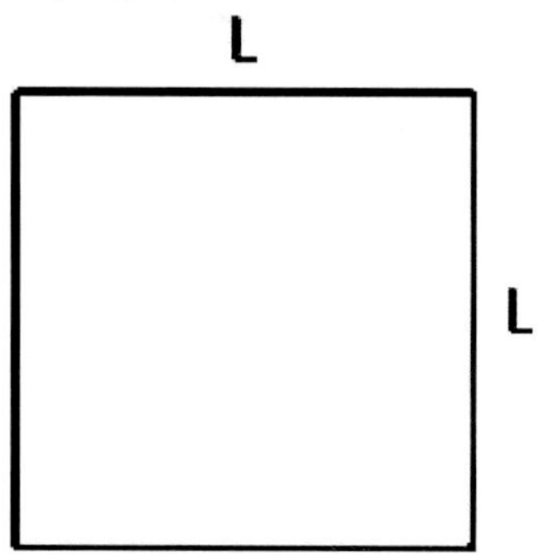	Área A do quadrado: $A = A(L) = L^2$

Imagine que um quadrado sofra expansão, mantendo a forma de quadrado, de modo que o valor do lado L varie com o tempo t de acordo com $L = 3t^2 + 7$, com $t \geq 0$. Na equação, o tempo está em horas e o lado está em cm. Calcule a taxa de variação da área desse quadrado com o tempo no instante 4 horas.

Resolução.

Se substituirmos L por $3t^2 + 7$ em $A = L^2$, teremos a equação que relaciona a área A do quadrado com o tempo t:

$$A = L^2 \Rightarrow A = \left(3t^2 + 7\right)^2$$

Para acharmos a taxa de variação da área desse quadrado com o tempo, fazemos a derivada de $A = A(t) = \left(3t^2 + 7\right)^2$ em relação a t:

$$A'(t) = \frac{dA}{dt} = \frac{d\left(\left(3t^2 + 7\right)^2\right)}{dt} = \left(\left(3t^2 + 7\right)^2\right)',$$

Essa derivada é feita pela regra da cadeia $\left(u^n\right)' = nu'u^{n-1}$, vista no capítulo 2, com n=2 e $u = 3t^2 + 7$:

$$A'(t) = \left(\left(3t^2 + 7\right)^2\right)' = 2\left(3t^2 + 7\right)'\left(3t^2 + 7\right)^1$$

A derivada da soma de funções é igual à soma das derivadas das funções:

$$\left(3t^2 + 7\right)' = \left(3t^2\right)' + (7)'$$

Logo:

$$A'(t) = 2\left(3t^2 + 7\right)'\left(3t^2 + 7\right)^1 = 2\left(\left(3t^2\right)' + (7)'\right)\left(3t^2 + 7\right)$$

Como a derivada da constante que multiplica a função é a constante multiplicada pela derivada da função, fazemos $\left(3t^2\right)' = 3\left(t^2\right)'$:

$$A'(t) = 2\left(\left(3t^2\right)' + (7)'\right)\left(3t^2 + 7\right) = 2\left(3\left(t^2\right)' + (7)'\right)\left(3t^2 + 7\right)$$

Como $\left(t^n\right)' = nt^{n-1}$, se fizermos $n = 2$, ficamos com $(t^2)' = 2t^{2-1} = 2t$.

A derivada da constante 7 é zero, ou seja, $(7)' = 0$.

Logo:

$$A'(t) = 2.6t\left(3t^2 + 7\right)$$

$$A'(t) = \frac{dA}{dt} = 12t\left(3t^2 + 7\right)$$

A taxa de variação da área do quadrado no instante 4 horas é a derivada de $A = A(t) = \left(3t^2 + 7\right)^2$ em relação a t em $t = 4\,horas$:

$$A'(4) = \left.\frac{dA}{dt}\right|_{t=4} = 12.4.\left(3.4^2 + 7\right)$$

$$A'(4) = 48(48 + 7)$$

$$A'(4) = 2640\ cm^2 / h$$

Exemplo 5.6. Imagine que, em uma empresa, se x unidades de um produto são vendidas, a receita R obtida, em reais, é dada por $R = R(x) = 0{,}15x^2 + 2{,}31x$, com $x \geq 0$. Para essa situação, determine o que segue.

a) A receita da empresa quando 100 unidades do produto são vendidas.

b) A taxa de variação da receita da empresa quando 100 unidades do produto são vendidas.

Resolução

a) A receita $R(100)$ da empresa quando 100 unidades do produto são vendidas é calculada pela substituição de x por 100 em $R = R(x) = 0{,}15x^2 + 2{,}31x$:

$$R(100) = 0{,}15(100)^2 + 2{,}31(100)$$

$$R(100) = 0{,}15.10000 + 231$$

$$R(100) = 1731{,}00\ reais$$

b) A taxa de variação da receita da empresa em função da quantidade x de produtos vendidos é a derivada $R'(x) = \frac{dR}{dx}$ da função $R = R(x) = 0{,}15x^2 + 2{,}31x$ em relação a x:

$$R'(x) = \frac{dR}{dx} = \frac{d(0{,}15x^2 + 2{,}31x)}{dx} = (0{,}15x^2 + 2{,}31x)'$$

A derivada da soma de funções é igual à soma das derivadas das funções:

$$R'(x) = \frac{dR}{dx} = (0{,}15x^2)' + (2{,}31x)'$$

Como a derivada da constante que multiplica a função é a constante multiplicada pela derivada da função, fazemos $(0{,}15x^2)' = 0{,}15(x^2)'$ e $(2{,}31x)' = 2{,}31(x)'$:

$$R'(x) = \frac{dR}{dx} = 0{,}15(x^2)' + 2{,}31(x)'$$

Como $\left(x^n\right)' = nx^{n-1}$, se fizermos $n = 2$, ficamos com $(x^2)' = 2x^{2-1} = 2x$.

A derivada de x em relação à variável x é 1, ou seja, $(x)' = 1$.

Substituindo $(x^2)' = 2x$ e $(x)' = 1$ em $R'(x) = \frac{dR}{dx} = 0{,}15(x^2)' + 2{,}31(x)'$, ficamos com:

$$R'(x) = \frac{dR}{dx} = 0{,}15(2x) + 2{,}31(1)$$

$$R'(x) = \frac{dR}{dx} = 0{,}30x + 2{,}31$$

A taxa de variação da receita da empresa quando 100 unidades do produto são vendidas é a derivada $R'(x) = \frac{dR}{dx}$ da função $R = R(x) = 0{,}15x^2 + 2{,}31x$ em $x = 100$.

Assim, calculamos $R'(100) = \left.\frac{dR}{dx}\right|_{x=100}$ fazendo a substituição de x por 100 em $R'(x) = \frac{dR}{dx} = 0{,}30x + 2{,}31$:

$$R'(100) = \left.\frac{dR}{dx}\right|_{x=100} = 0{,}30(100) + 2{,}31$$

$$R'(100) = \left.\frac{dR}{dx}\right|_{x=100} = 32{,}31\, reais\,/\,unidade$$

Logo, quando 100 unidades são vendidas, a receita da empresa aumenta à taxa de R$32,31 por unidade.

Exemplo 5.7. As equações que relacionam volume V da esfera e área A da sua superfície com seu raio r estão indicadas na imagem a seguir.

Esfera de raio r	
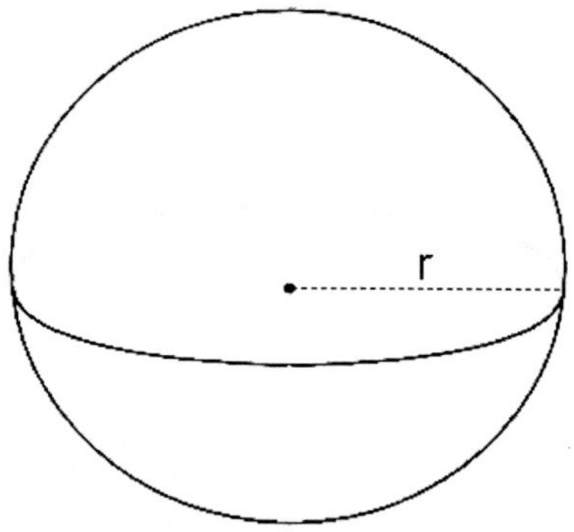	Área A da esfera: $A = A(r) = 4\pi r^2$ Volume V da esfera: $V = V(r) = \frac{4}{3}\pi r^3$

Como variam o volume V da esfera e a área A da sua superfície com seu raio r ?

Resolução

Para determinarmos como o volume V da esfera varia com seu raio r, fazemos a derivada de $V = V(r) = \frac{4}{3}\pi r^3$ em relação a r :

$$V'(r) = \frac{dV}{dr} = \left(\frac{4}{3}\pi r^3\right)'$$

Como $\frac{4}{3}\pi$ é uma constante, sendo π aproximadamente igual a 3,14, podemos fazer:

$$V'(r) = \frac{dV}{dr} = \left(\frac{4}{3}\pi r^3\right)' = \frac{4}{3}\pi\left(r^3\right)'$$

Como $\left(r^n\right)' = nr^{n-1}$, se fizermos $n = 2$, ficamos com $(r^3)' = 3x^{3-1} = 3r^2$.

Logo:

$$V'(r) = \frac{dV}{dr} = \frac{4}{3}\pi(3r^2)$$

$$V'(r) = \frac{dV}{dr} = 4\pi r^2$$

Para determinarmos como a área A da superfície da esfera varia com seu raio r, fazemos a derivada de $A = A(r) = 4\pi r^2$ em relação a r:

$$A'(r) = \frac{dA}{dr} = \left(4\pi r^2\right)'$$

Como 4π é uma constante e π é aproximadamente igual a 3,14, ficamos com:

$$A'(r) = \frac{dA}{dr} = \left(4\pi r^2\right)' = 4\pi\left(r^2\right)'$$

Como $\left(r^n\right)' = nr^{n-1}$, se fizermos $n = 2$, ficamos com $(r^2)' = 2r^{2-1} = 2r$.

Logo:

$$A'(r) = \frac{dA}{dr} = 4\pi(2r)$$

$$A'(r) = \frac{dA}{dr} = 8\pi r$$

Exemplo 5.8. Determine a equação que relaciona a taxa de variação da área A da superfície de uma mancha de óleo que se alastra circularmente na água em função do seu raio r. Determine essa taxa de variação no instante em que o raio da mancha for igual a 30cm.

Resolução

Para determinarmos como a área A da mancha circular varia com seu raio r, fazemos a derivada de $A = A(r) = \pi r^2$, que fornece a área do círculo em função do seu raio, em relação a r:

$$A'(r) = \frac{dA}{dr} = \left(\pi r^2\right)'$$

Como π é uma constante, ficamos com:

$$A'(r) = \frac{dA}{dr} = \left(\pi r^2\right)' = \pi\left(r^2\right)'$$

Como $\left(r^{n}\right)' = nr^{n-1}$, se fizermos $n = 2$, ficamos com $(r^{2})' = 2r^{2-1} = 2r$.

Logo:

$$A'(r) = \pi(2r)$$

$$A'(r) = \frac{dA}{dr} = 2\pi r$$

No instante em que o raio da mancha for igual a 30cm, a taxa de variação da área com o raio é igual a $60\pi\ cm^{2}/cm$, pois, substituindo r por 30 em $A'(r) = \frac{dA}{dr} = 2\pi r$, ficamos com:

$$A'(r = 30cm) = \left.\frac{dA}{dr}\right|_{r=30cm} = 2\pi.30$$

$$A'(r = 30cm) = \left.\frac{dA}{dr}\right|_{r=30cm} = 60\pi\ cm^{2}/cm$$

Exemplo 5.9. Determine as equações que relacionam a taxa de variação da área A do círculo com seu diâmetro D e com seu perímetro P.

Resolução

A área A de um círculo em função do seu raio r é dada por $A = A(r) = \pi r^{2}$.

Como o raio r é metade do diâmetro D, ou seja, $r = \frac{D}{2}$, temos que:

$$A = \pi r^{2} = \pi\left(\frac{D}{2}\right)^{2} = \pi\left(\frac{D^{2}}{4}\right)$$

$$A = A(D) = \frac{\pi}{4}D^{2}$$

Para determinarmos a equação que relaciona a taxa de variação da área A do círculo com seu diâmetro D, fazemos a derivada de $A = A(D) = \frac{\pi}{4}D^{2}$ em relação à variável D:

$$A'(D) = \frac{dA}{dD} = \left(\frac{\pi}{4}D^2\right)'$$

Como $\frac{\pi}{4}$ é uma constante que multiplica D^2, a derivada da multiplicação de $\frac{\pi}{4}$ por D^2 é a constante $\frac{\pi}{4}$ multiplicada pela derivada de D^2:

$$A'(D) = \frac{dA}{dD} = \left(\frac{\pi}{4}D^2\right)' = \frac{\pi}{4}\left(D^2\right)'$$

Como $\left(D^n\right)' = nD^{n-1}$, se fizermos $n = 2$, ficamos com $(D^2)' = 2D^{2-1} = 2D$.

$$A'(D) = \frac{dA}{dD} = \frac{\pi}{4}2D$$

$$A'(D) = \frac{\pi}{2}D$$

A área A de um círculo em função do seu raio r é:

$$A = A(r) = \pi r^2$$

Como o perímetro P é o comprimento $2\pi r$ da circunferência, temos que:

$$P = 2\pi r \Rightarrow r = \frac{P}{2\pi}$$

Se substituirmos $r = \frac{P}{2\pi}$ em $A = \pi r^2$, ficamos com:

$$A = \pi r^2 = \pi\left(\frac{P}{2\pi}\right)^2$$

$$A = \pi\left(\frac{P^2}{4\pi^2}\right)$$

$$A = A(P) = \frac{1}{4\pi}P^2$$

Para determinarmos a equação que relaciona a taxa de variação da área A do círculo com seu perímetro P, fazemos a derivada de $A = A(P) = \frac{1}{4\pi}P^2$ em relação à variável P:

$$A'(P) = \frac{dA}{dP} = \left(\frac{1}{4\pi}P^2\right)'$$

Como $\frac{1}{4\pi}$ é uma constante que multiplica P^2, a derivada da multiplicação de $\frac{1}{4\pi}$ por P^2 é a consnstante $\frac{1}{4\pi}$ multiplicada pela derivada de P^2:

$$A'(P) = \frac{dA}{dP} = \left(\frac{1}{4\pi}P^2\right)' = \frac{1}{4\pi}\left(P^2\right)'$$

Como $\left(P^n\right)' = nP^{n-1}$, se fizermos $n = 2$, ficamos com $(P^2)' = 2P^{2-1} = 2P$:

$$A'(P) = \frac{dA}{dP} = \frac{1}{4\pi}2P$$

$$A'(P) = \frac{dA}{dP} = \frac{1}{2\pi}P$$

Exemplo 5.10. Uma piscina retangular, cuja base tenha comprimento de 8m e largura de 3m, está inicialmente cheia de água. Imagine que essa piscina seja esvaziada para limpeza e que o volume V, em m³, de água contida nela varie com o tempo t, em minutos, de acordo com a seguinte equação: $V = 36 - t^2$. Com base nessa situação, determine:

a) o volume inicial $V_{inicial}$ de água da piscina;

b) a profundidade p da piscina;

c) o tempo necessário para que a piscina seja totalmente esvaziada;

d) a taxa média de esvaziamento da piscina;

e) a taxa instantânea de esvaziamento da piscina com o tempo;

f) a taxa instantânea de esvaziamento da piscina no instante 2 minutos.

Resolução

a) A fórmula que relaciona o volume V (em m^3) de água contida na piscina e o tempo t (em minutos) é:

$$V = 36 - t^2$$

Inicialmente, a piscina está cheia de água. Logo, se substituirmos t por zero em $V = 36 - t^2$, obtemos o volume inicial $V_{inicial}$ de água da piscina, que é de 36m^3, conforme calculado a seguir.

$$V_{inicial} = V(t = 0) = 36 - (0)^2$$

$$V_{inicial} = 36m^3$$

b) A piscina tem base retangular, de comprimento de 8m e largura de 3m, e profundidade p (figura 5.9).

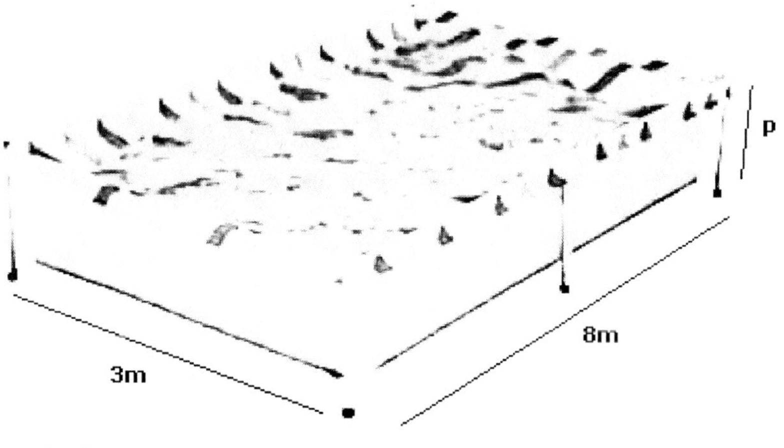

Figura 5.9. Piscina de base retangular (comprimento 8m e largura 3m) e profundidade p.

A capacidade volumétrica da piscina é de 36m^3 e pode ser calculada pelo produto dos valores do comprimento (8m), da largura (3m) e da profundidade (p), conforme indicado a seguir.

$$36 = 8.3p$$

$$\frac{36}{24} = p$$

$$p = 1{,}5m$$

Logo, a profundidade da piscina é de 1,5m.

c) No instante em que a piscina fica completamente vazia, o volume V de água no seu interior é nulo. Assim, para determinarmos esse instante, basta substituirmos V por zero na fórmula $V = 36 - t^2$:

$$V = 0 = 36 - t^2$$

$$t^2 = 36$$

$$t = 6\min$$

Logo, são necessários 6 minutos para que a piscina seja totalmente esvaziada.

d) A taxa média TM de esvaziamento da piscina é a variação total de volume (ΔV) dividida pelo tempo de esvazimento (Δt):

$$TM = \frac{\Delta V}{\Delta t}$$

A variação de volume ΔV é o volume $V(6)$ de água quando o tempo for 6min menos o volume $V(0)$ de água quando o tempo for 0.

Visto que conhecemos a função $V = 36 - t^2$, podemos calcular $V(6)$ e $V(0)$:

$$V(6) = 36 - 6^2 = 36 - 36 \Rightarrow V(6) = 0$$

$$V(0) = 36 - 0^2 = 36 - 0 \Rightarrow V(0) = 36$$

O tempo de esvazimento Δt é de 6min.

Logo:

$$TM = \frac{\Delta V}{\Delta t} = \frac{V(6) - V(0)}{6}$$

$$TM = \frac{0 - 36}{6}$$

$$TM = -6m^3 / \min$$

O sinal negativo indica que o volume de água na piscina diminui com o tempo.

e) A taxa instantânea de esvaziamento da piscina com o tempo é a derivada do volume V em função do tempo t, indicada por $\frac{dV}{dt}$.

$$\frac{dV}{dt} = \frac{d(36 - t^2)}{dt} = (36 - t^2)'$$

A derivada da subtração de funções é igual à subtração das derivadas das funções:

$$\frac{dV}{dt} = (36)' - (t^2)'$$

A derivada da constante 36 é zero, ou seja, $(36)' = 0$.

A derivada de t^n em relação a t é $\left(t^n\right)' = nt^{n-1}$. Se fizermos $n = 2$, ficamos com $\left(t^2\right)' = 2t^{2-1} = 2t$.

Fazendo $(36)' = 0$ e $\left(t^2\right)' = 2t$ em $\frac{dV}{dt} = (36)' - (t^2)'$, ficamos com:

$$\frac{dV}{dt} = 0 - 2t$$

$$\frac{dV}{dt} = -2t$$

f) A taxa instantânea de esvaziamento da piscina no instante 2 minutos é a derivada do volume V em função do tempo no instante $t = 2\,\text{min}$, indicada por $\left.\frac{dV}{dt}\right|_{t=2}$.

Para efetuarmos esse cálculo, substituímos t por 2 em $\frac{dV}{dt} = -2t$:

$$\left.\frac{dV}{dt}\right|_{t=2} = -2(2)$$

$$\left.\frac{dV}{dt}\right|_{t=2} = -4m^3/\text{min}$$

O sinal de "menos" indica que, no instante 2 minutos, o volume de água na piscina diminui à taxa de $4m^3/min$.

Exemplo 5.11. Considere a tabela a seguir, que mostra as cotações do dólar, em reais, em dias úteis do mês de janeiro de 2016.

Tabela 5.1. Cotação do dólar, em reais, nos dias úteis de janeiro de 2016.

Dia de janeiro de 2016 (variável t)	Cotação do dólar, em reais (variável V)
1	3,956
4	4,033
5	3,994
6	4,017
7	4,052
8	4,038
11	4,049
12	4,044
13	4,010
14	3,998
15	4,046
18	4,032
19	4,054
20	4,103
21	4,163
22	4,109
25	4,103
26	4,069
27	4,081
28	4,079
29	4,023

Os dados da tabela estão representados por marcadores na figura 5.10. Além desses "pontos", também temos o gráfico de uma função do 6º grau ajustada, com o auxílio de recursos computacionais, aos dados da tabela. Essa função tem equação

$$V = 6.10^{-8}t^6 - 6.10^{-6}t^5 + 0{,}0002t^4 - 0{,}0029t^3 + 0{,}0192t^2 - 0{,}0354t + 3{,}9783$$

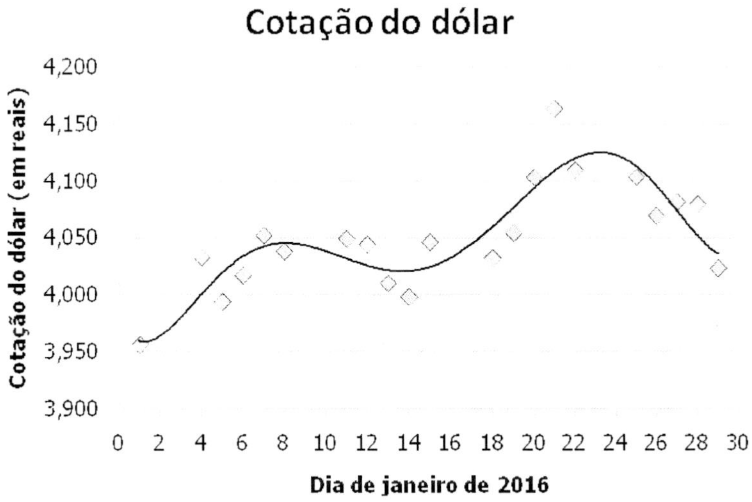

Figura 5.10. Cotação do dólar, em reais, nos dias úteis de janeiro de 2016 e curva ajustada aos dados.

Para a situação exposta, determine:

a) a menor cotação e a maior cotação do dólar em janeiro de 2016;

b) a taxa média de variação da cotação do dólar em todo mês de janeiro de 2016, considerando o período da tabela do enunciado;

c) a taxa instantânea de variação da cotação do dólar com o tempo nos dias de janeiro de 2016, considerando o período da tabela do enunciado, com base na curva ajustada;

d) a taxa instantânea de variação da cotação do dólar com o tempo no dia 5 de janeiro de 2016, considerando o período da tabela do enunciado, com base na curva ajustada.

Resolução

a) A menor cotação e a maior cotação do dólar em janeiro de 2016 podem ser lidas diretamente da tabela dada no enunciado, conforme segue.

- Menor cotação: 3,956 reais, em 1 de janeiro de 2016.
- Maior cotação: 4,163 reais, em 21 de janeiro de 2016.

b) A taxa média TM de variação da cotação do dólar em todo mês de janeiro de 2016 é a variação total do seu valor dividida pela variação de tempo da cotação, considerando o período da tabela do enunciado.

A variação total de valor (ΔV) é a diferença entre o último valor (de 4,023 reais, no dia 29) e o primeiro valor (de 3,956, no dia 1):

$$\Delta V = 4{,}023 - 3{,}956$$

$\Delta V = 0{,}067$

A variação de tempo da cotação (Δt) é a diferença entre o último dia da tabela (dia 29) e o primeiro dia da tabela (dia 1):

$\Delta t = 29 - 1$

$\Delta t = 28$

A taxa média TM de variação da cotação do dólar em todo mês de janeiro de 2016 é $\Delta V = 0{,}067$ dividido por $\Delta t = 28$:

$$TM = \frac{\Delta V}{\Delta t} = \frac{4{,}023 - 3{,}956}{29 - 1}$$

$$TM = 0{,}0024 \; reais\,/\,dia$$

c) A taxa instantânea de variação da cotação do dólar com o tempo nos dias de janeiro de 2016, considerando a curva ajustada, é a derivada do seu valor V em função do tempo t , indicada por $\frac{dV}{dt}$.

$$\frac{dV}{dt} = \frac{d(6.10^{-8}t^6 - 6.10^{-6}t^5 + 0{,}0002t^4 - 0{,}0029t^3 + 0{,}0192t^2 - 0{,}0354t + 3{,}9783)}{dt}$$

$$\frac{dV}{dt} = (6.10^{-8}t^6 - 6.10^{-6}t^5 + 0{,}0002t^4 - 0{,}0029t^3 + 0{,}0192t^2 - 0{,}0354t + 3{,}9783)'$$

A derivada da soma (ou subtração) de funções é igual à soma (ou subtração) das derivadas das funções:

$$\frac{dV}{dt} = (6.10^{-8}t^6)' - (6.10^{-6}t^5)' + (0{,}0002t^4)' - (0{,}0029t^3)' + (0{,}0192t^2)' - (0{,}0354t)' + (3{,}9783)'$$

A derivada da multiplicação de uma constante (número real) por uma função é igual à multiplicação da constante pela derivada da função:

$$\frac{dV}{dt} = 6.10^{-8}(t^6)' - 6.10^{-6}(t^5)' + 0{,}0002(t^4)' - 0{,}0029(t^3)' + 0{,}0192(t^2)' - 0{,}0354(t)' + (3{,}9783)'$$

Para continuarmos com a derivada, usamos $\left(t^n\right)' = nt^{n-1}$ com os valores de n indicados a seguir.

- $n = 6$, para fazermos $\left(t^6\right)' = 6t^5$

- $n = 5$, para fazermos $\left(t^5\right)' = 5t^4$
- $n = 4$, para fazermos $\left(t^4\right)' = 4t^3$
- $n = 3$, para fazermos $\left(t^3\right)' = 3t^2$
- $n = 2$, para fazermos $\left(t^2\right)' = 2t$

A derivada de t em relação à variável t é 1, ou seja, $(t)' = 1$.

A derivada da constante 3,9783 em relação à variável t é zero, ou seja, $(3{,}9783)' = 0$.

Logo:

$$\frac{dV}{dt} = 6.10^{-8}(6t^5) - 6.10^{-6}(5t^4) + 0{,}0002\,(4t^3) - 0{,}0029\,(3t^2) + 0{,}0192\,(2t) - 0{,}0354\,(1) + (0)$$

$$\frac{dV}{dt} = 6.6.10^{-8}t^5 - 5.6.10^{-6}t^4 + 4.0{,}0002t^3 - 3.0{,}0029t^2 + 2.0{,}0192t - 0{,}0354$$

$$\frac{dV}{dt} = 36.10^{-8}t^5 - 30.10^{-6}t^4 + 0{,}0008t^3 - 0{,}0087t^2 + 0{,}0384t - 0{,}0354$$

d) A taxa instantânea de variação da cotação do dólar com o tempo no dia 5 de janeiro de 2016, considerando a curva ajustada, é a derivada do seu valor V em função do tempo t para $t = 5$, indicada por $\left.\frac{dV}{dt}\right|_{t=5}$.

Para calcularmos essa taxa, substituímos t por 5 em

$$\frac{dV}{dt} = 36.10^{-8}t^5 - 30.10^{-6}t^4 + 0{,}0008t^3 - 0{,}0087t^2 + 0{,}0384t - 0{,}0354:$$

$$\left.\frac{dV}{dt}\right|_{t=5} = 36.10^{-8}(5)^5 - 30.10^{-6}(5)^4 + 0{,}0008\,(5)^3 - 0{,}0087\,(5)^2 + 0{,}0384\,(5) - 0{,}0354$$

$$\left.\frac{dV}{dt}\right|_{t=5} = 0{,}021475 \;\; reais\,/\,dia$$

A derivada $\left.\frac{dV}{dt}\right|_{t=5}$ de V em função do tempo t para $t = 5$ é o coeficiente angular da reta tangente ao gráfico de $V = V(t)$ em $t = 5$. Como esse valor é positivo $\left(\left.\frac{dV}{dt}\right|_{t=5} > 0\right)$, trata-se de uma reta inclinada para direita (figura 5.10).

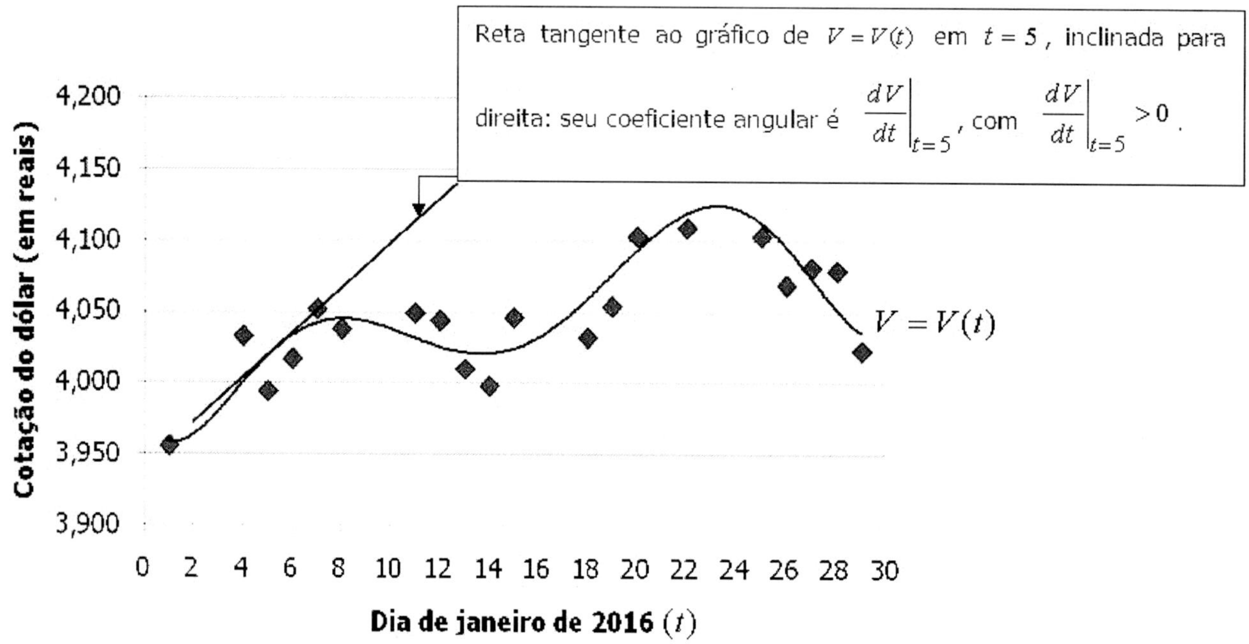

Figura 5.11. Reta tangente ao gráfico de $V = V(t)$ em $t = 5$, inclinada para direita: seu coeficiente angular é $\left.\frac{dV}{dt}\right|_{t=5}$, com $\left.\frac{dV}{dt}\right|_{t=5} > 0$.

Se tivéssemos feito a derivada $\left.\frac{dV}{dt}\right|_{t=26}$ de V em função do tempo t para $t = 26$, obteríamos um valor negativo $\left(\left.\frac{dV}{dt}\right|_{t=26} < 0\right)$, pois, como podemos visualizar na figura 5.12, a reta tangente ao gráfico de $V = V(t)$ em $t = 26$ é inclinada para esquerda.

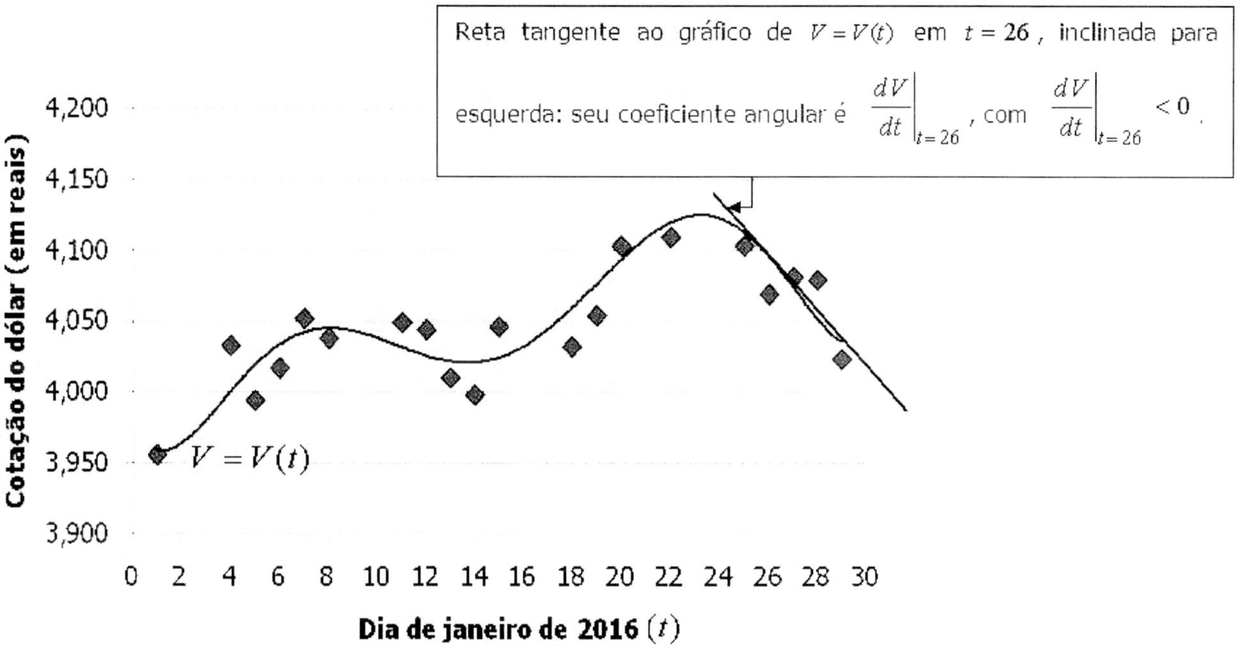

Figura 5.12. Reta tangente ao gráfico de $V=V(t)$ em $t=26$, inclinada para esquerda: seu coeficiente angular é $\left.\frac{dV}{dt}\right|_{t=26}$, com $\left.\frac{dV}{dt}\right|_{t=26}<0$.

Exemplo 5.12. Considere um capacitor, de capacitância C igual a 2F, inicialmente descarregado. Imagine que a tensão V (em Volts) em função do tempo t (em s) nos terminais desse capacitor seja dada pelas regras a seguir.

$$\begin{cases} V(t)=t^2, \ para \ 0\le t<1s \\ V(t)=2t-1, \ para \ 1\le t<2s \\ V(t)=3, \ para \ 2\le t<3s \\ V(t)=-2t+9, \ para \ 3\le t<4s \\ V(t)=1, \ para \ t\ge 4s \end{cases}$$

Sabe-se que a intensidade da corrente elétrica i (em Ampères) que percorre o capacitor é dada por $i=i(t)=C\frac{dV}{dt}$.

Com base no exposto, faça um gráfico que represente a tensão V (em Volts) em função do tempo t (em s) e um gráfico que represente a intensidade da corrente i (em Ampères) em função do tempo t (em s).

Resolução.

As regras (fórmulas) que relacionam a tensão V e o tempo t foram dadas no enunciado.

Para determinarmos as regras que relacionam a intensidade da corrente i e o tempo t, precisamos usar $i = i(t) = C\dfrac{dV}{dt}$.

A capacitância do capacitor C foi fornecida: vale 2F, sendo que F (Farad) representa a unidade de capacitância.

Logo, no caso em estudo, temos:

$$i(t) = 2\frac{dV}{dt}$$

Em cada intervalo de tempo, para obtermos a expressão da intensidade da corrente, vamos multiplicar por 2 a derivada da tensão em relação ao tempo.

$$\begin{cases} 0 \le t < 1s:\ i(t) = 2\dfrac{dV}{dt} = 2\dfrac{dt^2}{dt} = 2\left(t^2\right)' = 2(2t^1) \Rightarrow i(t) = 4t \\ 1 \le t < 2s:\ i(t) = 2\dfrac{dV}{dt} = 2\dfrac{d(2t-1)}{dt} = 2(2t-1)' = 2\left((2t)' - (1)'\right) = 2((2)-(0)) \Rightarrow i(t) = 4 \\ 2 \le t < 3s:\ i(t) = 2\dfrac{dV}{dt} = 2\dfrac{d(3)}{dt} = 2(3)' = 2.0 \Rightarrow i(t) = 0 \\ 3 \le t < 4s:\ i(t) = 2\dfrac{dV}{dt} = 2\dfrac{d(-2t+9)}{dt} = 2(-2t+9)' = 2\left((-2t)' + (9)'\right) = 2(-2) \Rightarrow i(t) = - \\ t \ge 4s:\ i(t) = 2\dfrac{dV}{dt} = 2\dfrac{d(1)}{dt} = 2(1)' = 2.0 \Rightarrow i(t) = 0 \end{cases}$$

Na tabela 5.3, temos um resumo das expressões da tensão e da intensidade da corrente em função do tempo.

Tabela 5.3. Expressões da tensão e da intensidade da corrente.

Intervalo de tempo	Tensão V (em Volts)	Intensidade da corrente (em Ampères)
$0 \le t < 1s$	$V(t) = t^2$	$i(t) = 4t$
$1 \le t < 2s$	$V(t) = 2t - 1$	$i(t) = 4$
$2 \le t < 3s$	$V(t) = 3$	$i(t) = 0$
$3 \le t < 4s$	$V(t) = -2t + 9$	$i(t) = -4$
$t \ge 4s$	$V(t) = 1$	$i(t) = 0$

Na figura 5.13, temos os gráficos que representam a tensão e a intensidade da corrente em função do tempo.

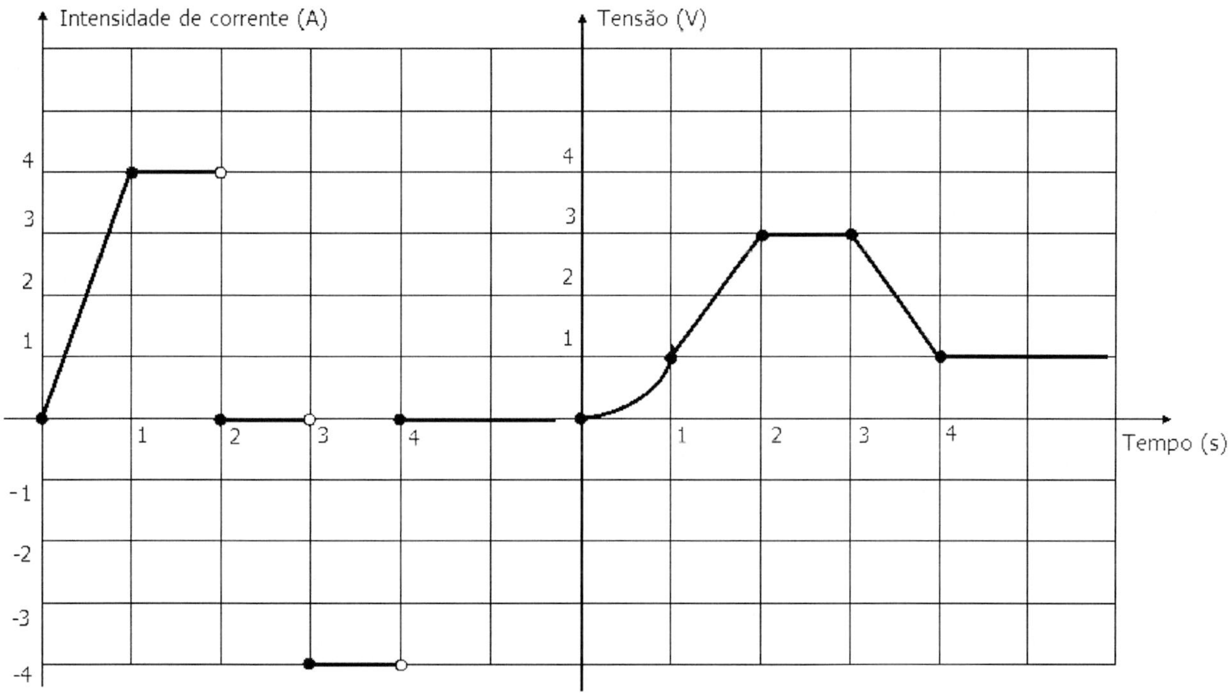

Figura 5.13. Tensão e intensidade da corrente em função do tempo.

Exemplo 5.13. A equação geral da posição x em função do tempo t para uma partícula que executa Movimento Harmônico Simples (MHS) é $x = A\cos(\omega t + \phi)$. Nessa equação, A representa a amplitude, ω representa a pulsação e ϕ representa a fase inicial do movimento. A pulsação é calculada pela divisão de 2π pelo período T do movimento.

Imagine que o gráfico a seguir mostre o MHS realizado por uma partícula.

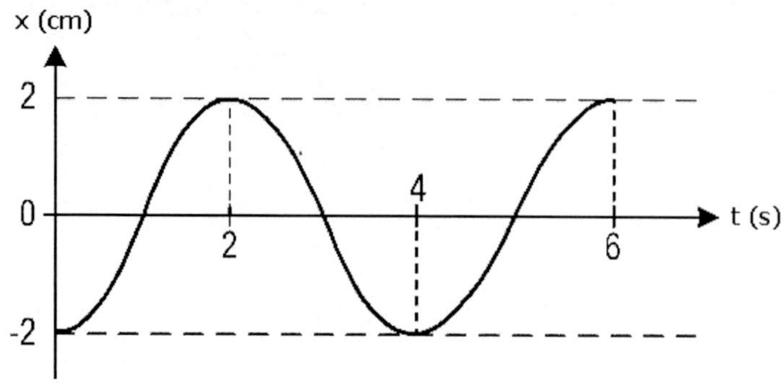

Com base no exposto, determine as equações da velocidade e da aceleração da partícula em função do tempo.

Resolução

A amplitude do movimento é o deslocamento máximo da partícula em relação à posição de equilíbrio $x = 0$.

O período é o tempo que a partícula leva para executar um ciclo completo de movimento.

Logo, do gráfico, podemos ler diretamente a amplitude ($A = 2cm$) e o período ($T = 4s$) do movimento, conforme indicado na figura 5.14.

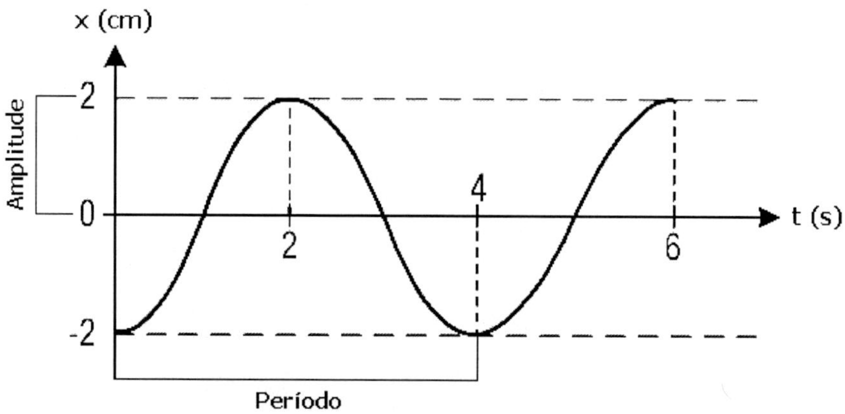

Figura 5.14. Indicações da amplitude e do período do movimento.

A pulsação ω é calculada pela divisão de 2π pelo período T do movimento:

$$\omega = \frac{2\pi}{T} = \frac{2\pi}{4} = \frac{\pi}{2}$$

Assim, a equação do MHS é $x = 2\cos\left(\frac{\pi}{2}t + \phi\right)$, pois $x = A\cos(\omega t + \phi)$.

Para determinarmos a fase inicial ϕ do movimento, podemos substituir, por exemplo, t por 0 e x por -2 em $x = 2\cos\left(\frac{\pi}{2}t + \phi\right)$, pois o par t=0 e x=-2cm são lidos diretamente do gráfico.

Logo, $\phi = \pi$, conforme segue.

$$-2 = 2\cos\left(\frac{\pi}{2}.0 + \phi\right)$$

$$-1 = \cos\phi$$

$$\phi = \pi, \ pois \ \cos\pi = \cos 180^{o} = -1$$

Assim, a equação completa do MHS é $x = 2\cos\left(\frac{\pi}{2}t + \pi\right)$.

A equação da velocidade v da partícula em função do tempo é a derivada de $x = 2\cos\left(\frac{\pi}{2}t + \pi\right)$ em relação à variável t:

$$v = \frac{dx}{dt} = \left[2\cos\left(\frac{\pi}{2}t + \pi\right)\right]'$$

A derivada da multiplicação da constante 2 por $\cos\left(\frac{\pi}{2}t + \pi\right)$ é a multiplicação de 2 pela derivada de $\cos\left(\frac{\pi}{2}t + \pi\right)$:

$$v = 2\left[\cos\left(\frac{\pi}{2}t + \pi\right)\right]'$$

Da tabela de derivadas de funções compostas, verificamos que $(\cos u)' = -u' sen u$.

Ou seja,

$$v = -2\left(\frac{\pi}{2}t + \pi\right)' sen\left(\frac{\pi}{2}t + \pi\right)$$

Temos de derivar, em relação à variável t, a soma $\frac{\pi}{2}t + \pi$.

A derivada da soma de funções é a soma das derivadas das funções:

$$\left(\frac{\pi}{2}t+\pi\right)' = \left(\frac{\pi}{2}t\right)' + (\pi)'$$

A derivada da multiplicação da constante $\frac{\pi}{2}$ por t é igual à multiplicação da constante $\frac{\pi}{2}$ pela derivada de t:

$$\left(\frac{\pi}{2}t+\pi\right)' = \frac{\pi}{2}(t)' + (\pi)'$$

A derivada de t em relação à variável t é $(t)' = 1$ e a derivada da constante π em relação à variável x é zero:

$$\left(\frac{\pi}{2}t+\pi\right)' = \frac{\pi}{2}(1) + (0)$$

$$\left(\frac{\pi}{2}t+\pi\right)' = \frac{\pi}{2}$$

Substituindo $\left(\frac{\pi}{2}t+\pi\right)'$ por $\frac{\pi}{2}$ em $v = -2\left(\frac{\pi}{2}t+\pi\right)' sen\left(\frac{\pi}{2}t+\pi\right)$, ficamos com:

$$v = -2\left(\frac{\pi}{2}\right) sen\left(\frac{\pi}{2}t+\pi\right)$$

$$v = -\pi sen\left(\frac{\pi}{2}t+\pi\right)$$

A equação da aceleração a da partícula em função do tempo é a derivada de $v = -\pi sen\left(\frac{\pi}{2}t+\pi\right)$ em relação à variável t:

$$a = \frac{dv}{dt} = \left[-\pi sen\left(\frac{\pi}{2}t+\pi\right)\right]'$$

A derivada da multiplicação da constante π por $sen\left(\frac{\pi}{2}t+\pi\right)$ é a multiplicação de π pela derivada de $sen\left(\frac{\pi}{2}t+\pi\right)$:

$$a=-\pi\left[sen\left(\frac{\pi}{2}t+\pi\right)\right]'$$

Da tabela de derivadas de funções compostas, verificamos que $(senu)'=u'\cos u$.

Ou seja,

$$a=-\pi\left(\frac{\pi}{2}t+\pi\right)'\cos\left(\frac{\pi}{2}t+\pi\right)$$

Já vimos que:

$$\left(\frac{\pi}{2}t+\pi\right)'=\frac{\pi}{2}$$

Substituindo $\left(\frac{\pi}{2}t+\pi\right)'$ por $\frac{\pi}{2}$ em $a=-\pi\left(\frac{\pi}{2}t+\pi\right)'\cos\left(\frac{\pi}{2}t+\pi\right)$, ficamos com:

$$a=-\pi\left(\frac{\pi}{2}\right)\cos\left(\frac{\pi}{2}t+\pi\right)$$

$$a=-\frac{\pi^2}{2}\cos\left(\frac{\pi}{2}t+\pi\right)$$

Exemplo 5.14. Imagine que a área A de um círculo aumente com o tempo t de acordo com a equação: $A=A(t)=0{,}03t^2$. Na equação, a área é dada em mm^2 e o tempo é dado em segundos.

Com base no exposto, calcule o que se pede.

a) A taxa de variação da área A do círculo em relação ao tempo t.

b) A taxa de variação da área A do círculo em relação ao tempo t no instante 15s.

Resolução

a) A taxa de variação da área A do círculo em relação ao tempo t é a derivada de A em relação à variável t, indicada por $\frac{dA}{dt} = A'(t)$.

Foi dada a "fórmula" que relaciona A e t:

$$A = A(t) = 0{,}03t^2$$

Como a variável t aparece de modo explícito em $A = A(t) = 0{,}03t^2$, podemos fazer "diretamente" a derivada $\frac{dA}{dt} = A'(t)$:

$$\frac{dA}{dt} = A'(t) = \left(0{,}03t^2\right)'$$

A derivada da multiplicação da constante 0,03 por t^2 é a multiplicação de 0,03 pela derivada de t^2:

$$\frac{dA}{dt} = A'(t) = 0{,}03\left(t^2\right)'$$

A derivada de t^n em relação a t é $\left(t^n\right)' = nt^{n-1}$. Se fizermos $n = 2$, ficamos com $\left(t^2\right)' = 2t^{2-1} = 2t$:

$$\frac{dA}{dt} = A'(t) = 0{,}03(2t)$$

$$\frac{dA}{dt} = A'(t) = 0{,}06t$$

b) A taxa de variação da área A do círculo em relação ao tempo t no instante 15s é a derivada de A em relação à variável t em $t = 15$, indicada por $\left.\frac{dA}{dt}\right|_{t=15} = A'(15)$.

Sabemos, do item a, que $\frac{dA}{dt} = A'(t) = 0{,}06t$.

Logo, precisamos substituir t por 15 em $\frac{dA}{dt} = A'(t) = 0{,}06t$ para acharmos $\left.\frac{dA}{dt}\right|_{t=15} = A'(15)$:

$$\left.\frac{dA}{dt}\right|_{t=15} = A'(15) = 0{,}06.15$$

$$\left.\frac{dA}{dt}\right|_{t=15} = A'(15) = 0{,}9\ mm^2/s$$

Exemplo 5.15. Imagine que a área A de um círculo aumente com velocidade constante de 30mm²/min.

Com base no exposto, calcule o que se pede.

a) A taxa de variação da área A do círculo em relação ao seu raio R, quando o raio for igual a 10mm.

b) A taxa de variação da área A do círculo em relação ao tempo t, em mm²/s, quando o raio for igual a 10mm.

Resolução

a) A taxa de variação da área A do círculo em relação ao seu raio R é a derivada de A em relação à variável R, indicada por $\frac{dA}{dR} = A'(R)$.

A área A do círculo em função do raio R é $A = \pi R^2$.

A derivada de A em relação à variável R é:

$$\frac{dA}{dR} = A'(R) = \left(\pi R^2\right)' = \pi\left(R^2\right)'$$

A derivada da multiplicação da constante π por R^2 é a multiplicação de π pela derivada de R^2:

$$\frac{dA}{dR} = A'(R) = \pi\left(R^2\right)'$$

A derivada de R^n em relação a R é $\left(R^n\right)' = nR^{n-1}$. Se fizermos $n = 2$, ficamos com $\left(R^2\right)' = 2R^{2-1} = 2R$:

$$\frac{dA}{dR} = A'(R) = \pi\left(R^2\right)' = \pi(2R)$$

$$\frac{dA}{dR} = A'(R) = 2\pi R$$

A taxa de variação da área A do círculo em relação ao seu raio R quando $R = 10mm$ é a derivada de A em relação à variável R em $R = 10mm$:

$$\frac{dA}{dR} = A'(10) = 2\pi(10)$$

$$\frac{dA}{dR} = A'(10) = 20\pi\ mm^2 / mm$$

b) A taxa de variação da área A do círculo em relação ao tempo t, em mm^2/s, quando o raio for igual a 10mm, é a derivada de A em relação ao tempo t com $R = 10mm$.

Precisamos determinar a derivada de A em relação ao tempo t, ou seja, $\frac{dA}{dt} = A'(t)$.

A área A do círculo em função do raio R é $A = \pi R^2$.

A derivada de A em relação à variável R é $\frac{dA}{dR} = A'(R) = 2\pi R$.

Agora, precisamos fazer a derivada de A em relação à variável t, que não aparece explicitamente em $A = \pi R^2$. Ou seja, não conseguimos fazer "diretamente" a derivada de A com t, pois não temos a função $A = A(t)$, como no exemplo anterior.

Logo, usamos a regra da cadeia, revista no capítulo 2 e reproduzida a seguir: se y é uma função de u $(y = y(u))$ e u é uma função de x $(u = u(x))$, então

$$\frac{dy}{dx} = \frac{du}{dx}\frac{dy}{du}$$

No caso, como A é uma função de R ($A = A(R) = \pi R^2$) e R é uma função de t $(R = R(t))$, então:

$$\frac{dA}{dt} = \frac{dR}{dt}\frac{dA}{dR}$$

$$\frac{dA}{dt} = \frac{dR}{dt}\frac{d(\pi R^2)}{dR}$$

A derivada de πR^2 em relação a R é $2\pi R$, pois, se usarmos que a derivada da multiplicação da constante π por R^2 é a multiplicação de π pela derivada de R^2 e que a derivada de R^2 segue $\left(R^n\right)' = nR^{n-1}$ com $n = 2$, temos o seguinte:

$$\frac{d(\pi R^2)}{dR} = (\pi R^2)' = \pi(R^2)' = \pi(2R^{2-1}) = 2\pi R$$

Aplicando $\frac{d(\pi R^2)}{dR} = 2\pi R$ em $\frac{dA}{dt} = \frac{dR}{dt}\frac{d(\pi R^2)}{dR}$, ficamos com:

$$\frac{dA}{dt} = \frac{dR}{dt}\frac{d(\pi R^2)}{dR}$$

$$\frac{dA}{dt} = \frac{dR}{dt}2\pi R$$

Ou seja:

$$\frac{dA}{dt} = 2\pi R \frac{dR}{dt}$$

No enunciado, foi dito que a área A do círculo aumenta com velocidade constante de 30mm²/min: essa é a taxa de variação de A com t, ou seja, $\frac{dA}{dt} = 30\ mm^2/\min$.

Substituindo $\frac{dA}{dt} = 30\ mm^2/\min$ em $\frac{dA}{dt} = 2\pi R \frac{dR}{dt}$ ficamos com:

$$30 = \frac{dR}{dt} 2\pi R$$

$$\frac{30}{2\pi R} = \frac{dR}{dt}$$

$$\frac{dR}{dt} = \frac{15}{\pi R}$$

Ou seja, a taxa de variação do raio R do círculo com o tempo t é $\frac{dR}{dt} = \frac{15}{\pi R}$.

Para calcularmos a velocidade de aumento do raio R do círculo, quando $R = 10mm$, substituímos R por 10 em $\frac{dR}{dt} = \frac{15}{\pi R}$:

$$\frac{dR}{dt} = \frac{15}{\pi R} = \frac{15}{\pi 10}$$

$$\frac{dR}{dt} = \frac{3}{2\pi}\ mm/s$$

$$\frac{dR}{dt} \cong 0{,}4777\ mm/s$$

Assim, verificamos que quando o raio for 10mm, sua taxa de variação com o tempo é de aproximadamente 0,4777mm/s.

Exemplo 5.16. Suponha que esteja escoando areia, em uma ampulheta, com velocidade constante de 25mm³/s. Imagine que, com o escoamento, a areia forme um cone, indicado esquematicamente na figura a seguir.

Disponível em <https://vanderdissenha.wordpress.com/2009/03/23/colacao-de-grau/>. Acesso em 22 set. 2016.

Considere que o raio R do cone seja sempre o triplo da sua altura H.

Com base no exposto, calcule o que se pede.

a) A taxa de variação do volume V do cone de areia em relação à sua altura H, em mm³/mm, quando a altura for igual a 5mm.

b) A taxa de variação da altura H de areia, em mm/s, quando a altura for igual a 5mm.

Resolução

a) A taxa de variação do volume V do cone de areia em relação à sua altura H é a derivada de V em relação à variável H, indicada por $\frac{dV}{dH} = V'(H)$.

O volume V do cone em função do raio R e da altura H é:

$$V = \frac{1}{3}\pi R^2 H$$

Foi dito que, no caso em estudo, o raio R do cone é sempre o triplo da sua altura H, ou seja, $R = 3H$.

Substituindo $R = 3H$ em $V = \frac{1}{3}\pi R^2 H$, ficamos com a expressão da variável V somente em função da variável H:

$$V = \frac{1}{3}\pi R^2 H = \frac{1}{3}\pi (3H)^2 H = \frac{1}{3}\pi 9H^2 H$$

$V = V(H) = 3\pi H^3$

A derivada de $V = V(H) = 3\pi H^3$ em relação a H é $9\pi H^2$, pois, se usarmos que a derivada da multiplicação da constante 3π por H^3 é a multiplicação de 3π pela derivada de H^3 e que a derivada de H^3 segue $\left(H^n\right)' = nH^{n-1}$ com $n = 3$, temos o seguinte:

$$\frac{dV}{dH} = V'(H) = \left(3\pi H^3\right)'$$

$$\frac{dV}{dH} = V'(H) = 3\pi\left(H^3\right)'$$

$$\frac{dV}{dH} = V'(H) = 3\pi\left(3H^{3-1}\right)$$

$$\frac{dV}{dH} = V'(H) = 3\pi\left(3H^2\right)$$

$$\frac{dV}{dH} = V'(H) = 9\pi H^2$$

A taxa de variação do volume V do cone de areia em relação à sua altura H quando $H = 5mm$ é a derivada de V em relação à variável H em $H = 5mm$:

$$\left.\frac{dV}{dH}\right|_{H=5} = V'(5) = 9\pi(5)^2$$

$$\left.\frac{dV}{dH}\right|_{H=5} = 225\pi \ mm^3/mm$$

b) A taxa de variação da altura H de areia, em mm/s, quando a altura for igual a 5mm, é a derivada de H em relação ao tempo t para $H = 5mm$.

Queremos determinar a derivada de H em relação ao tempo t, ou seja, $\frac{dH}{dt} = H'(t)$.

O volume V do cone de areia em função do raio R e da altura H é:

$$V = \frac{1}{3}\pi R^2 H$$

No caso em estudo, foi dito que o raio R do cone é sempre o triplo da sua altura H, ou seja, $R = 3H$.

Logo:

$$V = \frac{1}{3}\pi R^2 H = \frac{1}{3}\pi(3H)^2 H = \frac{1}{3}\pi 9H^2 H = 3\pi H^3$$

Logo, a equação que relaciona o volume do cone de areia com sua altura é $V = 3\pi H^3$.

Precisamos determinar a derivada dessa função em relação à variável t, que não aparece explicitamente em $V = 3\pi H^3$.

Como não temos a função $V = V(t)$, não conseguimos fazer $V'(t) = \frac{dV}{dt}$ de modo direto.

Para isso, precisamos usar a regra da cadeia, revista no capítulo 2 e reproduzida a seguir: se y é uma função de u $(y = y(u))$ e u é uma função de x $(u = u(x))$, então

$$\frac{dy}{dx} = \frac{du}{dx}\frac{dy}{du}$$

Como V é uma função de H $(V = V(H) = 3\pi H^3)$ e H é uma função de t $(H = H(t))$, então:

$$\frac{dV}{dt} = \frac{dH}{dt}\frac{dV}{dH}$$

$$\frac{dV}{dt} = \frac{dH}{dt}\frac{d(3\pi H^3)}{dH}$$

A derivada de $3\pi H^3$ em relação à variável H é $\frac{d(3\pi H^3)}{dH} = 3\pi(3H^2) = 9\pi H^2$, coforme visto no item anterior.

Substituindo $\frac{d(3\pi H^3)}{dH} = 9\pi H^2$ em $\frac{dV}{dt} = \frac{dH}{dt}\frac{d(3\pi H^3)}{dH}$, ficamos com:

$$\frac{dV}{dt} = \frac{dH}{dt} 9\pi H^2$$

$$\frac{dV}{dt} = 9\pi H^2 \frac{dH}{dt}$$

No enunciado, foi dito que a velocidade de escoamento da areia é constante e igual a 25mm^3/s: essa é a taxa de variação de V com t, ou seja, $\frac{dV}{dt} = 25mm^3/s$.

Substituindo $\frac{dV}{dt} = 25mm^3/s$ em $\frac{dV}{dt} = 9\pi H^2 \frac{dH}{dt}$, ficamos com:

$$25 = 9\pi H^2 \frac{dH}{dt}$$

$$\frac{25}{9\pi H^2} = \frac{dH}{dt}$$

Ou seja, a taxa de variação da altura H do cone de areia com o tempo t é:

$$\frac{dH}{dt} = \frac{25}{9\pi H^2}$$

Para calcularmos a taxa de variação da altura H de areia, quando $H = 5mm$, substituímos H por 5 em $\frac{dH}{dt} = \frac{25}{9\pi H^2}$:

$$\frac{dH}{dt} = \frac{25}{9\pi (5)^2} = \frac{25}{9\pi 25}$$

$$\frac{dH}{dt} = \frac{1}{9\pi} mm/s$$

Logo, a taxa de variação da altura H de areia quando a altura for igual a 5mm da altura de fluido com o tempo é $\frac{dH}{dt} = \frac{1}{9\pi} \cong 0{,}036\ mm/s$.

Exemplo 5.17. Imagine que se encha um tanque cilíndrico com um fluido à taxa de constante de 2L/min, conforme esquematizado a seguir.

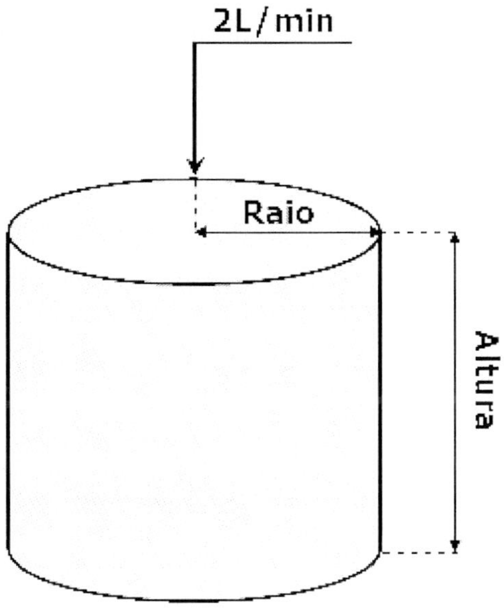

Suponha que o raio do cilindro seja de 25cm e que sua altura seja de 120cm.

Com base no exposto, determine o que se pede.

a) O tempo necessário para que o cilindro fique completamente cheio.

b) A taxa de variação da altura de fluido com o tempo.

Resolução

a) A capacidade volumétrica CV do cilindro está calculada a seguir.

$$CV = \pi(raio \ do \ cilindro)^2(altura \ do \ cilindro)$$

$$CV = \pi(25)^2(120)$$

$$CV = 75000\pi \ cm^3$$

Se aproximarmos π por 3,14159, a capacidade volumétrica CV do cilindro é cerca de 235.619cm^3, pois $CV = 75000.3{,}14159 = 235619$.

O fluido é despejado no tanque à taxa de constante de 2L/s, ou seja, 2000cm^3/min, pois 1L equivale a 1000cm^3.

Para sabermos o tempo necessário para que o cilindro fique completamente cheio, podemos fazer a regra de três a seguir.

$$\begin{array}{|lcr|} 2000\,cm^3 & - & 1\min \\ 235619\,cm^3 & - & Tempo \end{array}$$

Aplicando o produto em cruz, ficamos com:

$$Tempo.2000 = 1.235619$$

$$Tempo = \frac{235619}{2000}$$

$$Tempo \cong 118 \text{ min}$$

Logo, são necessários aproximadamente 118min (quase duas horas) para que o cilindro fique completamente cheio.

b) O volume V de fluido no tanque cilíndrico é dado por $V = \pi R^2 H$, sendo R o raio do cilindro e H a altura do fluido.
O raio do cilindro vale 25cm. Logo:

$$V = \pi R^2 H = \pi(25)^2 H$$

$$V = V(H) = 625\pi H$$

A derivada de $V = V(H) = 625\pi H$ em relação a H é 625π, pois, se usarmos que a derivada da multiplicação da constante 625π por H é a multiplicação de 625π pela derivada de H e que a derivada de H é $(H)' = 1$, temos o seguinte:

$$\frac{dV}{dH} = V'(H) = (625\pi H)'$$

$$\frac{dV}{dH} = 625\pi(H)'$$

$$\frac{dV}{dH} = 625\pi(1)$$

$$\frac{dV}{dH} = 625\pi$$

Agora, vamos usar a regra da cadeia aplicando $\frac{dV}{dH} = 625\pi$:

$$\frac{dV}{dt} = \frac{dH}{dt}\frac{dV}{dH}$$

$$\frac{dV}{dt} = \frac{dH}{dt}625\pi$$

Foi dito que o fluido é despejado no tanque à taxa de constante de 2000cm^3/s, ou seja:

$$\frac{dV}{dt} = 2000$$

Logo, se usarmos $\frac{dV}{dt} = 2000$ em $\frac{dV}{dt} = \frac{dH}{dt} 625\pi$, ficamos com:

$$2000 = \frac{dH}{dt} 625\pi$$

$$\frac{dH}{dt} = \frac{2000}{625\pi}$$

$$\frac{dH}{dt} = \frac{16}{5\pi} \; cm/\min$$

Assim, a taxa de variação da altura de fluido com o tempo é $\frac{dH}{dt} = \frac{16}{5\pi} \cong 1{,}02 \; cm/\min$.

Exemplo 5.18. Imagine que se encha um tanque, de base retangular, com um fluido à taxa de $0{,}05t^2 \; cm^3/\min$, conforme esquematizado a seguir. Na expressão, t representa o tempo, em minutos, contado a partir do instante em que se começa a despejar fluido no tanque.

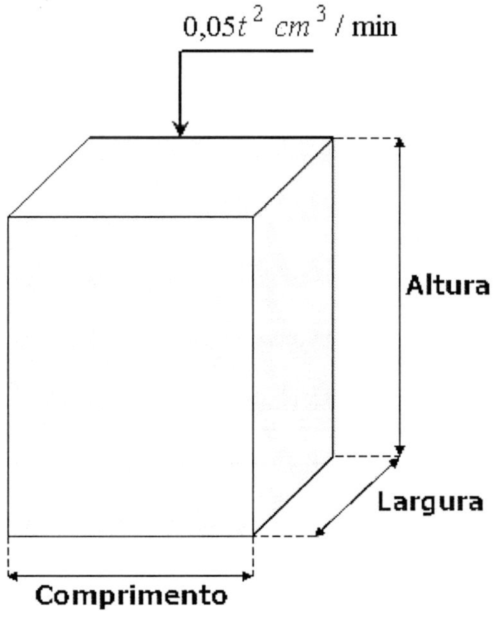

Suponha que o comprimento do tanque seja de 30cm e que sua lagura seja de 20cm.

Com base no exposto, determine a taxa de variação da altura de fluido com o tempo no instante 3min.

Resolução

O volume V de fluido no tanque de base retangular é dado por:

$$\dot{V} = (\text{compriment o da base}).(\text{largura da base}).H$$

Na expressão, H é a altura do fluido.

Foi dito que o comprimento do tanque é 30cm e que sua lagura é 20cm. Logo:

$$V = (30)(20)H$$

$$V = 600H$$

A derivada de $V = V(H) = 600H$ em relação a H é 600, pois, se usarmos que a derivada da multiplicação da constante 600 por H é a multiplicação de 600 pela derivada de H e que a derivada de H é $(H)' = 1$, temos o seguinte:

$$\frac{dV}{dH} = V'(H) = (600H)'$$

$$\frac{dV}{dH} = 600(H)'$$

$$\frac{dV}{dH} = 600(1)$$

$$\frac{dV}{dH} = 600$$

Agora, vamos usar a regra da cadeia, aplicando $\frac{dV}{dH} = 600$:

$$\frac{dV}{dt} = \frac{dH}{dt}\frac{dV}{dH}$$

$$\frac{dV}{dt} = \frac{dH}{dt}600$$

Foi dito que o fluido é despejado no tanque à taxa $0{,}05t^2\ cm/\min$. Nessa expressão, t representa o tempo, em minutos, contado a partir do instante em que se começa a despejar fluido no tanque. Ou seja:

$$\frac{dV}{dt} = 0{,}05t^2$$

Substituindo $\frac{dV}{dt} = 0{,}05t^2$ em $\frac{dV}{dt} = \frac{dH}{dt}600$, ficamos com:

$$0{,}05t^2 = \frac{dH}{dt}600$$

$$\frac{0{,}05t^2}{600} = \frac{dH}{dt}$$

Verificamos que a taxa de variação da altura de fluido com o tempo é:

$$\frac{dH}{dt} = \frac{0{,}05t^2}{600}$$

Para calcularmos a taxa de variação da altura de fluido com o tempo no instante 3min, substituímos t por 3 em $\frac{dH}{dt} = \frac{0{,}05t^2}{600}$:

$$\left.\frac{dH}{dt}\right|_{t=3\min} = \frac{0{,}05(3)^2}{600}$$

$$\left.\frac{dH}{dt}\right|_{t=3\min} = 0{,}00075\ cm/\min$$

Exemplo 5.19. Imagine que um ponto material móvel execute trajetória, no plano xOy, dada pelo gráfico de $y = xe^{0{,}1x^2}$, com x e y em mm, $x \geq 0$ e $y \geq 0$, conforme esboço a seguir.

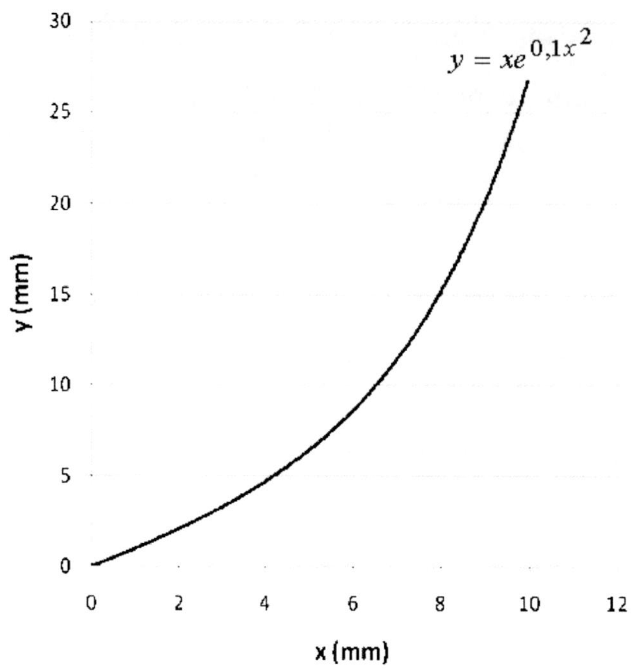

Sabe-se que o componente horizontal da velocidade é dado por $0,3t^2 - 2,5t$, sendo t o tempo em segundos. Determine os componentes horizontal e vertical da velocidade no instante 8s.

Resolução

O componente horizontal da velocidade em função do tempo t, dado por $0,3t^2 - 2,5t$, é a derivada do componente horizontal da trajetória (x) em relação ao tempo.

Ou seja:

$$\frac{dx}{dt} = 0,3t^2 - 2,5t$$

Para calcularmos o componente horizontal da velocidade no instante 8s, indicado por $\left.\frac{dx}{dt}\right|_{t=8s}$, substituímos t por 8 em $\frac{dx}{dt} = 0,3t^2 - 2,5t$:

$$\left.\frac{dx}{dt}\right|_{t=8s} = 0,3(8)^2 - 2,5(8)$$

$$\left.\frac{dx}{dt}\right|_{t=8s} = -0,8\ mm/s$$

Foi dada a função que relaciona os componentes vertical (y) e horizontal (x) da trajetória:

$$y = xe^{0,1x^2}$$

Logo, podemos fazer a derivada $\frac{dy}{dx}$:

$$\frac{dy}{dx} = \frac{d\left(xe^{0,1x^2}\right)}{dx} = \left(xe^{0,1x^2}\right)'$$

Para derivarmos $y = xe^{0,1x^2}$ em relação à variável x, usamos a propriedade indicada a seguir, pois temos uma "multiplicação" de duas funções.

$$(f(x)g(x))' = f'(x)g(x) + f(x)g'(x)$$

Se fizermos $f(x) = x$ e $g(x) = e^{0,1x^2}$, ficamos com:

$$\frac{dy}{dx} = (x)'\, e^{0,1x^2} + (x)\left(e^{0,1x^2}\right)'$$

Utilizamos o seguinte:

$$(x)' = 1$$

$$\left(e^{u}\right)' = u'\, e^{u},\ com\ u = 0,1x^2$$

Logo:

$$\frac{dy}{dx} = (1)e^{0,1x^2} + (x)\left(0,1x^2\right)'\left(e^{0,1x^2}\right)$$

A derivada da multiplicação da constante 0,1 por x^2 é a multiplicação de 0,1 pela derivada de x^2 :

$$\frac{dy}{dx} = (1)e^{0,1x^2} + (x)0,1(x^2)'\left(e^{0,1x^2}\right)$$

Aplicamos $(x^n)' = nx^{n-1}$, com $n = 2$, para fazermos $(x^2)' = 2x^{2-1} = 2x$:

$$\frac{dy}{dx} = (1)e^{0,1x^2} + (x)0,1(2x)\left(e^{0,1x^2}\right)$$

$$\frac{dy}{dx} = e^{0,1x^2} + 0,2x^2e^{0,1x^2}$$

A derivada já foi finalizada, mas podemos colocar $e^{0,1x^2}$ em evidência:

$$\frac{dy}{dx} = e^{0,1x^2}\left(0,2x^2 + 1\right)$$

Agora, utilizamos a regra da cadeia:

$$\frac{dy}{dt} = \frac{dy}{dx}\frac{dx}{dt}$$

Vamos substituir $\frac{dy}{dx}$ por $e^{0,1x^2}\left(0,2x^2 + 1\right)$ em $\frac{dy}{dt} = \frac{dy}{dx}\frac{dx}{dt}$:

$$\frac{dy}{dt} = e^{0,1x^2}\left(0,2x^2 + 1\right)\frac{dx}{dt}$$

Vamos substituir $\frac{dx}{dt}$ por $3t^2 - 2,5t$ em $\frac{dy}{dt} = e^{0,1x^2}\left(0,2x^2 + 1\right)\frac{dx}{dt}$:

$$\frac{dy}{dt} = e^{0,1x^2}\left(0,2x^2 + 1\right)\left(0,3t^2 - 2,5t\right)$$

Desse modo, determinamos o componente vertical da velocidade em função do tempo, ou seja:

$$\frac{dy}{dt} = e^{0,1x^2}\left(0,2x^2 + 1\right)\left(0,3t^2 - 2,5t\right)$$

Para calcularmos o componente vertical da velocidade no instante 8s, indicado por $\left.\frac{dy}{dt}\right|_{t=8s}$,

substituímos t por 12 em $\frac{dy}{dt} = e^{0,1x^2}\left(0,2x^2+1\right)\left(0,3t^2-2,5t\right)$:

$$\left.\frac{dy}{dt}\right|_{t=8s} = e^{0,1(8)^2}\left(0,2(8)^2+1\right)\left(0,3(8)^2-2,5(8)\right)$$

$$\left.\frac{dy}{dt}\right|_{t=8s} = -6644,4\ mm/s$$

Exemplo 5.20. Imagine que um cano AB, de comprimento igual a 1,5m, esteja apoiado em uma parede vertical e em um piso horizontal, conforme esquematizado a seguir.

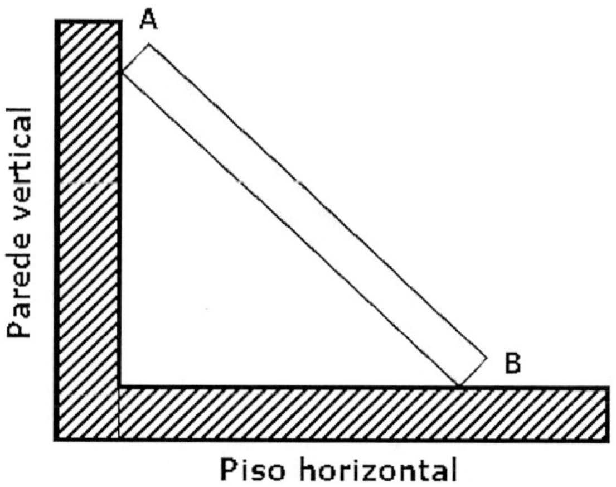

Considere que a extremidade B do cano mova-se para direita com velocidade horizontal constante de 20mm/s. Determine a velocidade da extremidade A do cano no instante em que a distância entre ele e o piso for de 800mm.

Resolução

Primeiramente, vamos inserir os eixos cartesianos x e y ao esquema do enunciado, coforme indicado na figura 5.15.

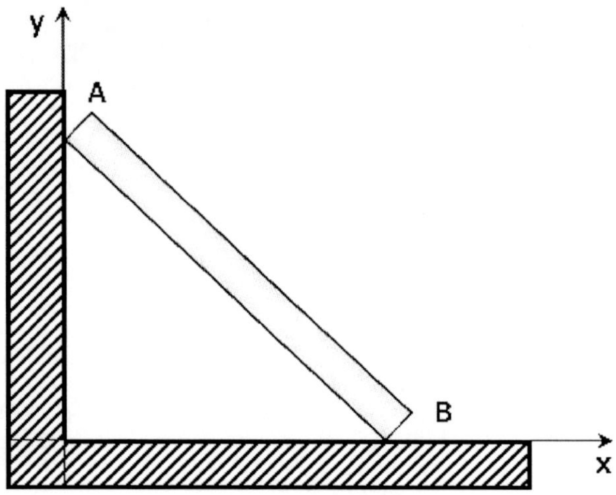

Figura 5.15. Cano de extremidades A e B e eixos x e y.

Em dado instante, podemos associar a imagem do cano, de comprimento 1,5m ou 1500mm, e os perfis da parede vertical e do piso horizontal a um triângulo retângulo.

Vemos, na figura 5.16, um triângulo retângulo de catetos x e y e de hipotenusa 1500mm, sendo que x e y representam números positivos, pois se referem a medidas, em mm.

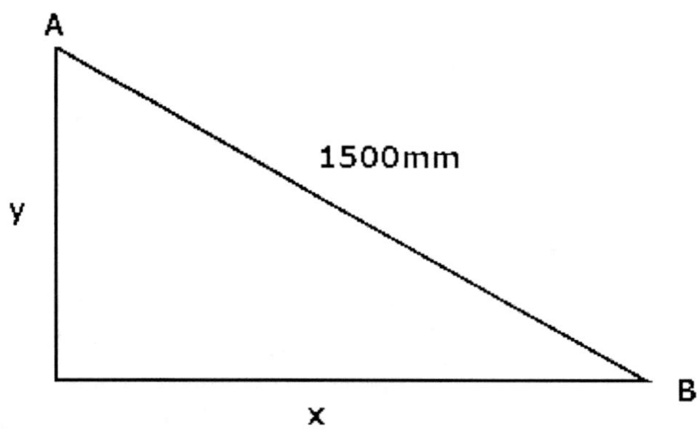

Figura 5.16. Triângulo retângulo de catetos x e y e de hipotenusa 1500mm.

Podemos aplicar à figura 5.16 o Teorema de Pitágoras, que afirma que a soma dos quadrados dos catetos é igual à sua hipotenusa ao quadrado:

$$x^2 + y^2 = 1500^2$$

$$x^2 + y^2 = 2250000$$

$$y^2 = 2250000 - x^2$$

$$y = \sqrt{2250000 - x^2}, \; com \;\; y > 0$$

Como conhecemos a função que relaciona as variáveis x e y, podemos fazer a derivada de y em relação a x:

$$\frac{dy}{dx}=\frac{d\left(\sqrt{2250000-x^2}\right)}{dx}=\left(\sqrt{2250000-x^2}\right)'$$

Para derivarmos $y=\sqrt{2250000-x^2}$ em relação à variável x, usamos a regra $\sqrt{u}'=\frac{u'}{2\sqrt{u}}$, com $u=2250000-x^2$:

$$\frac{dy}{dx}=\left(\sqrt{2250000-x^2}\right)'=\frac{\left(2250000-x^2\right)'}{2\sqrt{2250000-x^2}}$$

A derivada de uma subtração de funções é a subtração das derivadas das funções:

$$\frac{dy}{dx}=\frac{(2250000)'-\left(x^2\right)'}{2\sqrt{2250000-x^2}}$$

A derivada de uma constante é zero, logo $(2250000)'=0$.

Aplicamos $\left(x^n\right)'=nx^{n-1}$, com $n=2$, para fazermos $\left(x^2\right)'=2x^{2-1}=2x$.

Logo:

$$\frac{dy}{dx}=\frac{(0)-(2x)}{2\sqrt{2250000-x^2}}$$

$$\frac{dy}{dx}=\frac{-2x}{2\sqrt{2250000-x^2}}$$

$$\frac{dy}{dx}=-\frac{x}{\sqrt{2250000-x^2}}$$

Agora, vamos utilizar a regra da cadeia: $\frac{dy}{dt}=\frac{dy}{dx}\frac{dx}{dt}$.

Substituirmos $\frac{dy}{dx}$ por $-\frac{x}{\sqrt{2250000-x^2}}$ em $\frac{dy}{dt}=\frac{dy}{dx}\frac{dx}{dt}$:

$$\frac{dy}{dt}=-\frac{x}{\sqrt{2250000-x^2}}\frac{dx}{dt}$$

A derivada de x em relação ao tempo t é a velocidade horizontal da extremidade B do cano, que, de acordo com o enunciado, é constante e igual a 20mm/s. Então, vamos fazer $\frac{dx}{dt}=20$ em $\frac{dy}{dt}=-\frac{x}{\sqrt{2250000-x^2}}\frac{dx}{dt}$:

$$\frac{dy}{dt}=-\frac{x}{\sqrt{2250000-x^2}}20$$

$$\frac{dy}{dt}=-\frac{20x}{\sqrt{2250000-x^2}}$$

Desse modo, determinamos a velocidade vertical da extremidade A do cano, em função da variável x, indicada por $\frac{dy}{dt}$.

Foi pedida a velocidade da extremidade A do cano no instante em que a distância entre A e o piso foi de 800mm. Ou seja, queremos saber "quanto é" $\frac{dy}{dt}$ quando $y=800$.

Vimos que $y^2=2250000-x^2$. Se subsitituirmos y por 800, podemos calcular sua respectiva abscissa x:

$$800^2=2250000-x^2$$

$$640000=2250000-x^2$$

$$x^2=2250000-640000$$

$$x^2=1610000$$

$$x=1268{,}8$$

Agora, fazemos $x = 1268{,}8$ em $\frac{dy}{dt} = -\frac{20x}{\sqrt{2250000 - x^2}}$:

$$\frac{dy}{dt} = -\frac{20.1268{,}8}{\sqrt{2250000 - (1268{,}8)^2}}$$

$$\frac{dy}{dt} = -31{,}7mm/s$$

Exemplo 5.21. O preço P, em R$, de certo bem em função da quantidade x de unidades produzidas segue a função $P(x) = 130e^{-0{,}02x}$, com $x \geq 0$. A função que relaciona o custo C, em R$, e a variável x é $C(x) = 250\ln(x+1)$. Para essa situação, determine o que é pedido a seguir.

a) A equação que relaciona o lucro L e a da quantidade x de unidades produzidas.

b) A taxa de variação do lucro L com a quantidade x de unidades produzidas.

Resolução

a) A receita R é a multiplicação da quantidade x de unidades produzidas pelo preço P :

$$R(x) = xP(x)$$

$$R(x) = x\left(130e^{-0{,}02x}\right)$$

$$R(x) = 130xe^{-0{,}02x}$$

O lucro L é a diferença (subtração) entre a receita R e o custo C :

$$L(x) = R(x) - C(x)$$

$$L(x) = 130xe^{-0{,}02x} - 250\ln(x+1)$$

Na figura 5.17, temos o gráfico de $L(x) = 130xe^{-0{,}02x} - 250\ln(x+1)$, construído com auxílio de planilha eletrônica. Vemos que o lucro aumenta com a quantidade de unidades produzidas, chega ao seu máximo quando são produzidas cerca de 50 unidades e, a partir desse valor, começa a diminuir com a quantidade de unidades produzidas.

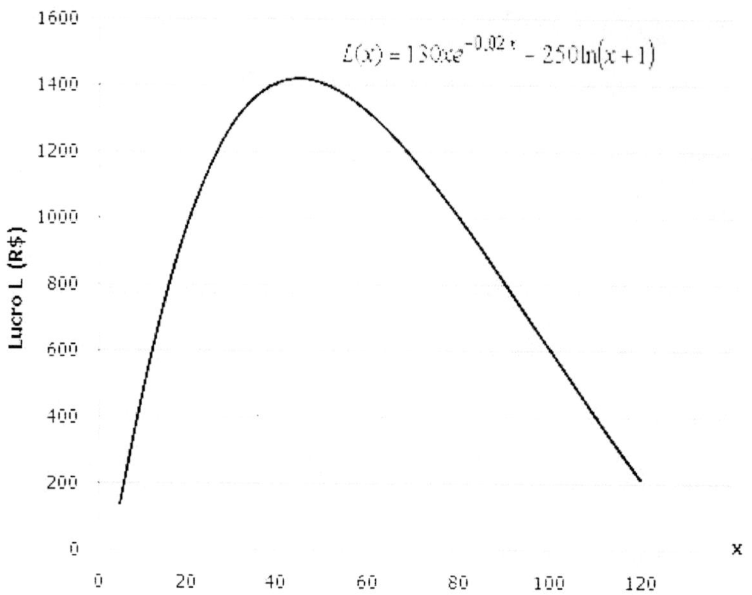

Figura 5.17. Gráfico de $L(x)=130xe^{-0,02x}-250\ln(x+1)$.

b) A taxa de variação do lucro L com a quantidade x de unidades produzidas é a derivada de L em relação a x, indicada por $L'(x)$ ou $\dfrac{dL}{dx}$:

$$L'(x)=\frac{dL}{dx}=\left(130xe^{-0,02x}-250\ln(x+1)\right)'$$

A derivada da subtração de funções é a subtração das derivadas das funções:

$$L'(x)=\left(130xe^{-0,02x}\right)'-\left(250\ln(x+1)\right)'$$

A derivada da constante que multiplica a função é a constante multiplicada pela derivada da função:

$$L'(x)=130\left(xe^{-0,02x}\right)'-250\left(\ln(x+1)\right)'$$

Vamos fazer, primeiramente, $\left(xe^{-0,02x}\right)'$.

Para derivarmos $\left(xe^{-0,02x}\right)$ em relação à variável x, usamos a propriedade indicada a seguir, pois temos uma "multiplicação" de duas funções.

$$\left(f(x)g(x)\right)'=f'(x)g(x)+f(x)g'(x)$$

Se fizermos $f(x) = x$ e $g(x) = e^{-0,02x}$, ficamos com:

$$\left(xe^{-0,02x}\right)' = (x)'\left(e^{-0,02x}\right) + (x)\left(e^{-0,02x}\right)'$$

A derivada de x em relação a x é $(x)' = 1$.

Para derivarmos $e^{-0,02x}$ em relação à variável x, usamos $\left(e^{u}\right)' = u'e^{u}$, com $u = -0,02x$.

Ou seja:

$$\left(e^{-0,02x}\right)' = (-0,02x)'\,e^{-0,02x}$$

$$\left(e^{-0,02x}\right)' = -0,02(x)'\,e^{-0,02x}$$

$$\left(e^{-0,02x}\right)' = -0,02(1)e^{-0,02x}$$

$$\left(e^{-0,02x}\right)' = -0,02e^{-0,02x}$$

Fazemos $(x)' = 1$ e $\left(e^{-0,02x}\right)' = -0,02e^{-0,02x}$ em

$$\left(xe^{-0,02x}\right)' = (x)'\left(e^{-0,02x}\right) + (x)\left(e^{-0,02x}\right)':$$

$$\left(xe^{-0,02x}\right)' = (1)\left(e^{-0,02x}\right) + (x)\left(-0,02e^{-0,02x}\right)$$

$$\left(xe^{-0,02x}\right)' = e^{-0,02x} - 0,02xe^{-0,02x}$$

Podemos colocar $e^{-0,02x}$ em evidência:

$$\left(xe^{-0,02x}\right)' = e^{-0,02x}(1 - 0,02x)$$

Agora, vamos fazer $(\ln(x+1))'$.

Para derivarmos $\ln(x+1)$ em relação à variável x, usamos $(\ln u)' = \dfrac{u'}{u}$, com $u = x + 1$.

Ou seja:

$$(\ln(x+1))' = \frac{(x+1)'}{x+1}$$

$$(\ln(x+1))' = \frac{(x)' + (1)'}{x+1}$$

$$(\ln(x+1))' = \frac{(1)+(0)}{x+1}$$

$$(\ln(x+1))' = \frac{1}{x+1}$$

Fazemos $\left(xe^{-0,02x}\right)' = e^{-0,02x}(1-0,02x)$ e $(\ln(x+1))' = \dfrac{1}{x+1}$ em

$L'(x) = 130\left(xe^{-0,02x}\right)' - 250(\ln(x+1))'$:

$$L'(x) = 130\left(e^{-0,02x}(1-0,02x)\right) - 250\left(\frac{1}{x+1}\right)$$

$$L'(x) = 130e^{-0,02x}(1-0,02x) - 250\left(\frac{1}{x+1}\right)$$

CAPÍTULO 6. APLICAÇÃO DAS DERIVADAS: DIFERENCIAIS E APROXIMAÇÕES

Suponha uma função contínua escrita como $y = f(x)$ e que seja derivável em todos os seus pontos do seu domínio. Vamos pensar no ponto $P = (x_0, f(x_0))$ do gráfico de $y = f(x)$, indicado na figura 6.1.

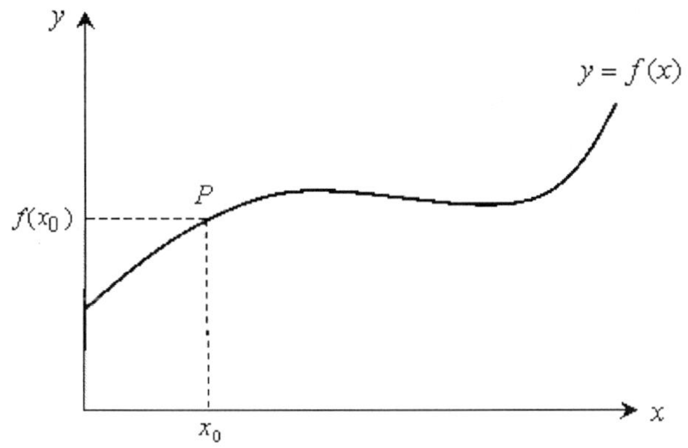

Figura 6.1. Gráfico de $y = f(x)$ e ponto $P = (x_0, f(x_0))$.

Traçamos a reta tangente (reta t) ao gráfico de $y = f(x)$ no ponto $P = (x_0, f(x_0))$, conforme figura 6.2. Vemos que o ponto $P = (x_0, f(x_0))$ pertence tanto ao gráfico de $y = f(x)$ quanto à reta t.

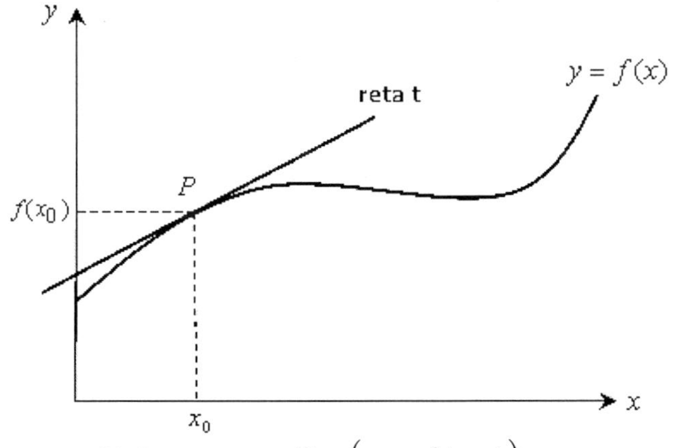

Figura 6.2. Gráfico de $y = f(x)$, ponto $P = (x_0, f(x_0))$ e reta t tangente ao gráfico de $y = f(x)$ em $P = (x_0, f(x_0))$.

Vamos pensar no ponto Q do gráfico de $y = f(x)$, dado por $Q = (x_0 + h, f(x_0 + h))$: no gráfico de $y = f(x)$, quando, em x, "saímos" de x_0 e "chegamos" a $x_0 + h$, em y, "saímos" de $f(x_0)$ e "chegamos" a $f(x_0 + h)$, como apresentado na figura 6.3.

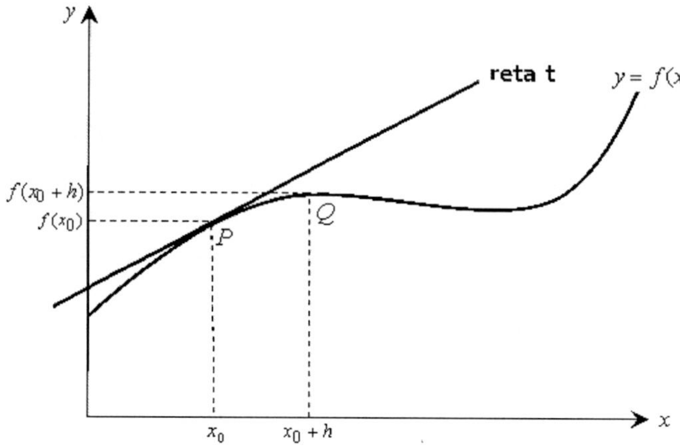

Figura 6.3. Gráfico de $y = f(x)$, ponto $P = (x_0, f(x_0))$, reta t tangente ao gráfico de $y = f(x)$ em $P = (x_0, f(x_0))$ e ponto $Q = (x_0, f(x_0 + h))$.

Vamos pensar no ponto R da reta t, dado por $R = (x_0 + h, y_t))$: na reta t, quando, em x, "saímos" de x_0 e "chegamos" a $x_0 + h$, em y, "saímos" de $f(x_0)$ e "chegamos" a y_t, como apresentado na figura 6.4. Ressaltamos que o ponto $P = (x_0, f(x_0))$ pertence tanto ao gráfico de $y = f(x)$ quanto à reta t, que o ponto $Q = (x_0 + h, f(x_0 + h))$ pertence apenas ao gráfico de $y = f(x)$ e que o ponto $R = (x_0 + h, y_t))$ pertence apenas à reta t.

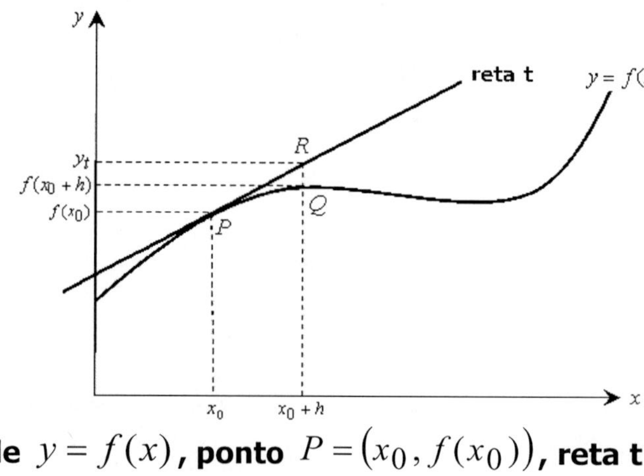

Figura 6.4. Gráfico de $y = f(x)$, ponto $P = (x_0, f(x_0))$, reta t tangente ao gráfico de $y = f(x)$ em $P = (x_0, f(x_0))$, ponto $Q = (x_0, f(x_0 + h))$ e ponto $R = (x_0 + h, y_t))$.

Já observamos que, se fixarmos o ponto $P=(x_0, f(x_0))$, o gráfico de $y=f(x)$ fica muito perto da reta t nas proximidades de P. Ou seja, se x ficar suficientemente próximo de x_0, o valor de $y=f(x)$ fica muito próximo do valor da imagem da reta t no ponto de abscissa x_0.

Aplicando essa observação à figura 6.4, vemos que, se o acréscimo h dado a x_0 for "pequeno", o ponto $R=(x_0+h, y_t))$ da reta t e o ponto $Q=(x_0, f(x_0+h))$ do gráfico de $y=f(x)$ ficam muito próximos. Ou seja, a ordenada y_t de $R=(x_0+h, y_t))$ fica muito próxima da ordenada $f(x_0+h)$ de $Q=(x_0, f(x_0+h))$. Enfim, nessa situação, a diferença $f(x_0+h)-f(x_0)$ fica muito próxima da diferença $y_t - f(x_0)$.

Na figura 6.5, temos uma ampliação do gráfico e da reta t, as indicações dos pontos P, Q e R e as representações de h, $f(x_0+h)-f(x_0)$ e $y_t - f(x_0)$.

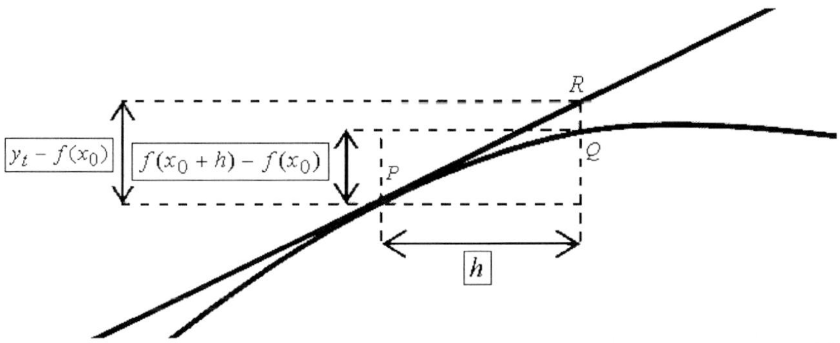

Figura 6.5. Ampliação do gráfico e da reta t, indicações dos pontos P, Q e R e representações de h, $f(x_0+h)-f(x_0)$ e $y_t - f(x_0)$.

O coeficiente angular a da reta t é o quociente ("divisão") entre $y_t - f(x_0)$ e h:

$$a = \frac{y_t - f(x_0)}{h}$$

Conforme visto no capítulo 4, a derivada de $y = f(x)$ em $P = (x_0, y_0)$, indicada por $y_0{}' = f'(x_0) = \left.\frac{dy}{dx}\right|_{x_0} = \left.\frac{df(x)}{dx}\right|_{x_0}$, é o coeficente angular a da reta t tangente ao gráfico de $y = f(x)$ no ponto $P = (x_0, y_0)$. Logo:

$$f'(x_0) = \frac{y_t - f(x_0)}{h}$$

Observamos que, se o acréscimo h dado a x_0 for "pequeno", a diferença $f(x_0 + h) - f(x_0)$ é aproximadamente igual à diferença $y_t - f(x_0)$, ou seja,

$$y_t - f(x_0) \cong f(x_0 + h) - f(x_0)$$

Se aplicarmos $y_t - f(x_0) \cong f(x_0 + h) - f(x_0)$ em $f'(x_0) = \frac{y_t - f(x_0)}{h}$, ficamos com:

$$f'(x_0) = \frac{f(x_0 + h) - f(x_0)}{h}$$

Se chamarmos o acréscimo infinitesimal h dado a x_0 de dx e o respectivo acréscimo $f(x_0 + h) - f(x_0)$ de dy, ficamos com:

$$f'(x_0) = \frac{dy}{dx}$$

Ou seja:

$$dy = f'(x_0)dx$$

Assim, se fixarmos x_0, temos uma função linear $dy = f'(x_0)dx$ que, a cada dx pertencente aos números reais, associa um dy também pertencente aos números reais. Essa função permite que sejam solucionados problemas que necessitam de cálculos aproximados, como pode ser visto nos exemplos a seguir.

Exemplo 6.1. Determine, para $y = f(x) = x^2 + 1$, o valor de

$\Delta y = \Delta f(x) = f(x_0 + dx) - f(x_0)$ e o valor de $dy = f'(x_0)dx$ para $x_0 = 2$ e $dx = 0{,}5$.

Resolução.

Como temos $y = f(x) = x^2 + 1$, $x_0 = 2$ e $dx = 0{,}5$, podemos calcular $\Delta y = \Delta f(x) = f(x_0 + dx) - f(x_0)$:

$$\Delta y = \Delta f(x) = f(2 + 0{,}5) - f(2)$$

$$\Delta y = \Delta f(x) = f(2{,}5) - f(2)$$

$$\Delta y = \Delta f(x) = \left(2{,}5^2 + 1\right) - \left(2^2 + 1\right)$$

$$\Delta y = \Delta f(x) = 6{,}25 + 1 - 4 + 1$$

$$\Delta y = \Delta f(x) = 2{,}25$$

Como temos $y = f(x) = x^2 + 1$, podemos fazer a derivada de y em relação a x:

$$f'(x) = \left(x^2 + 1\right)'$$

A derivada da soma de funções é a soma das derivadas das funções:

$$f'(x) = \left(x^2 + 1\right)' = \left(x^2\right)' + (1)'$$

Aplicamos $\left(x^n\right)' = nx^{n-1}$, com $n = 2$, para fazermos $\left(x^2\right)' = 2x^{2-1} = 2x$.

A derivada da constante é zero, ou seja, $(1)' = 0$.

Fazemos $\left(x^2\right)' = 2x$ e $(1)' = 0$ em $f'(x) = \left(x^2\right)' + (1)'$:

$$f'(x) = (2x) + (0)$$

$$f'(x) = 2x$$

Se substituirmos x por fizermos $x_0 = 2$ em $f'(x) = 2x$, ficamos com:

$f'(x_0) = f'(2) = 2.2 = 4$

Se usarmos $f'(x_0) = 4$ em $dy = f'(x_0)dx$, ficamos com $dy = 4dx$.

Se aplicarmos $dx = 0{,}5$ em $dy = 4dx$, ficamos com:

$dy = 4.0{,}5$

$dy = 2$

Vemos que, para o caso em estudo, quando aproximamos $\Delta y = \Delta f(x) = 2{,}25$ por $dy = 2$, cometemos um erro de 0,25, pois $\Delta f(x) - dy = 2{,}25 - 2 = 0{,}25$.

Se utilizássemos um valor menor para o incremento dx, teríamos um erro menor.

Na figura 6.6, temos uma representação esquemática do gráfico de $y = f(x) = x^2 + 1$, do ponto de abscissa $x_0 = 2$, da reta t tangente ao gráfico de em $x_0 = 2$, de $\Delta y = \Delta f(x) = 2{,}25$ e de $dy = 2$.

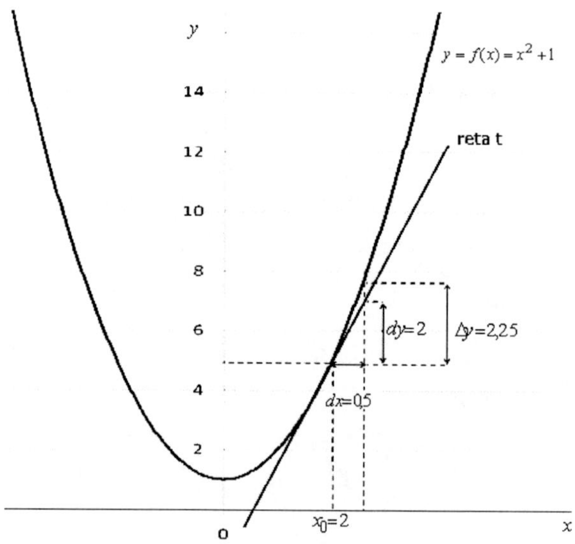

Figura 6.6. Gráfico de $y = f(x) = x^2 + 1$, ponto de abscissa $x_0 = 2$, reta t tangente ao gráfico de em $x_0 = 2$, $\Delta y = \Delta f(x) = 2{,}25$ e $dy = 2$.

Exemplo 6.2. Determine, com o uso de diferenciais, o valor aproximado de $3{,}1^2$.

Resolução

A função que "eleva um número ao quadrado" é $y = f(x) = x^2$.

Se substituirmos x por $x_0 = 3$ em $f(x) = x^2$, verificamos que:

$$f(x_0) = f(3) = 3^2 = 9$$

Pelo cálculo anterior, concluímos que o valor procurado, ou seja, $3{,}1^2$, é "um pouco mais do que 9".

Como temos $y = f(x) = x^2$, podemos fazer a derivada de y em relação a x:

$$f'(x) = (x^2)'$$

Aplicamos $(x^n)' = nx^{n-1}$, com $n = 2$, para fazermos $(x^2)' = 2x^{2-1} = 2x$.

Logo:

$$f'(x) = 2x$$

Se substituirmos x por $x_0 = 3$ em $f'(x) = 2x$, ficamos com:

$$f'(x_0) = f'(3) = 2(3) = 6$$

Se usarmos $f'(x_0) = 6$ em $dy = f'(x_0)dx$, ficamos com:

$$dy = 6dx$$

Para sairmos de $x_0 = 3$ e chegarmos a $x_0 + dx = 3 + 0{,}1 = 3{,}1$, temos o seguinte acréscimo:

$$dx = 0{,}1$$

Se aplicarmos $dx = 0{,}1$ em $dy = 6dx$, vemos que o acréscimo dy é igual a 0,6, pois:

$$dy = 6(0{,}1) = 0{,}6$$

Logo:

$$3{,}1^2 \cong f(x_0) + dy$$

$$3{,}1^2 \cong 9 + 0{,}6$$

$$3{,}1^2 \cong 9{,}6$$

Exemplo 6.3. Determine, com o uso de diferenciais, o valor aproximado de $0{,}9^3$.

Resolução

A função que "eleva um número ao cubo" é $y = f(x) = x^3$.

Se substituirmos x por $x_0 = 1$ em $f(x) = x^3$, verificamos que:

$$f(x_0) = f(1) = 1^3 = 1$$

Pelo cálculo anterior, concluímos que o valor procurado, ou seja, $0{,}9^3$, é "um pouco menos do que 1".

Como temos $y = f(x) = x^3$, podemos fazer a derivada de y em relação a x:

$$f'(x) = \left(x^3\right)'$$

Aplicamos $\left(x^n\right)' = nx^{n-1}$, com $n = 3$, para fazermos $\left(x^3\right)' = x^{3-1} = 3x^2$.

Logo:

$$f'(x) = 3x^2$$

Se substituirmos x por $x_0 = 1$ em $f'(x) = 3x^2$, ficamos com:

$$f'(x_0) = f'(1) = 3(1)^2 = 3$$

Se usarmos $f'(x_0) = 3$ em $dy = f'(x_0)dx$, ficamos com:

$$dy = 3dx$$

Para sairmos de $x_0 = 1$ e chegarmos a $x_0 + dx = 1 - 0{,}1 = 0{,}9$, temos o seguinte acréscimo:

$dx = -0{,}1$

Se aplicarmos $dx = -0{,}1$ em $dy = 3dx$, vemos que o acréscimo dy é igual a -0,3, pois:

$dy = 3(-0{,}1) = -0{,}3$

Logo:

$0{,}9^3 \cong f(x_0) + dy$

$0{,}9^3 \cong 1 + (-0{,}3)$

$0{,}9^3 \cong 0{,}7$

Exemplo 6.4. Determine, com o uso de diferenciais, o valor aproximado de $\cos\left(\dfrac{\pi}{3} + \dfrac{\pi}{80}\right)$.

Resolução

A função que "extrai o cosseno de um ângulo" é $y = \cos x$.

Se substituirmos x por $x_0 = \dfrac{\pi}{3}$ em $y = \cos x$, verificamos que:

$$f(x_0) = f\left(\frac{\pi}{3}\right) = \cos\left(\frac{\pi}{3}\right) = \frac{1}{2}$$

Pelo cálculo anterior, concluímos que o valor procurado, ou seja, $\cos\left(\dfrac{\pi}{3} + \dfrac{\pi}{80}\right)$, é "um pouco mais ou um pouco menos do que 1".

Como temos $y = \cos x$, podemos fazer a derivada de y em relação a x:

$$f'(x) = (\cos x)'$$

Da tabela de derivadas, temos que $(\cos x)' = -senx$.

Logo:

$$f'(x) = -senx$$

Se substituirmos x por $x_0 = \frac{\pi}{3}$ em $f'(x) = -senx$, ficamos com:

$$f'(x_0) = f'\left(\frac{\pi}{3}\right) = -sen\left(\frac{\pi}{3}\right) = -\frac{\sqrt{3}}{2}$$

Se usarmos $f'(x_0) = -\frac{\sqrt{3}}{2}$ em $dy = f'(x_0)dx$, ficamos com:

$$dy = -\frac{\sqrt{3}}{2}dx$$

Para sairmos de $x_0 = \frac{\pi}{3}$ e chegarmos a $x_0 + dx = \frac{\pi}{3} + \frac{\pi}{80}$, temos o seguinte acréscimo:

$$dx = \frac{\pi}{80}$$

Se aplicarmos $dx = \frac{\pi}{80}$ em $dy = -\frac{\sqrt{3}}{2}dx$, vemos que o acréscimo dy é:

$$dy = -\frac{\sqrt{3}}{2}\frac{\pi}{80} = -\frac{\sqrt{3}\pi}{160}$$

Logo:

$$\cos\left(\frac{\pi}{3} + \frac{\pi}{80}\right) \cong f(x_0) + dy$$

$$\cos\left(\frac{\pi}{3} + \frac{\pi}{80}\right) \cong \frac{1}{2} - \frac{\sqrt{3}\pi}{160}$$

Exemplo 6.5. Imagine que uma placa quadrada muito fina, de lado x, seja aquecida e sofra dilatação uniforme, mantendo a forma quadrada. Para esse processo, determine a variação da área S da placa em função da variação h do seu lado.

Resolução

Inicialmente, antes do aquecimento, a placa quadrada tem lado x e área S.

Após o aquecimento, a placa quadrada sofre aumento h na medida do seu lado, e passa a ter lado x+h e área S+ΔS.

Isso está esquematizado na figura 6.7.

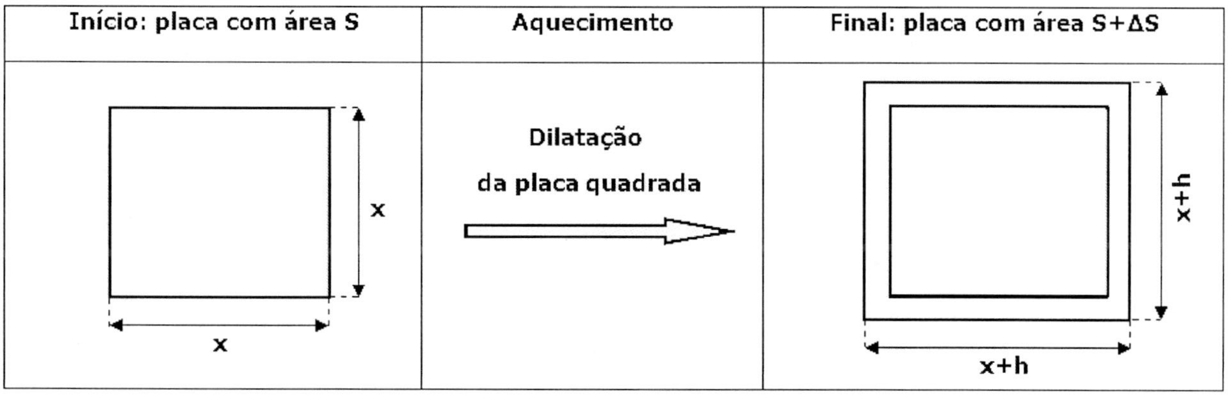

Figura 6.7. Placa quadrada de lado x e área S que, após o aquecimento, passa a ter lado x+h e área S+ΔS.

A área de um quadrado é o valor do seu lado elevado ao quadrado. Logo, temos ao que segue.

- A área inicial S da placa quadrada é: $S=x^2$.
- A área final S+ΔS da placa quadrada é: $S+\Delta S=(x+h)^2$.

Como $(a+b)^2=a^2+2ab+b^2$, se fizermos a=x e b=h, ficamos com:

$S+\Delta S=(x+h)^2=x^2+2xh+h^2$

A variação de área ΔS que a placa quadrada sofre com o aquecimento é $\Delta S=2xh+h^2$, pois:

$\Delta S=(S+\Delta S)-(S)=(x^2+2xh+h^2)-(x^2)= x^2+2xh+h^2-x^2$

$\Delta S=2xh+h^2$

Em resumo, fixada a medida x do lado da placa quadrada, a variação de área ΔS em função da variação h do lado x é $\Delta S= \Delta S(h)=2xh+h^2$.

Esse é o cálculo exato da variação de área da placa quadrada.

Vejamos como seria o valor aproximado de ΔS se usássemos diferenciais.

A função que relaciona a área S da placa quadrada com seu lado x é:

$$S=S(x)=x^2$$

Como temos $S=S(x)=x^2$, podemos fazer a derivada de S em relação a x:

$$S'(x)=\left(x^2\right)'$$

Aplicamos $(x^n)' = nx^{n-1}$, com $n = 2$, para fazermos $(x^2)' = 2x^{2-1} = 2x$:

$$S'(x) = 2x$$

A diferencial da função S é:

$$dS = S'(x)dx$$

Se substituirmos $S'(x)$ por $2x$ em $dS = S'(x)dx$, ficamos com:

$$dS = 2xdx$$

O acréscimo dx à variável x foi chamado de h:

$$dS = 2xh$$

Vamos fazer uma aplicação do que foi visto.

Por exemplo, se o lado inicial da placa quadrada for de 50cm (x=50) e se ele sofrer aumento de 3cm (h=3), a variação de área da placa será de 309cm^2 (ΔS=309), pois:

$\Delta S=2xh+h^2=2(50)(3)+(3)^2=300+9=309$

Se precisássemos fazer um cálculo aproximado da variação de área de placa com diferenciais, teríamos 300cm^2, pois:

$$dS = 2xh = 2(50)(3) = 300$$

Para os dados do exemplo, se usarmos o diferencial $dS = 300cm^2$ para estimarmos o aumento de área $\Delta S = 309cm^2$, cometemos um erro de 9cm^2, pois 309-300=9.

Exemplo 6.6. Calcule, de "modo exato" e de "modo aproximado por diferenciais", a variação do volume de uma esfera quando seu raio passa de 65cm para 66cm.

Resolução.

O volume V da esfera, em função do seu raio R, é:

$$V = \frac{4}{3}\pi R^3$$

Inicialmente, o raio da esfera vale 65cm. Logo, seu volume inicial V_i é $\frac{1098500}{3}\pi$, pois:

$$V_i = \frac{4}{3}\pi(65)^3 = \frac{4}{3}\pi(274625) = \frac{1098500}{3}\pi$$

No final, o raio da esfera vale 66cm. Logo, seu volume final V_f é $\frac{1149984}{3}\pi$, pois:

$$V_f = \frac{4}{3}\pi(66)^3 = \frac{4}{3}\pi(287496) = \frac{1149984}{3}\pi$$

A variação de volume ΔV da esfera é a diferença entre seu volume final e seu volume inicial:

$$\Delta V = V_f - V_i = \frac{1149984}{3}\pi - \frac{1098500}{3}\pi$$

$$\Delta V = V_f - V_i = \frac{(1149984 - 1098500)\pi}{3}$$

$$\Delta V = V_f - V_i = \frac{51484}{3}\pi$$

Logo, a variação de volume ΔV da esfera quando seu raio passa de 65cm para 66cm, calculada de "modo exato", é $\frac{51484}{3}\pi\ cm^3$, equivalente a cerca de 53913cm^3.

A função que relaciona o volume V da esfera e seu raio é R :

$$V = V(R) = \frac{4}{3}\pi R^3$$

Como temos $V = V(R) = \frac{4}{3}\pi R^3$, podemos fazer a derivada de V em relação a R :

$$V'(R) = \left(\frac{4}{3}\pi R^3\right)'$$

A derivada da multiplicação da constante $\frac{4}{3}\pi$ por R^3 é a constante $\frac{4}{3}\pi$ multiplicada pela derivada de R^3 :

$$V'(R) = \left(\frac{4}{3}\pi R^3\right)' = \frac{4}{3}\pi\left(R^3\right)'$$

Aplicamos $\left(R^n\right)' = nR^{n-1}$, com $n = 3$, para fazermos $\left(R^3\right)' = 3R^{3-1} = R^2$:

$$V'(R) = \frac{4}{3}\pi\left(R^3\right)' = \frac{4}{3}\pi\left(3R^2\right)$$

$$V'(R) = 4\pi R^2$$

A diferencial da função V é:

$$dV = V'(R)dR$$

Se substituirmos $V'(R)$ por $4\pi R^2$ em $dV = V'(R)dR$, ficamos com:

$$dV = 4\pi R^2 dR$$

O acréscimo dR ao raio R inicial de 65cm é igual a 1cm, pois é a diferença entre 65cm e 66cm:

$$dR = 66 - 65$$

$$dR = 1$$

Assim, um cálculo aproximado da variação de volume da esfera resulta em 16900π, pois:

$$dV = 4\pi(65)^2(1)$$

$$dV = 16900\pi$$

Logo, o valor aproximado dV da variação de volume da esfera quando seu raio passa de 65cm para 66cm é $16900\pi\ cm^3$, equivalente a cerca de 53093cm³.

CAPÍTULO 7. APLICAÇÃO DAS DERIVADAS: CONSTRUÇÃO DE GRÁFICOS

A derivada de $y = f(x)$ em $P = (x_0, y_0)$, indicada por $y_0' = f'(x_0)$, é o valor do coeficente angular da reta tangente ao gráfico de $y = f(x)$ no ponto $P = (x_0, y_0)$. Logo, temos o que segue.

- Nos pontos em que a reta tangente ao gráfico de $y = f(x)$ é inclinada para direita (onde essa reta tem coefiente angular positivo), a derivada de $y = f(x)$ é positiva.
- Nos pontos em que a reta tangente ao gráfico de $y = f(x)$ é inclinada para esquerda (onde essa reta tem coefiente angular negativo), a derivada de $y = f(x)$ é negativa.
- Nos pontos em que a reta tangente ao gráfico de $y = f(x)$ é horizontal (onde essa reta tem coefiente angular nulo), a derivada de $y = f(x)$ é zero.

Pensando nisso, vamos analisar o comportamento da função da figura 7.1.

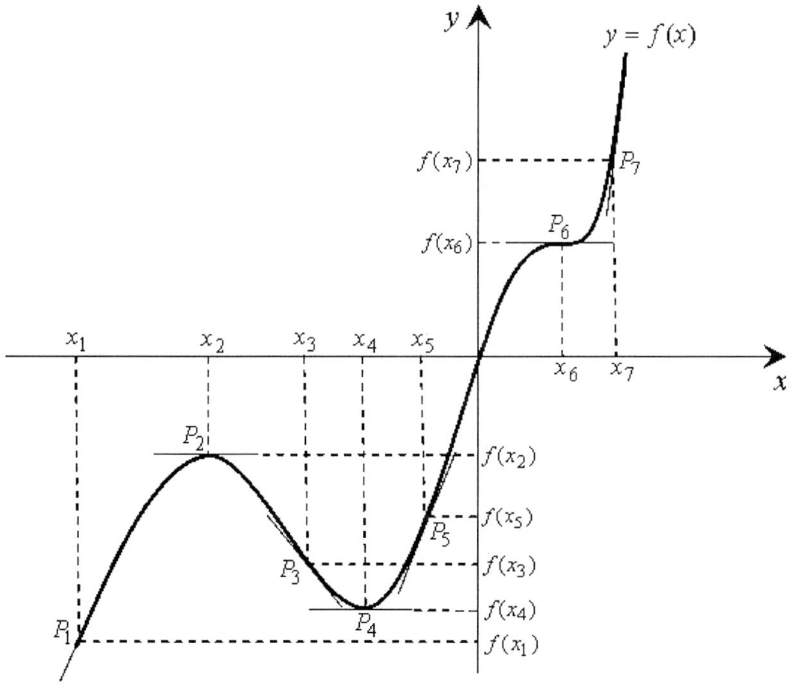

Figura 7.1. Retas tangentes em vários pontos do gráfico de $y = f(x)$.

Pela figura 7.1, observamos o que segue.

- Em $P_1 = (x_1, f(x_1))$, a reta tangente ao gráfico de $y = f(x)$ é inclinada para direita: a derivada de $y = f(x)$ em $P_1 = (x_1, f(x_1))$ é positiva ($f'(x_1) > 0$) e $y = f(x)$ é crescente em $P_1 = (x_1, f(x_1))$.
- Em $P_2 = (x_2, f(x_2))$, a reta tangente ao gráfico de $y = f(x)$ é horizontal: a derivada de $y = f(x)$ em $P_2 = (x_2, f(x_2))$ é zero ($f'(x_2) = 0$) e $P_2 = (x_2, f(x_2))$ é ponto de máximo local de $y = f(x)$.
- Em $P_3 = (x_3, f(x_3))$, a reta tangente ao gráfico de $y = f(x)$ é inclinada para esquerda: a derivada de $y = f(x)$ em $P_3 = (x_3, f(x_3))$ é negativa ($f'(x_3) < 0$) e $y = f(x)$ é decrescente em $P_3 = (x_3, f(x_3))$.
- Em $P_4 = (x_4, f(x_4))$, a reta tangente ao gráfico de $y = f(x)$ é horizontal: a derivada de $y = f(x)$ em $P_4 = (x_4, f(x_4))$ é zero ($f'(x_4) = 0$) e $P_4 = (x_4, f(x_4))$ é ponto de mínimo local de $y = f(x)$.
- Em $P_5 = (x_5, f(x_5))$, a reta tangente ao gráfico de $y = f(x)$ é inclinada para direita: a derivada de $y = f(x)$ em $P_5 = (x_5, f(x_5))$ é positiva ($f'(x_5) > 0$) e $y = f(x)$ é crescente em $P_5 = (x_5, f(x_5))$.
- Em $P_6 = (x_6, f(x_6))$, a reta tangente ao gráfico de $y = f(x)$ é horizontal: a derivada de $y = f(x)$ em $P_6 = (x_6, f(x_6))$ é zero ($f'(x_6) = 0$) e $P_6 = (x_6, f(x_6))$ é ponto de inflexão (mudança de concavidade) de $y = f(x)$.
- Em $P_7 = (x_7, f(x_7))$, a reta tangente ao gráfico de $y = f(x)$ é inclinada para direita: a derivada de $y = f(x)$ em $P_7 = (x_7, f(x_7))$ é positiva ($f'(x_7) > 0$) e $y = f(x)$ é crescente em $P_7 = (x_7, f(x_7))$.

A seguir, vamos generalizar nossas observações considerando a função $y = f(x)$ contínua em um intervalo I e derivável nos pontos internos a I.

- Se, para todo x interno a I, tivermos $f'(x) > 0$, então $y = f(x)$ é crescente em I.
- Se, para todo x interno a I, tivermos $f'(x) < 0$, então $y = f(x)$ é decrescente em I.

Os pontos em que $f'(x) = 0$ são chamados de pontos críticos (PC) de $y = f(x)$. Esses pontos podem ser pontos de mínimo local, máximo local ou inflexão horizontal (mudança de concavidade da função).

Considerando a função $y = f(x)$ contínua em um intervalo I e derivável até segunda ordem nos pontos internos a I, sendo $f''(x)$ a derivada de segunda ordem de $y = f(x)$, temos o que segue.

- Se, para todo x interno a I, tivermos $f''(x) > 0$, então $y = f(x)$ tem concavidade para cima em I.
- Se, para todo x interno a I, tivermos $f''(x) < 0$, então $y = f(x)$ tem concavidade para baixo em I.

Se, em um ponto $P = (x_0, y_0)$ da função $y = f(x)$ contínua em um intervalo I e derivável nos pontos internos a I, com x_0 interno a I, tivermos:

- $f'(x_0) = 0$ e $f''(x_0) < 0$, então $P = (x_0, y_0)$ é ponto de máximo local de $y = f(x)$;
- $f'(x_0) = 0$ e $f''(x_0) > 0$, então $P = (x_0, y_0)$ é ponto de mínimo local de $y = f(x)$.

No caso de $P = (x_0, y_0)$ ser ponto de inflexão horizontal de $y = f(x)$, temos $f'(x_0) = 0$ e $f''(x_0) = 0$.

Para aplicarmos o que foi dito, vamos fazer os exemplos a seguir.

Exemplo 7.1. Determine os intervalos em que $f(x) = x^2 + 3$ é crescente e decrescente. Calcule o ponto crítico (PC) dessa função.

Resolução

A função $f(x) = x^2 + 3$ é contínua e derivável em todo seu domínio, que corresponde aos números reais, pois, em $f(x) = x^2 + 3$, podemos substituir a variável x por qualquer número real.

A derivada de $f(x) = x^2 + 3$ é:

$$f'(x) = \left(x^2 + 3\right)'$$

A derivada da soma de funções é a soma das derivadas das funções:

$$f'(x) = \left(x^2 + 3\right)' = \left(x^2\right)' + (3)'$$

Aplicamos $\left(x^n\right)' = nx^{n-1}$, com $n = 2$, para fazermos $\left(x^2\right)' = 2x^{2-1} = 2x$.

Aplicamos que a derivada da constante é zero para fazermos $(3)' = 0$.

Logo:

$$f'(x) = \left(x^2\right)' + (3)' = (2x) + (0)$$

$$f'(x) = 2x$$

Para acharmos o ponto crítico $PC = (x_0, f(x_0))$ de $f(x) = x^2 + 3$, igualamos sua derivada em x_0, ou seja, $f'(x_0) = 2x_0$, a zero:

$$2x_0 = 0$$

$$x_0 = 0$$

Vamos calcular a imagem de $x_0 = 0$, indicada por $f(x_0) = f(0)$:

$$f(x_0) = f(0) = (0)^2 + 3$$

$$f(0) = 3$$

Logo, o ponto crítico de $f(x) = x^2 + 3$ é $PC = (x_0, f(x_0)) = (0{,}3)$.

A derivada de segunda ordem de $f(x) = x^2 + 3$, indicada por $f''(x)$, é a derivada de $f'(x) = 2x$:

$$f''(x) = (2x)'$$

A derivada da constante 2 multiplicada por x é a constante 2 multiplicada pela derivada de x:

$$f''(x) = (2x)' = 2(x)'$$

A derivada de x em relação a x é 1, ou seja, $(x)' = 1$.

Logo:

$$f''(x) = 2(x)' = 2(1)$$

$$f''(x) = 2$$

Para todo x, temos $f''(x) > 0$, pois $f''(x)$ é constante e igual a 2 $\left(f''(x) = 2\right)$.

Concluímos que $f(x) = x^2 + 3$ tem "sempre" concavidade para cima.

Vimos que, em $x_0 = 0$, temos $f'(x_0) = f'(0) = 0$ e que $PC = (x_0, f(x_0)) = (0,3)$ é ponto crítico de $f(x) = x^2 + 3$. Como $f''(x_0) = f''(0) > 0$, pois $f''(x_0) = f''(0) = 2$, então $PC = (x_0, f(x_0)) = (0,3)$ é ponto de mínimo local de $f(x) = x^2 + 3$.

Vamos estudar o sinal de $f'(x) = 2x$. Trata-se de uma reta inclinada para direita, visto que o coeficiente que multiplica x é um número positivo (2). Essa reta passa pela origem, pois, se x for zero, $f'(x)$ é zero, ou seja, $f'(0) = 2(0) = 0$.

A seguir, temos um esquema (figura 7.2) do estudo de sinal de $f'(x) = 2x$.

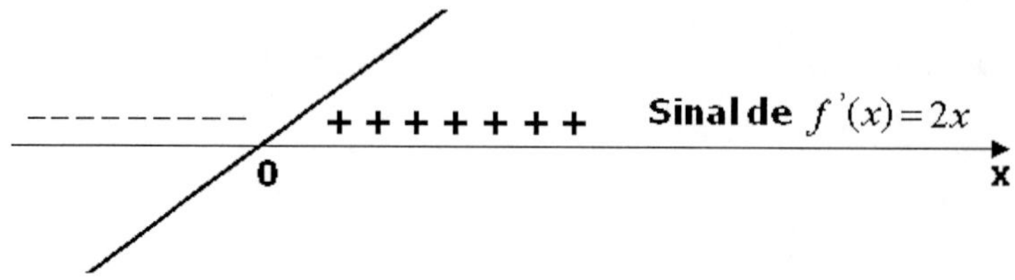

Figura 7.2. Esquema do estudo de sinal de $f'(x) = 2x$.

No esquema, os sinais negativos, assinalados acima da reta Ox, indicam o intervalo no qual $f'(x)$ tem sinal negativo (em $x < 0$) e os sinais positivos, também assinalados acima da reta Ox, indicam o intervalo no qual $f'(x)$ tem sinal positivo ($x > 0$). Em $x = 0$, $f'(x)$ vale zero, ou seja, $f'(0) = 0$.

Nos intervalos em que $f'(x)$ é negativa, a função $f(x)$ é decrescente e, nos intervalos em que $f'(x)$ é positiva, a função $f(x)$ é crescente.

Logo, concluímos que:

- $f(x) = x^2 + 3$ é decrescente para $x < 0$ e
- $f(x) = x^2 + 3$ é crescente para $x > 0$.

Na tabela 7.1, temos um esquema contendo o estudo de sinal de $f'(x) = 2x$ e os intervalos de crescimento e decrescimento de $f(x) = x^2 + 3$.

Tabela 7.1. Estudo do sinal de $f'(x) = 2x$ e variação de $f(x) = x^2 + 3$.

	$x < 0$	$x > 0$
Sinal de $f'(x) = 2x$	$f'(x) < 0$	$f'(x) > 0$
Variação de $f(x) = x^2 + 3$	$f(x)$ decrescente ↘	$f(x)$ crescente ↗

Se acompanharmos, pela tabela 7.1, a evolução de $f(x) = x^2 + 3$, vemos que $f(x) = x^2 + 3$ decresce até chegar a $x = 0$, atinge seu ponto de mínimo local em $x = 0$ e cresce a partir de $x = 0$.

Na figura 7.3, temos o gráfico de $f(x) = x^2 + 3$.

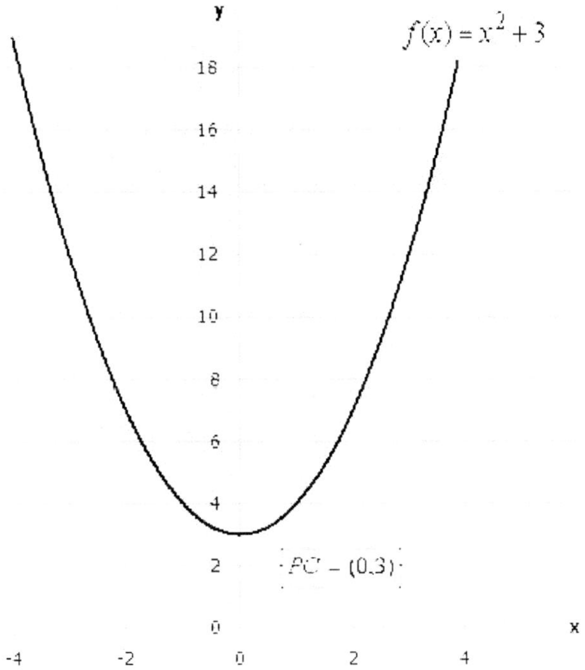

Figura 7.3. Gráfico de $f(x) = x^2 + 3$**.**

Exemplo 7.2. Estude o crescimento de $f(x) = x^3$. Calcule o ponto crítico (PC) dessa função.

Resolução

A função $f(x) = x^3$ é contínua e derivável em todo seu domínio, que corresponde aos números reais, pois, em $f(x) = x^3$, podemos substituir a variável x por qualquer número real.

A derivada de $f(x) = x^3$ é:

$$f'(x) = (x^3)'$$

Aplicamos $(x^n)' = nx^{n-1}$, com $n = 3$, para fazermos $(x^3)' = 3x^{3-1} = 3x^2$.

Logo:

$f'(x) = 3x^2$

Para acharmos o ponto crítico $PC = (x_0, f(x_0))$ de $f(x) = x^3$, igualamos sua derivada em x_0, ou seja, $f'(x_0) = 3x_0^2$, a zero:

$3x_0^2 = 0$

$x_0 = 0$

Vamos calcular a imagem de $x_0 = 0$, indicada por $f(x_0) = f(0)$:

$f(x_0) = f(0) = (0)^3 \Rightarrow f(0) = 0$

Logo, o ponto crítico de $f(x) = x^3$ é $PC = (0,0)$.

A derivada de segunda ordem de $f(x) = x^3$ é a derivada de $f'(x) = 3x^2$:

$f''(x) = (3x^2)'$

A derivada da constante 3 multiplicada por x^2 é a constante 3 multiplicada pela derivada de x^2 :

$f''(x) = (3x^2)' = 3(x^2)'$

Aplicamos $(x^n)' = nx^{n-1}$, com $n = 2$, para fazermos $(x^2)' = 2x^{2-1} = 2x$:

$f''(x) = 3(x^2)' = 3(2x)$

$f''(x) = 6x$

Vimos que, em $x_0 = 0$, temos $f'(x_0) = f'(0) = 0$ e que $PC = (x_0, f(x_0)) = (0,0)$ é ponto crítico de $f(x) = x^3$. Como $f''(x_0) = f''(0) = 0$, pois $f''(x_0) = f''(0) = 6(0) = 0$, então $PC = (x_0, f(x_0)) = (0,0)$ é ponto de inflexão horizontal de $f(x) = x^3$. Ou seja, a concavidade de $f(x) = x^3$ muda em $x = 0$.

Vamos estudar o sinal de $f'(x) = 3x^2$. Trata-se de uma parábola de concavidade voltada para cima que corta o eixo x em 0, pois $f'(0) = 3(0)^2 = 0$. Sua concavidade é voltada para cima, pois o coeficiente que multiplica x^2 é um número positivo (número 3).

A seguir, temos um esquema (figura 7.4) do estudo de sinal de $f'(x) = 3x^2$.

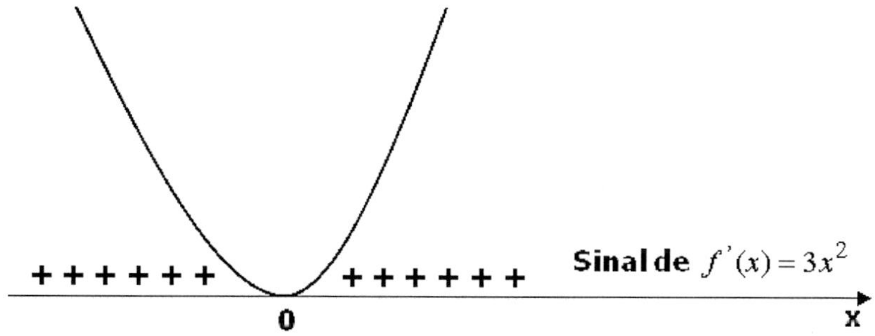

Figura 7.4. Esquema do estudo de sinal de $f'(x) = 3x^2$**.**

No esquema, os sinais positivos, assinalados acima da reta Ox, indicam os intervalos nos quais $f'(x)$ tem sinal positivo (em $x < 0$ e em $x > 0$). Em $x = 0$, $f'(x)$ vale zero, ou seja, $f'(0) = 0$.

Nos intervalos em que $f'(x)$ é positiva, a função $f(x)$ é crescente.

Logo, concluímos que $f(x) = x^3$ é crescente em $x < 0$ e em $x > 0$.

Na tabela 7.2, temos um esquema contendo o estudo de sinal de $f'(x) = 3x^2$ e os intervalos de crescimento de $f(x) = x^3$.

Tabela 7.2. Estudo do sinal de $f'(x) = 3x^2$ **e variação de** $f(x) = x^3$**.**

	$x < 0$	$x > 0$
Sinal de $f'(x) = 3x^2$	$f'(x) > 0$	$f'(x) > 0$
Variação de $f(x) = x^3$	$f(x)$ crescente ↗	$f(x)$ crescente ↗

Se acompanharmos, pela tabela 7.2, a evolução de $f(x)=x^3$, vemos que $f(x)=x^3$ cresce até chegar a $x=0$, tem mudança de concavidade em $x=0$ e continua a crescer a partir de $x=0$.

Vamos estudar o sinal de $f''(x)=6x$. Trata-se de uma reta inclinada para direita que corta o eixo x em 0. É uma reta inclinada para direita porque o coeficiente que multiplica x é um número positivo (número 6).

A seguir, temos um esquema (figura 7.5) do estudo de sinal de $f''(x)=6x$.

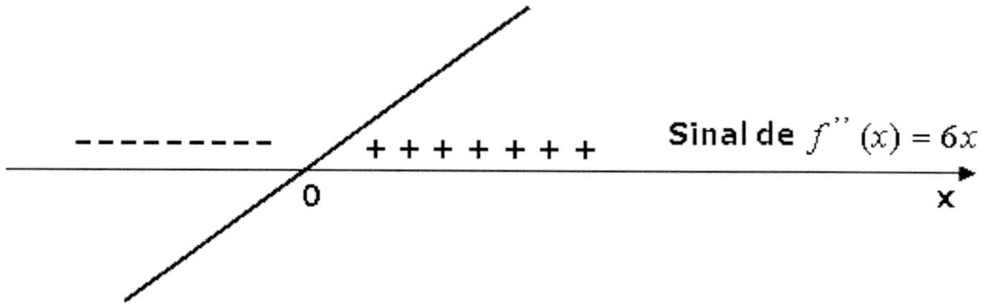

Figura 7.5. Esquema do estudo de sinal de $f''(x)=6x$.

No esquema, os sinais negativos, assinalados acima da reta Ox, indicam os intervalos nos quais $f''(x)$ tem sinal negativo (em $x<0$) e os sinais positivos, também assinalados acima da reta Ox, indicam os intervalos nos quais $f''(x)$ tem sinal positivo (em $x>0$). Em $x=0$, $f''(x)$ vale zero, ou seja, $f''(0)=0$.

Nos intervalos em que $f''(x)$ é negativa, a função $f(x)$ tem concavidade voltada para baixo e, nos intervalos em que $f''(x)$ é positiva, a função $f(x)$ tem concavidade voltada para cima. Logo, concluímos que:

- $f(x)=x^3$ tem concavidade voltada para baixo em $x<0$ e
- $f(x)=x^3$ tem concavidade voltada para cima em $x>0$

Na tabela 7.3, temos um esquema contendo o estudo de sinal de $f''(x) = 6x$ e os intervalos em que $f(x) = x^3$ tem concavidade voltada para baixo e para cima.

Tabela 7.3. Estudo do sinal de $f''(x) = 6x$ e concavidade de $f(x) = x^3$.

	$x < 0$	$x > 0$
Sinal de $f''(x) = 6x$	$f''(x) < 0$	$f''(x) > 0$
Concavidade de $f(x) = x^3$	$f(x)$: concavidade para baixo $\wedge$	$f(x)$: concavidade para cima $\vee$

Se acompanharmos, pelas tabelas 7.2 e 7.3, os sinais de $f'(x) = 3x^2$ e de $f''(x) = 6x$ associados ao ponto crítico de $f(x) = x^3$, que ocorre em $x = 0$, vemos o que segue.

- Em $x = 0$, temos $f'(0) = 0$ e $f''(0) = 0$, o que reafirma que o ponto crítico PC=(0,0) é ponto de inflexão horizontal de $f(x) = x^3$.

O gráfico de $f(x) = x^3$ está esboçado na figura 7.6.

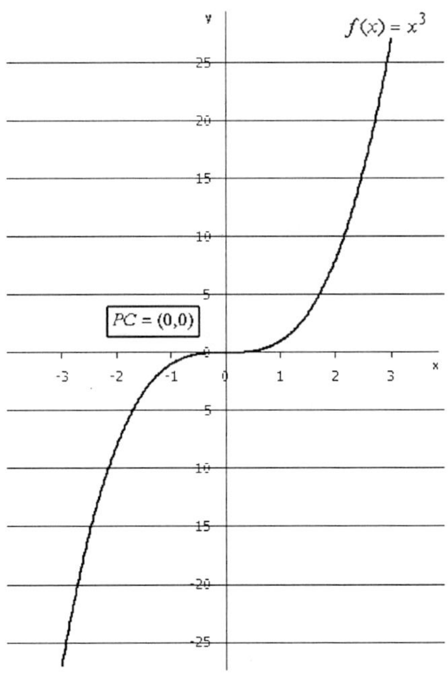

Figura 7.6. Gráfico de $f(x) = x^3$.

Exemplo 7.3. Calcule os pontos críticos (PC) de $f(x) = -\frac{3}{2}x^2 + \frac{1}{2}x^3 + \frac{1}{12}x^4$, se existirem. Calcule o ponto de máximo dessa função no intervalo $-1 \leq x \leq 3$.

Resolução

A função $f(x) = -\frac{3}{2}x^2 + \frac{1}{2}x^3 + \frac{1}{12}x^4$ é contínua e derivável em todo seu domínio, que corresponde aos números reais, pois, em $f(x) = -\frac{3}{2}x^2 + \frac{1}{2}x^3 + \frac{1}{12}x^4$, podemos substituir a variável x por qualquer número real.

A derivada de $f(x) = -\frac{3}{2}x^2 + \frac{1}{2}x^3 + \frac{1}{12}x^4$ é:

$$f'(x) = \left(-\frac{3}{2}x^2 + \frac{1}{2}x^3 + \frac{1}{12}x^4\right)'$$

A derivada da soma de funções é a soma das derivadas das funções:

$$f'(x) = \left(-\frac{3}{2}x^2 + \frac{1}{2}x^3 + \frac{1}{12}x^4\right)' = \left(-\frac{3}{2}x^2\right)' + \left(\frac{1}{2}x^3\right)' + \left(\frac{1}{12}x^4\right)'$$

Como a derivada da multiplicação de uma constante por uma função, fazemos o seguinte:

$$f'(x) = \left(-\frac{3}{2}x^2\right)' + \left(\frac{1}{2}x^3\right)' + \left(\frac{1}{12}x^4\right)' = -\frac{3}{2}\left(x^2\right)' + \frac{1}{2}\left(x^3\right)' + \frac{1}{12}\left(x^4\right)'$$

Aplicamos $\left(x^n\right)' = nx^{n-1}$, com, respectivamente, $n = 2$, $n = 3$ e $n = 4$ para fazermos $\left(x^2\right)' = 2x^{2-1} = 2x$, $\left(x^3\right)' = 3x^{3-1} = 3x^2$ e $\left(x^4\right)' = 4x^{4-1} = 4x^3$.

Logo:

$$f'(x) = -\frac{3}{2}\left(x^2\right)' + \frac{1}{2}\left(x^3\right)' + \frac{1}{12}\left(x^4\right)' = -\frac{3}{2}(2x) + \frac{1}{2}\left(3x^2\right) + \frac{1}{12}\left(4x^3\right)$$

$$f'(x) = -3x + \frac{3}{2}x^2 + \frac{1}{3}x^3$$

Para acharmos o ponto crítico $PC = (x_0, f(x_0))$ de $f(x) = -\frac{3}{2}x^2 + \frac{1}{2}x^3 + \frac{1}{12}x^4$, igualamos sua derivada em x_0, ou seja, $f'(x_0) = -3x_0 + \frac{3}{2}x_0^2 + \frac{1}{3}x_0^3$, a zero:

$$-3x_0 + \frac{3}{2}x_0^2 + \frac{1}{3}x_0^3 = 0$$

Podemos colocar x_0 em evidência:

$$x_0\left(-3 + \frac{3}{2}x_0 + \frac{1}{3}x_0^2\right) = 0$$

Para que a multiplicação de x_0 por $\left(-3 + \frac{3}{2}x_0 + \frac{1}{3}x_0^2\right)$ seja zero, devemos ter $x_0 = 0$ ou $\left(-3 + \frac{3}{2}x_0 + \frac{1}{3}x_0^2\right) = 0$:

$$x_0 = 0$$

$$-3 + \frac{3}{2}x_0 + \frac{1}{3}x_0^2 = 0 \Rightarrow \frac{1}{3}x_0^2 + \frac{3}{2}x_0 - 3 = 0$$

Precisamos calcular os valores de x_0 que fazem com que $\frac{1}{3}x_0^2 + x_0 - 3$ resulte em zero.

Para resolvermos $\frac{1}{3}x_0^2 + x_0 - 3 = 0$, usamos $ax_0^2 + bx_0 + c = 0$, com $a = \frac{1}{3}$, $b = \frac{3}{2}$ e $c = -3$, e fazemos:

$$x_0 = \frac{-b \pm \sqrt{b^2 - 4ac}}{2a}$$

$$x_0 = \frac{-\left(\frac{3}{2}\right) \pm \sqrt{\left(\frac{3}{2}\right)^2 - 4\left(\frac{1}{3}\right)(-3)}}{2\left(\frac{1}{3}\right)}$$

$$x_0 = \frac{-\frac{3}{2} \pm \sqrt{\frac{9}{4} + 4}}{\frac{2}{3}}$$

$$x_0 = \frac{-\frac{3}{2} \pm \sqrt{\frac{9+16}{4}}}{\frac{2}{3}}$$

$$x_0 = \frac{-\frac{3}{2} \pm \sqrt{\frac{25}{4}}}{\frac{2}{3}}$$

$$x_0 = \frac{-\frac{3}{2} \pm \frac{5}{2}}{\frac{2}{3}}$$

$$\begin{cases} x_0 = \left(-\frac{3}{2} - \frac{5}{2}\right)\left(\frac{3}{2}\right) = \left(-\frac{8}{2}\right)\left(\frac{3}{2}\right) = -6 \\ x_0 = \left(-\frac{3}{2} + \frac{5}{2}\right)\left(\frac{3}{2}\right) = \left(\frac{2}{2}\right)\left(\frac{3}{2}\right) = \frac{3}{2} \end{cases}$$

Vamos calcular as imagens de $x_0 = -6$, $x_0 = 0$ e $x_0 = \frac{3}{2}$, indicadas, respectivamente, por $f(-6)$, $f(0)$ e $f\left(\frac{3}{2}\right)$:

$$f(-6) = -\frac{3}{2}(-6)^2 + \frac{1}{2}(-6)^3 + \frac{1}{12}(-6)^4 = -\frac{3}{2}(36) + \frac{1}{2}(-72) + \frac{1}{12}(1296) \Rightarrow f(-6) = -54$$

$$f(0) = -\frac{3}{2}(0)^2 + \frac{1}{2}(0)^3 + \frac{1}{12}(0)^4 \Rightarrow f(0) = 0$$

$$f\left(\frac{3}{2}\right) = -\frac{3}{2}\left(\frac{3}{2}\right)^2 + \frac{1}{2}\left(\frac{3}{2}\right)^3 + \frac{1}{12}\left(\frac{3}{2}\right)^4 = -\frac{3}{2}\left(\frac{9}{4}\right) + \frac{1}{2}\left(\frac{27}{8}\right) + \frac{1}{12}\left(\frac{81}{16}\right) \Rightarrow f\left(\frac{3}{2}\right) = -1{,}266$$

Logo, os pontos críticos de $f(x) = -\frac{3}{2}x^2 + \frac{1}{2}x^3 + \frac{1}{12}x^4$ são $PC1 = (-6,-54)$, $PC2 = (0,0)$ e $PC3 = \left(\frac{3}{2},-1{,}266\right)$.

A derivada de segunda ordem de $f(x) = -\frac{3}{2}x^2 + \frac{1}{2}x^3 + \frac{1}{12}x^4$ é a derivada de $f'(x) = -3x + \frac{3}{2}x^2 + \frac{1}{3}x^3$:

$$f''(x) = \left(-3x + \frac{3}{2}x^2 + \frac{1}{3}x^3\right)'$$

A derivada da soma de funções é a soma das derivadas das funções:

$$f''(x) = \left(-3x + \frac{3}{2}x^2 + \frac{1}{3}x^3\right)' = (-3x)' + \left(\frac{3}{2}x^2\right)' + \left(\frac{1}{3}x^3\right)'$$

Como a derivada da multiplicação de uma constante por uma função, fazemos o seguinte:

$$f''(x) = (-3x)' + \left(\frac{3}{2}x^2\right)' + \left(\frac{1}{3}x^3\right)' = -3(x)' + \frac{3}{2}(x^2)' + \frac{1}{3}(x^3)'$$

Aplicamos que a derivada de x em relação a x é 1 para fazermos $(x)' = 1$.

Aplicamos $(x^n)' = nx^{n-1}$, com $n = 2$, para fazermos $(x^2)' = 2x^{2-1} = 2x$.

Aplicamos $(x^n)' = nx^{n-1}$, com $n = 3$, para fazermos $(x^3)' = 3x^{3-1} = 3x^2$.

Logo:

$$f''(x) = -3(x)' + \frac{3}{2}(x^2)' + \frac{1}{3}(x^3)' = -3(1) + \frac{3}{2}(2x) + \frac{1}{3}(3x^2)$$

$$f''(x) = -3 + 3x + x^2$$

Em $x_0 = -6$, temos $f'(-6) = 0$ e $PC1 = (-6,-54)$ é ponto crítico de $f(x) = -\frac{3}{2}x^2 + \frac{1}{2}x^3 + \frac{1}{12}x^4$. Como $f''(x_0) = f''(-6) > 0$, pois

$f''(x_0) = f''(-6) = -3 + 3(-6) + (-6)^2 = 15$, então $PC1 = (-6,-54)$ é ponto de mínimo local de $f(x) = -\frac{3}{2}x^2 + \frac{1}{2}x^3 + \frac{1}{12}x^4$.

Em $x_0 = 0$, temos $f'(0) = 0$ e $PC2 = (0,0)$ é ponto crítico de $f(x) = -\frac{3}{2}x^2 + \frac{1}{2}x^3 + \frac{1}{12}x^4$. Como $f''(x_0) = f''(0) < 0$, pois

$f''(x_0) = f''(0) = -3 + 3(0) + (0)^2 = -3$, então $PC2 = (0,0)$ é ponto de máximo local de $f(x) = -\frac{3}{2}x^2 + \frac{1}{2}x^3 + \frac{1}{12}x^4$.

Em $x_0 = \frac{3}{2}$, temos $f'\left(\frac{3}{2}\right) = 0$ e $PC3 = \left(\frac{3}{2}, -1{,}266\right)$ é ponto crítico de $f(x) = -\frac{3}{2}x^2 + \frac{1}{2}x^3 + \frac{1}{12}x^4$. Como $f''(x_0) = f''\left(\frac{3}{2}\right) > 0$, pois

$f''(x_0) = f''\left(\frac{3}{2}\right) = -3 + 3\left(\frac{3}{2}\right) + \left(\frac{3}{2}\right)^2 = 3{,}75$, então $PC3 = \left(\frac{3}{2}, -1{,}266\right)$ é ponto de mínimo local de $f(x) = -\frac{3}{2}x^2 + \frac{1}{2}x^3 + \frac{1}{12}x^4$.

Na figura 7.7, temos um esboço do gráfico de $f(x) = -\frac{3}{2}x^2 + \frac{1}{2}x^3 + \frac{1}{12}x^4$.

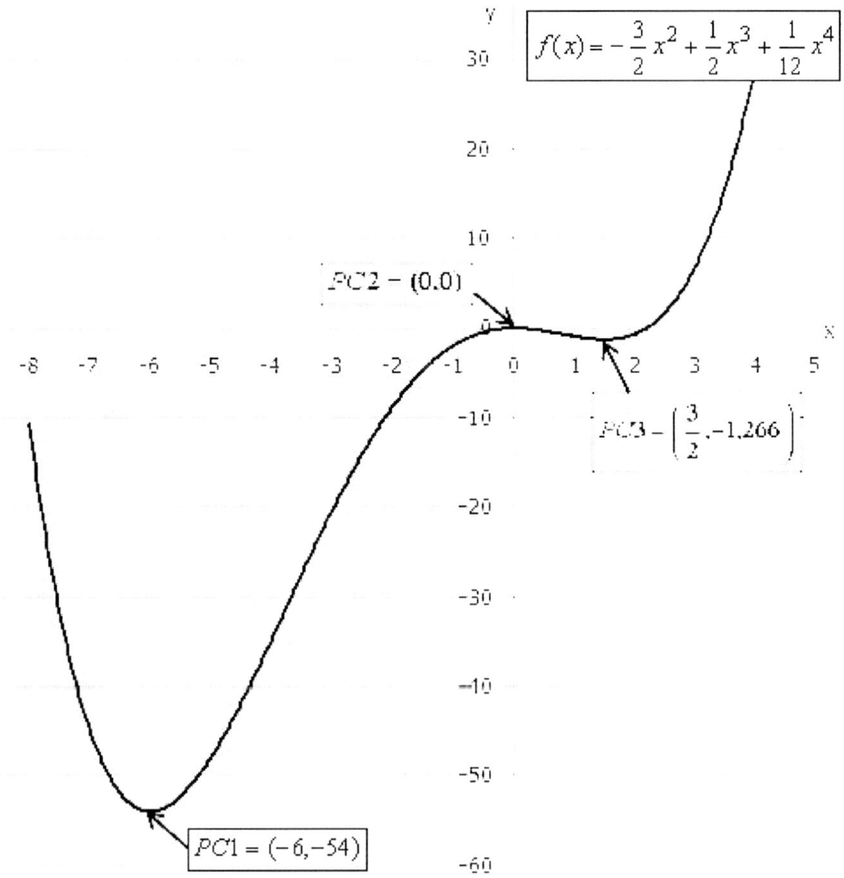

Figura 7.7. Gráfico de $f(x) = -\frac{3}{2}x^2 + \frac{1}{2}x^3 + \frac{1}{12}x^4$.

Foi pedido o ponto de máximo de $f(x) = -\frac{3}{2}x^2 + \frac{1}{2}x^3 + \frac{1}{12}x^4$ no intervalo $-1 \le x \le 3$.

Pela figura 7.7, vemos que, embora $PC2 = (0,0)$ seja ponto de máximo local de $f(x) = -\frac{3}{2}x^2 + \frac{1}{2}x^3 + \frac{1}{12}x^4$, ele não é o ponto de máximo da função no intervalo $-1 \le x \le 3$.

A partir de $x = \frac{3}{2}$, a função $f(x) = -\frac{3}{2}x^2 + \frac{1}{2}x^3 + \frac{1}{12}x^4$ é estritamente crescente e seu ponto de máximo no intervalo $-1 \le x \le 3$ ocorre em $x = 3$.

Logo, vamos calcular a imagem de $x = 3$, indicada por $f(3)$:

$$f(3) = -\frac{3}{2}(3)^2 + \frac{1}{2}(3)^3 + \frac{1}{12}(3)^4$$

$$f(3) = -\frac{3}{2}(9) + \frac{1}{2}(27) + \frac{1}{12}(81)$$

$$f(3) = \frac{27}{4}$$

Logo, o ponto de máximo de $f(x) = -\frac{3}{2}x^2 + \frac{1}{2}x^3 + \frac{1}{12}x^4$ no intervalo $-1 \le x \le 3$ é $\left(3; \frac{27}{4}\right)$.

Para construirmos gráficos com o auxílio das derivadas, vamos aplicar os passos indicados a seguir.

PASSOS PARA CONSTRUIRMOS GRÁFICOS COM O AUXÍLIO DAS DERIVADAS.

PASSO I. Domínio de $f(x)$, indicado por D_f.

Para determinarmos o domínio D_f da função $f(x)$, verificamos quais são os possíveis valores que a variável x pode assumir.

PASSO II. Raízes do gráfico de $f(x)$: pontos em que $f(x) = 0$.

As raízes de $f(x)$, se existirem, são os pontos em que a função "corta" o eixo horizontal (eixo x). Para calcularmos esses pontos, fazemos $f(x) = 0$.

PASSO III. Ponto em que o gráfico de $f(x)$ cruza o eixo vertical: ponto em que $x = 0$.

O ponto em que $f(x)$ "corta" o eixo vertical (eixo y), se existir, é calculado substituindo-se x por 0 em $f(x)$. Ou seja, calcula-se $f(0)$.

PASSO IV. Derivada de $f(x)$: $f'(x)$.

A derivada de $f(x)$, indicada por $f'(x)$, pode ser obtida pela aplicação das propriedades e das regras de derivação.

PASSO V. Pontos críticos (PC) de $f(x)$: pontos em que $f'(x)=0$.

Para calcularmos os pontos críticos de $f(x)$, se existirem, igualamos sua derivada $f'(x)$ a zero.

Ou seja, fazemos $f'(x)=0$.

PASSO VI. Estudo do sinal da derivada de $f(x)$: sinal de $f'(x)$.

Fazemos o estudo do sinal de $f'(x)$ para verificarmos os intervalos em que $f(x)$ é crescente e os intervalos em que $f(x)$ é decrescente, se isso ocorrer.

Devemos lembrar que, para a função $f(x)$ contínua em um intervalo I e derivável nos pontos internos a I, temos o que segue.

- Se, para todo x interno a I, tivermos $f'(x)>0$, então $f(x)$ é crescente em I.
- Se, para todo x interno a I, tivermos $f'(x)<0$, então $f(x)$ é decrescente em I.

PASSO VII. Derivada de segunda ordem de $f(x)$: $f''(x)$.

A derivada de segunda ordem de $f(x)$, indicada por $f''(x)$, é a derivada de $f'(x)$.

PASSO VIII. Estudo do sinal da derivada de segunda ordem de $f(x)$: sinal de $f''(x)$.

Fazemos o estudo do sinal de $f''(x)$ para verificarmos os intervalos em que $f(x)$ tem concavidade voltada para cima e os intervalos em que $f(x)$ tem concavidade voltada para baixo.

Devemos lembrar que, para a função $f(x)$ contínua em um intervalo I e derivável até segunda ordem nos pontos internos a I, sendo $f''(x)$ a derivada de segunda ordem de $y = f(x)$, temos o que segue.

- Se, para todo x interno a I, tivermos $f''(x) > 0$, então $f(x)$ tem concavidade para cima em I.
- Se, para todo x interno a I, tivermos $f''(x) < 0$, então $f(x)$ tem concavidade para baixo em I.

Além disso, se, em um ponto $P = (x_0, y_0)$ da função $f(x)$ contínua em um intervalo I e derivável nos pontos internos a I, com x_0 interno a I, tivermos:

- $f'(x_0) = 0$ e $f''(x_0) < 0$, então $P = (x_0, y_0)$ é ponto de máximo local de $f(x)$;
- $f'(x_0) = 0$ e $f''(x_0) > 0$, então $P = (x_0, y_0)$ é ponto de mínimo local de $f(x)$.

No caso de $P = (x_0, y_0)$ ser ponto de inflexão horizontal de $y = f(x)$, temos $f'(x_0) = 0$ e $f''(x_0) = 0$.

PASSO IX. Tendências de $f(x)$ quando x tende a $-\infty$ e quando x tende a $+\infty$.

As tendências de $f(x)$ quando x tende a $-\infty$ (ou seja, quando x assume valores "negativos e muito grandes em módulo") e quando x tende a $+\infty$ (ou seja, quando x assume valores "muito grandes") auxiliam na visualização mais completa do gráfico da função.

PASSO X. Resumo de informações e gráfico de $f(x)$.

Fazemos um resumo de todas as informações obtidas nos passos anteriores para traçarmos o gráfico de $f(x)$.

Vamos aplicar o que vimos nos exemplos a seguir.

Exemplo 7.4. Esboce o gráfico de $f(x) = x^3 - 3x$.

Resolução

PASSO I. Domínio de $f(x) = x^3 - 3x$.

Podemos substituir x por qualquer número real em $f(x) = x^3 - 3x$.

Ou seja, em $f(x) = x^3 - 3x$, x pode ser "trocado", por zero, por números positivos, por números negativos, por números inteiros, por números fracionários etc.

Logo, o domínio dessa função é o conjunto dos números reais, indicado por $D_f = \Re$.

PASSO II. Raízes do gráfico de $f(x) = x^3 - 3x$.

Se fizermos $f(x) = 0$, temos as raízes do gráfico de $f(x) = x^3 - 3x$:

$$x^3 \quad 3x = 0$$

Podemos colocar x em evidência:

$$x\left(x^2 - 3\right) = 0$$

Para que o produto de x por $x^2 - 3$ seja zero, ou x é zero ou $x^2 - 3$ é zero:

- $x = 0$
- $x^2 - 3 = 0 \Rightarrow x^2 = 3 \Rightarrow \begin{cases} x = -\sqrt{3} \\ x = \sqrt{3} \end{cases}$

Logo, o gráfico de $f(x) = x^3 - 3x$ corta o eixo horizontal nos pontos $(0,0)$, $\left(-\sqrt{3},0\right)$ e $\left(\sqrt{3},0\right)$.

PASSO III. Ponto em que o gráfico de $f(x) = x^3 - 3x$ **cruza o eixo vertical.**

Se substituirmos x por 0 em $f(x) = x^3 - 3x$, temos o local em que o gráfico cruza o eixo vertical:

$$f(0) = (0)^3 - 3(0) = 0$$

Logo, o gráfico de $f(x) = x^3 - 3x$ passa pelo ponto (0,0), ou seja, esse gráfico "corta" o eixo vertical na posição y=0.

PASSO IV. Derivada de $f(x) = x^3 - 3x$.

A derivada de $f(x) = x^3 - 3x$ é:

$$f'(x) = \left(x^3 - 3x\right)'$$

A derivada da subtração de funções é a subtração das derivadas das funções:

$$f'(x) = \left(x^3 - 3x\right)' = \left(x^3\right)' - (3x)'$$

A derivada da multiplicação da constante 3 por x é a constante 3 multiplicada pela derivada de x:

$$f'(x) = \left(x^3\right)' - 3(x)'$$

Aplicamos $\left(x^n\right)' = nx^{n-1}$, com $n = 3$, para fazermos $\left(x^3\right)' = 3x^{3-1} = 3x^2$.

Aplicamos $(x)' = 1$ para fazermos da derivada de x em relação a x.

Logo:

$$f'(x) = \left(x^3\right)' - 3(x)' = \left(3x^2\right) - 3(1)$$

$$f'(x) = 3x^2 - 3$$

PASSO V. Pontos críticos (PC) de $f(x) = x^3 - 3x$.

Para acharmos os pontos críticos (PC) de $f(x) = x^3 - 3x$, igualamos sua derivada, $f'(x) = 3x^2 - 3$, a zero:

$$3x^2 - 3 = 0$$

Colocamos o fator 3 em evidência:

$$3\left(x^2 - 1\right) = 0$$

Para que $3\left(x^2 - 1\right)$ seja zero, $x^2 - 1$ deve ser zero:

$x^2 - 1 = 0$

$x^2 = 1$

$x = -1 \;\; e \;\; x = 1$

Vamos calcular as imagens de $x = -1$ e de $x = 1$, indicadas, respectivamente, por $f(-1)$ e $f(1)$:

$f(-1) = (-1)^3 - 3(-1) \Rightarrow f(-1) = 2$

$f(1) = (1)^3 - 3(1) \Rightarrow f(1) = -2$

Logo, os pontos críticos de $f(x) = x^3 - 3x$ são $PC1 = (-1{,}2)$ e $PC2 = (1{,}-2)$.

PASSO VI. Estudo do sinal da derivada de $f(x) = x^3 \quad 3x$.

Vimos que a derivada de $f(x) = x^3 - 3x$ é:

$f'(x) = 3x^2 - 3$

No caso, $f'(x) = 3x^2 - 3$ é uma função do segundo grau, cujas raízes são -1 e 1, conforme calculado no passo IV.

Logo, $f'(x) = 3x^2 - 3$ é uma parábola de concavidade voltada para cima que corta o eixo x em -1 e em 1. Sua concavidade é voltada para cima porque o coeficiente que multiplica x^2 é um número positivo (3).

A seguir, temos um esquema (figura 7.8) do estudo de sinal de $f'(x) = 3x^2 - 3$.

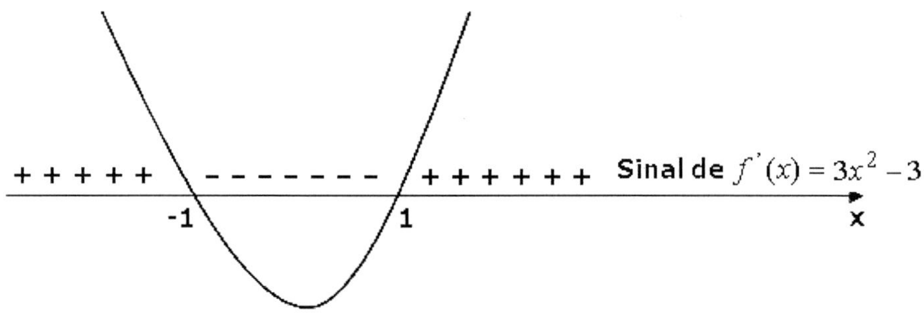

Figura 7.8. Esquema do estudo de sinal de $f'(x) = 3x^2 - 3$**.**

No esquema, os sinais positivos, assinalados acima da reta Ox, indicam os intervalos nos quais $f'(x)$ tem sinal positivo (ou seja, em $x<-1$ e em $x>1$) e os sinais negativos, também assinalados acima da reta Ox, indicam os intervalos nos quais $f'(x)$ tem sinal negativo (ou seja, em $-1<x<1$). Em $x=-1$ e em $x=1$, $f'(x)$ vale zero, ou seja, $f'(-1)=0$ e $f'(1)=0$.

Nos intervalos em que $f'(x)$ é positiva, a função $f(x)$ é crescente e, nos intervalos em que $f'(x)$ é negativa, a função $f(x)$ é decrescente.

Logo, concluímos que:

- $f(x)=x^3-3x$ é crescente em $x<-1$ e em $x>1$ e
- $f(x)=x^3-3x$ é decrescente em $-1<x<1$.

Na tabela 7.4, temos um esquema contendo o estudo de sinal de $f'(x)=3x^2-3$ e os intervalos de crescimento e de decrescimento de $f(x)=x^3-3x$.

Tabela 7.4. Estudo do sinal de $f'(x)=3x^2-3$ e variação de $f(x)=x^3-3x$.

	$x<-1$	$-1<x<1$	$x>1$
Sinal de $f'(x)=3x^2-3$	$f'(x)>0$	$f'(x)<0$	$f'(x)>0$
Variação de $f(x)=x^3-3x$	$f(x)$ crescente ↗	$f(x)$ decrescente ↘	$f(x)$ crescente ↗

Se acompanharmos, pela tabela 7.4, a evolução de $f(x)=x^3-3x$, vemos que $f(x)=x^3-3x$ cresce até chegar a $x=-1$, atinge seu ponto de máximo local em $x=-1$, decresce até chegar a $x=1$, atinge seu ponto de mínimo local em $x=1$ e volta a crescer.

PASSO VII. Derivada de segunda ordem de $f(x) = x^3 - 3x$.

A derivada de segunda ordem de $f(x) = x^3 - 3x$, indicada por $f''(x)$, é a derivada de $f'(x) = 3x^2 - 3$:

$$f''(x) = \left(3x^2 - 3\right)'$$

A derivada da subtração de funções é a subtração das derivadas das funções:

$$f''(x) = \left(3x^2 - 3\right)' = \left(3x^2\right)' - (3)'$$

A derivada da multiplicação da constante 3 por x^2 é a constante 3 multiplicada pela derivada de x^2:

$$f''(x) = 3\left(x^2\right)' - (3)'$$

Aplicamos $\left(x^n\right)' = nx^{n-1}$, com $n = 2$, para fazermos $\left(x^2\right)' = 2x^{2-1} = 2x$.

Aplicamos que a derivada da constante é zero para fazermos $(3)' = 0$.

Logo:

$$f''(x) = 3(2x) - (0)$$

$$f''(x) = 6x$$

PASSO VIII. Estudo do sinal da derivada de segunda ordem de $f(x) = x^3 - 3x$.

Vimos que a derivada de segunda ordem $f(x) = x^3 - 3x$ é:

$$f''(x) = 6x$$

No caso, $f''(x) = 6x$ é uma função do primeiro grau, cuja raiz é $x = 0$, pois:

$$f''(x) = 0$$

$$6x = 0$$

$$x = \frac{0}{6}$$

$$x = 0$$

Logo, $f''(x) = 6x$ é uma reta inclinada para direita que corta o eixo x em 0. Trata-se de uma reta inclinada para direita porque o coeficiente que multiplica x é um número positivo (6).

A seguir, temos um esquema (figura 7.9) do estudo de sinal de $f''(x) = 6x$.

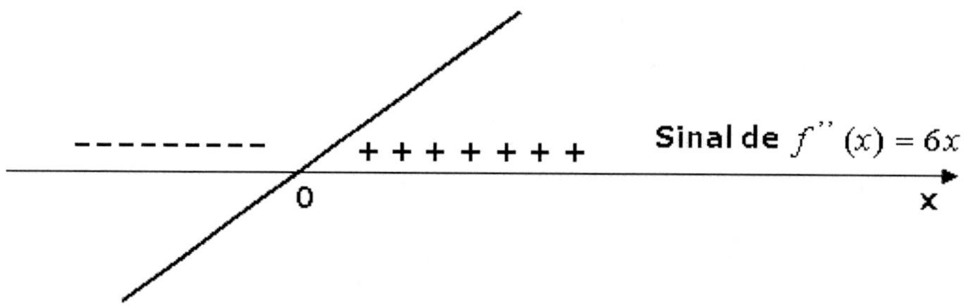

Figura 7.9. Esquema do estudo de sinal de $f''(x) = 6x$.

No esquema, os sinais negativos, assinalados acima da reta Ox, indicam os intervalos nos quais $f''(x)$ tem sinal negativo (ou seja, em $x < 0$) e os sinais positivos, também assinalados acima da reta Ox, indicam os intervalos nos quais $f''(x)$ tem sinal positivo (ou seja, em $x > 0$). Em $x = 0$, $f''(x)$ vale zero, ou seja, $f''(0) = 0$.

Nos intervalos em que $f''(x)$ é negativa, a função $f(x)$ tem concavidade voltada para baixo e, nos intervalos em que $f''(x)$ é positiva, a função $f(x)$ tem concavidade voltada para cima. Logo, concluímos que:

- $f(x) = x^3 - 3x$ tem concavidade voltada para baixo em $x < 0$ e
- $f(x) = x^3 - 3x$ tem concavidade voltada para cima em $x > 0$.

Na tabela 7.5, temos um esquema contendo o estudo de sinal de $f''(x) = 6x$ e os intervalos em que $f(x) = x^3 - 3x + 1$ tem concavidade voltada para baixo e para cima.

Tabela 7.5. Estudo do sinal de $f''(x) = 6x$ e variação de $f(x) = x^3 - 3x$.

	$x < 0$	$x > 0$
Sinal de $f''(x) = 6x$	$f''(x) < 0$	$f''(x) > 0$
Concavidade de $f(x) = x^3 - 3x$	$f(x)$: concavidade para baixo $\wedge$	$f(x)$: concavidade para cima $\vee$

Se acompanharmos, pelas tabelas 7.4 e 7.5, os sinais de $f'(x) = 3x^2 - 3$ e de $f''(x) = 6x$ associados aos pontos críticos $f(x) = x^3 - 3x$, que ocorrem em $x = -1$ e em $x = 1$, vemos o que segue.

- Em $x = -1$, temos $f'(-1) = 0$ e $f''(-1) < 0$, o que reafirma que o ponto crítico PC1=(-1,4) é ponto de máximo local de $f(x) = x^3 - 3x$.
- Em $x = 1$, temos $f'(1) = 0$ e $f''(-1) > 0$, o que reafirma que o ponto crítico PC2=(1,-2) é ponto de mínimo local de $f(x) = x^3 - 3x$.

PASSO IX. Tendências de $f(x) = x^3 - 3x$ quando x tende a $+\infty$ e quando x tende a $-\infty$.

Se x tende a $+\infty$, ou seja, se a variável x for assumindo valores positivos e cada vez maiores, o valor da função $f(x) = x^3 - 3x$ é predominantemente dado pelo termo em x^3. Assim, se x tende a $+\infty$, a função $f(x) = x^3 - 3x$ tende a $+\infty$.

Se x tende a $-\infty$, ou seja, se a variável for assumindo valores negativos e cada vez maiores em módulo, o valor da função $f(x) = x^3 - 3x$ é predominantemente dado do termo em x^3. Assim, se x tende a $-\infty$, a função $f(x) = x^3 - 3x$ tende a $-\infty$.

PASSO X. Resumo de informações e gráfico de $f(x)=x^3-3x$.

A função $f(x)=x^3-3x$ é uma função polinomial de terceiro grau, contínua, que tem como domínio todos os números reais.

Sobre essa função, vimos o que está resumido a seguir.

- O gráfico de $f(x)=x^3-3x$ corta o eixo horizontal nos pontos $(-\sqrt{3},0)$, $(0,0)$ e $(\sqrt{3},0)$, ou seja, esse gráfico "corta" o eixo x nas posições $x=-\sqrt{3}$, $x=0$ e $x=\sqrt{3}$.
- O gráfico de $f(x)=x^3-3x$ passa pelo ponto (0,0), ou seja, esse gráfico "corta" o eixo y na posição $y=0$.
- $f(x)=x^3-3x$ é crescente em $x<-1$ e em $x>1$ e $f(x)=x^3-3x$ é decrescente em $-1<x<1$.
- $f(x)=x^3-3x$ tem concavidade voltada para baixo em $x<0$ e $f(x)=x^3-3x$ tem concavidade voltada para cima em $x>0$.
- Em $x=-1$, temos $f'(-1)=0$ e $f''(-1)<0$, o que reafirma que o ponto crítico $PC1=(-1,2)$ é ponto de máximo local de $f(x)=x^3-3x$.
- Em $x=-1$, temos $f'(1)=0$ e $f''(-1)>0$, o que reafirma que o ponto crítico $PC2=(1,-2)$ é ponto de mínimo local de $f(x)=x^3-3x$.
- Se x tende a $+\infty$, a função $f(x)=x^3-3x$ tende a $+\infty$.
- Se x tende a $-\infty$, a função $f(x)=x^3-3x$ tende a $-\infty$.

Com base nesse conjunto de informações, podemos construir o gráfico de $f(x)=x^3-3x$, mostrado na figura 7.10.

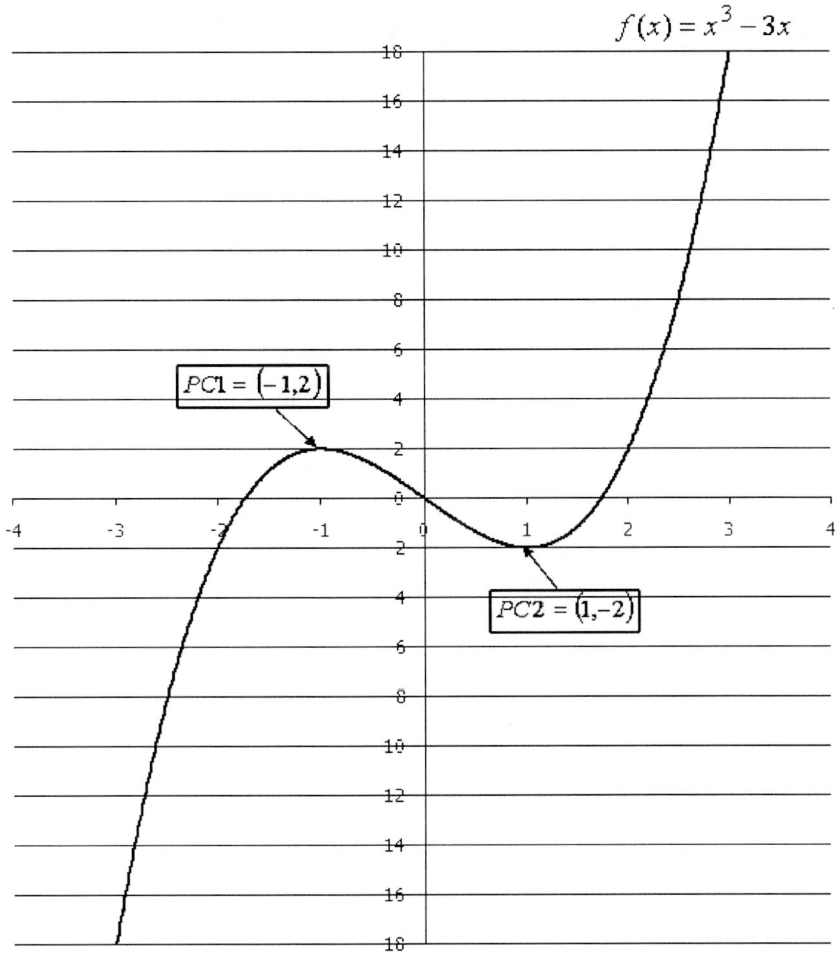

Figura 7.10. Gráfico de $f(x)=x^3-3x$ **.**

Exemplo 7.5. Esboce o gráfico de $f(x)=\dfrac{x+6}{x-2}$.

Resolução

PASSO I. Domínio de $f(x)=\dfrac{x+6}{x-2}$.

Não podemos substituir x por qualquer número real em $f(x)=\dfrac{x+6}{x-2}$, pois o denominador da fração não pode ser zero. Ou seja:

$x-2\neq 0$

$x\neq 2$

Vemos que, em $f(x)=\dfrac{x+6}{x-2}$, x não pode ser "trocado" por 2.

Logo, o domínio dessa função é o conjunto de todos os números reais, com exceção do número 2. Ou seja:

$D_f = \Re - \{2\}$

PASSO II. Raízes do gráfico de $f(x) = \dfrac{x+6}{x-2}$.

Se fizermos $f(x) = 0$, temos as raízes do gráfico de $f(x) = \dfrac{x+6}{x-2}$:

$$\frac{x+6}{x-2} = 0$$

Para que a divisão de $x+6$ por $x-2$ seja zero, o numerador $x+6$ deve ser zero, sendo que $x-2$ é diferente de zero:

$x + 6 = 0$

$x = -6$

Logo, o gráfico de $f(x) = \dfrac{x+6}{x-2}$ corta o eixo horizontal no ponto $(-6{,}0)$.

PASSO III. Ponto em que o gráfico de $f(x) = \dfrac{x+6}{x-2}$ **cruza o eixo vertical.**

Se substituirmos x por 0 em $f(x) = \dfrac{x+6}{x-2}$, temos o local em que o gráfico cruza o eixo vertical:

$$f(0) = \frac{0+6}{0-2} = \frac{6}{-2}$$

$f(0) = -3$

Logo, o gráfico de $f(x) = \dfrac{x+6}{x-2}$ passa pelo ponto $(0,-3)$, ou seja, esse gráfico corta o eixo vertical na posição y=-3.

PASSO IV. Derivada de $f(x)=\dfrac{x+6}{x-2}$.

A derivada de $f(x)=\dfrac{x+6}{x-2}$ é:

$$f'(x)=\left(\frac{x+6}{x-2}\right)'$$

Para derivarmos $f(x)=\dfrac{x+6}{x-2}$ em relação à variável x, usamos a propriedade indicada a seguir, pois temos uma "divisão" de duas funções:

$$\left(\frac{h(x)}{g(x)}\right)'=\frac{h'(x)g(x)-h(x)g'(x)}{(g(x))^2}$$

Se fizermos $h(x)=x+6$ e $g(x)=x-2$, ficamos com:

$$f'(x)=\frac{(x+6)'(x-2)-(x+6)(x-2)'}{(x-2)^2}.$$

Como a derivada da soma ou da subtração de funções é a soma ou a subtração das derivadas das funções, temos o seguinte:

$$(x+6)'=(x)'+(6)'$$

$$(x-2)'=(x)'-(2)'$$

Como $(x)'=1$ e a derivada da constante é zero, temos o seguinte:

$$(x+6)'=(x)'+(6)'=(1)+(0)\Rightarrow(x+6)'=1$$

$$(x-2)'=(x)'-(2)'=(1)-(0)\Rightarrow(x-2)'=1$$

Se aplicarmos $(x+6)'=1$ e $(x-2)'=1$ em $f'(x)=\dfrac{(x+6)'(x-2)-(x+6)(x-2)'}{(x-2)^2}$, ficamos com:

$$f'(x) = \frac{(1)(x-2)-(x+6)(1)}{(x-2)^2}$$

$$f'(x) = \frac{x-2-x-6}{(x-2)^2}$$

$$f'(x) = \frac{-8}{(x-2)^2}$$

PASSO V. Pontos críticos (PC) de $f(x) = \frac{x+6}{x-2}$.

Para acharmos os pontos críticos (PC) de $f(x) = \frac{x+6}{x-2}$, igualamos sua derivada, $f'(x) = \frac{-8}{(x-2)^2}$, a zero:

$$\frac{-8}{(x-2)^2} = 0$$

Como o numerador -8 de $\frac{-8}{(x-2)^2}$ nunca é zero, $\frac{-8}{(x-2)^2}$ nunca é zero.

Logo, $f(x) = \frac{x+6}{x-2}$ não tem pontos críticos.

PASSO VI. Estudo do sinal da derivada de $f(x) = \frac{x+6}{x-2}$.

Vimos que a derivada de $f(x) = \frac{x+6}{x-2}$ é:

$$f'(x) = \frac{-8}{(x-2)^2}$$

Em $f'(x) = \frac{-8}{(x-2)^2}$, não podemos substituir por 2, pois não se define a divisão por zero.

Se $x < 2$ e se $x > 2$, $f'(x) = \frac{-8}{(x-2)^2}$ é negativa, pois:

- o numerador -8 é sempre negativo, visto que se trata de uma constante negativa;
- o denominador $(x-2)^2$ é sempre positivo, visto que, se substituirmos x por qualquer número, $(x-2)$ elevado ao quadrado resulta em um número positivo;
- a divisão de um número negativo por um número positivo gera um resultado negativo.

Nos intervalos em que $f'(x)$ é negativa (em $x<2$ e $x>2$) a função $f(x)$ é crescente. Em $x=2$, $f'(x)$ não é definida.

Na tabela 7.6, temos um esquema contendo o estudo de sinal de $f'(x)=\dfrac{-8}{(x-2)^2}$ e os intervalos de crescimento de $f(x)=\dfrac{x+6}{x-2}$.

Tabela 7.6. Estudo do sinal de $f'(x)=\dfrac{-8}{(x-2)^2}$ e variação de $f(x)=\dfrac{x+6}{x-2}$.

	$x<2$	$x>2$
Sinal de $f'(x)=\dfrac{-8}{(x-2)^2}$	$f'(x)>0$	$f'(x)>0$
Variação de $f(x)=\dfrac{x+6}{x-2}$	$f(x)$ crescente ↗	$f(x)$ crescente ↗

Se acompanharmos, pela tabela 7.6, a evolução de $f(x)=\dfrac{x+6}{x-2}$, vemos que essa função cresce até chegar a $x=2$, não é definida em $x=2$ e continua a crescer a partir de $x=2$.

PASSO VII. Derivada de segunda ordem de $f(x)=\dfrac{x+6}{x-2}$.

A derivada de segunda ordem de $f(x)=\dfrac{x+6}{x-2}$, indicada por $f''(x)$, é a derivada de $f'(x)=\dfrac{-8}{(x-2)^2}$:

$$f''(x) = \left(\frac{-8}{(x-2)^2} \right)'$$

Visto que $\frac{1}{a^b} = a^{-b}$, se fizermos $a = (x-2)$ e $b = 2$ podemos escrever $\frac{-8}{(x-2)^2}$ como $-8(x-2)^{-2}$, pois:

$$\frac{-8}{(x-2)^2} = -8\frac{1}{(x-2)^2} = -8(x-2)^{-2}$$

Substituindo $\frac{-8}{(x-2)^2}$ por $-8(x-2)^{-2}$ em $f''(x) = \left(\frac{-8}{(x-2)^2} \right)'$, ficamos com:

$$f''(x) = \left(\frac{-8}{(x-2)^2} \right)' = \left(-8(x-2)^{-2}\right)'$$

A derivada da multiplicação da constante -8 por $(x-2)^{-2}$ é a constante -8 multiplicada pela derivada de $(x-2)^{-2}$:

$$f''(x) = \left(-8(x-2)^{-2}\right)' = -8\left((x-2)^{-2}\right)'$$

Da tabela de derivadas, temos que $(u^n)' = nu'u^{n-1}$. Se fizermos $u = (x-2)$ e $n = -2$, ficamos com:

$$f''(x) = -8\left((x-2)^{-2}\right)' = -8(-2)(x-2)'(x-2)^{-2-1}$$

$$f''(x) = 16(x-2)'(x-2)^{-3}$$

A derivada da subtração de funções é a subtração das derivadas das funções:

$$(x-2)' = (x)' - (2)'$$

A derivada da constante é zero, ou seja, $(2)' = 0$, e $(x)' = 1$:

$(x-2)' = (x)' - (2)' = (1)-(0) \Rightarrow (x-2)' = 1$

Se substituirmos $(x-2)'$ por 1 em $f''(x) = 16(x-2)'(x-2)^{-3}$, ficamos com:

$f''(x) = 16(1)(x-2)^{-3}$

$f''(x) = 16(x-2)^{-3}$

$f''(x) = \dfrac{16}{(x-2)^3}$

PASSO VIII. Estudo do sinal da derivada de segunda ordem de $f(x) = \dfrac{x+6}{x-2}$.

Vimos que a derivada de segunda ordem $f(x) = \dfrac{x+6}{x-2}$ é:

$f''(x) = \dfrac{16}{(x-2)^3}$

Em $f''(x) = \dfrac{16}{(x-2)^3}$, não podemos substituir por 2.

Se $x < 2$, $f''(x) = \dfrac{16}{(x-2)^3}$ é negativa, e, se $x > 2$, $f''(x) = \dfrac{16}{(x-2)^3}$ é positiva, conforme segue.

- O numerador 16 é sempre positivo, visto que se trata de uma constante positiva.
- O denominador $(x-2)^3$ é negativo se $x < 2$.
- O denominador $(x-2)^3$ é positivo se $x > 2$.
- A fração $\dfrac{16}{(x-2)^3}$ resulta em um valor negativo se dividirmos 16 por um valor negativo, ou seja, isso acontece em $x < 2$.
- A fração $\dfrac{16}{(x-2)^3}$ resulta em um valor positivo se dividirmos 16 por um valor positivo, ou seja, isso acontece em $x > 2$.

Nos intervalos em que $f''(x)$ é negativa (em $x < 2$), a função $f(x)$ tem concavidade voltada para baixo, e, nos intervalos em que $f''(x)$ é positiva (em $x > 2$), a função $f(x)$ tem concavidade voltada para cima. Em $x = 2$, $f''(x)$ não é definida.

Na tabela 7.7, temos um esquema contendo o estudo de sinal de $f''(x) = \dfrac{16}{(x-2)^3}$ e os intervalos em que $f(x) = \dfrac{x+6}{x-2}$ tem concavidade voltada para baixo e para cima.

Tabela 7.7. Estudo do sinal de $f''(x) = \dfrac{16}{(x-2)^3}$ e variação de $f(x) = \dfrac{x+6}{x-2}$.

	$x < 2$	$x > 2$
Sinal de $f''(x) = \dfrac{16}{(x-2)^3}$	$f''(x) < 0$	$f''(x) > 0$
Concavidade de $f(x) = \dfrac{x+6}{x-2}$	$f(x)$: concavidade para baixo ∧	$f(x)$: concavidade para cima ∨

PASSO IX. Tendências de $f(x) = \dfrac{x+6}{x-2}$ quando x tende a $+\infty$ e quando x tende a $-\infty$.

Se x tende a $+\infty$, ou seja, se a variável for x assumindo valores positivos e cada vez maiores, o valor da função $f(x) = \dfrac{x+6}{x-2}$ é predominantemente dado por x no numerador e por x no denonimador, sendo ambos positivos, o que resulta em 1, pois $\dfrac{x}{x} = 1$. Assim, se x tende a $+\infty$, a função $f(x) = \dfrac{x+6}{x-2}$ tende a 1.

Se x tende a $-\infty$, ou seja, se a variável for assumindo valores negativos e cada vez maiores em módulo, o valor da função $f(x) = \dfrac{x+6}{x-2}$ é predominantemente dado por x no numerador e por

x no denonimador, sendo ambos negativos, o que resulta em 1, pois $\frac{x}{x}=1$. Assim, se x tende a $-\infty$, a função $f(x)=\frac{x+6}{x-2}$ tende a 1.

Vemos que y=1 é uma reta horizontal que limita o gráfico de $f(x)=\frac{x+6}{x-2}$ quando x tende a $+\infty$ e quando x tende a $-\infty$: y=1 recebe o nome de assíntota horizontal de $f(x)=\frac{x+6}{x-2}$.

PASSO X. Resumo de informações e gráfico de $f(x)=\frac{x+6}{x-2}$.

A função $f(x)=\frac{x+6}{x-2}$ é uma função dada pelo quociente de $x+6$ e $x-2$, ou seja, pela divisão de $x+6$ por $x-2$. Assim, não podemos substituir x por 2 em $f(x)=\frac{x+6}{x-2}$, pois não se define divisão por zero.

Sobre essa função, vimos o que está resumido a seguir.

- O gráfico de $f(x)=\frac{x+6}{x-2}$ corta o eixo horizontal no ponto $(-6,0)$.
- O gráfico de $f(x)=\frac{x+6}{x-2}$ passa pelo ponto $(0,-3)$, ou seja, esse gráfico corta o eixo vertical na posição $y=-3$.
- $f(x)=\frac{x+6}{x-2}$ não tem pontos críticos.
- $f(x)=\frac{x+6}{x-2}$ é crescente em $x<2$ e em $x>2$.
- $f(x)=\frac{x+6}{x-2}$ tem concavidade voltada para baixo em $x<2$ e $f(x)=\frac{x+6}{x-2}$ tem concavidade voltada para cima em $x>2$.
- Se x tende a $+\infty$, a função $f(x)=\frac{x+6}{x-2}$ tende a 1.

- Se x tende a $-\infty$, a função $f(x) = \dfrac{x+6}{x-2}$ tende a 1.

- $y = 1$ é uma reta horizontal que limita o gráfico de $f(x) = \dfrac{x+6}{x-2}$ quando x tende a $+\infty$ e quando x tende a $-\infty$, ou seja, $y = 1$ é assíntota horizontal de $f(x) = \dfrac{x+6}{x-2}$.

Adicionalmente, temos o que segue.

- Se x assume valores menores do que 2 e cada vez mais próximos de 2, $x-2$ resulta em valores negativos e cada vez mais próximos de 0 e $f(x) = \dfrac{x+6}{x-2}$ resulta em valores negativos e cada vez maiores em módulos. Ou seja, se x assume valores menores do que 2 e cada vez mais próximos de 2, $f(x) = \dfrac{x+6}{x-2}$ tende a $-\infty$. Também podemos dizer que, se x tende a 2 pela esquerda, $f(x) = \dfrac{x+6}{x-2}$ tende a $-\infty$.

- Se x assume valores maiores do que 2 e cada vez mais próximos de 2, $x-2$ resulta em valores positivos e cada vez mais próximos de 0 e $f(x) = \dfrac{x+6}{x-2}$ resulta em valores positivos e cada vez maiores em módulos. Ou seja, se x assume valores maiores do que 2 e cada vez mais próximos de 2, $f(x) = \dfrac{x+6}{x-2}$ tende a $+\infty$. Também podemos dizer que, se x tende a 2 pela direita, $f(x) = \dfrac{x+6}{x-2}$ tende a $+\infty$.

- $x = 2$ é uma reta vertical que limita o gráfico de $f(x) = \dfrac{x+6}{x-2}$ quando x tende a 2 pela esquerda e pela direita. Dizemos que $x = 2$ é assíntota vertical de $f(x) = \dfrac{x+6}{x-2}$.

Com base nesse conjunto de informações, podemos construir o gráfico de $f(x) = \dfrac{x+6}{x-2}$, mostrado na figura 7.11.

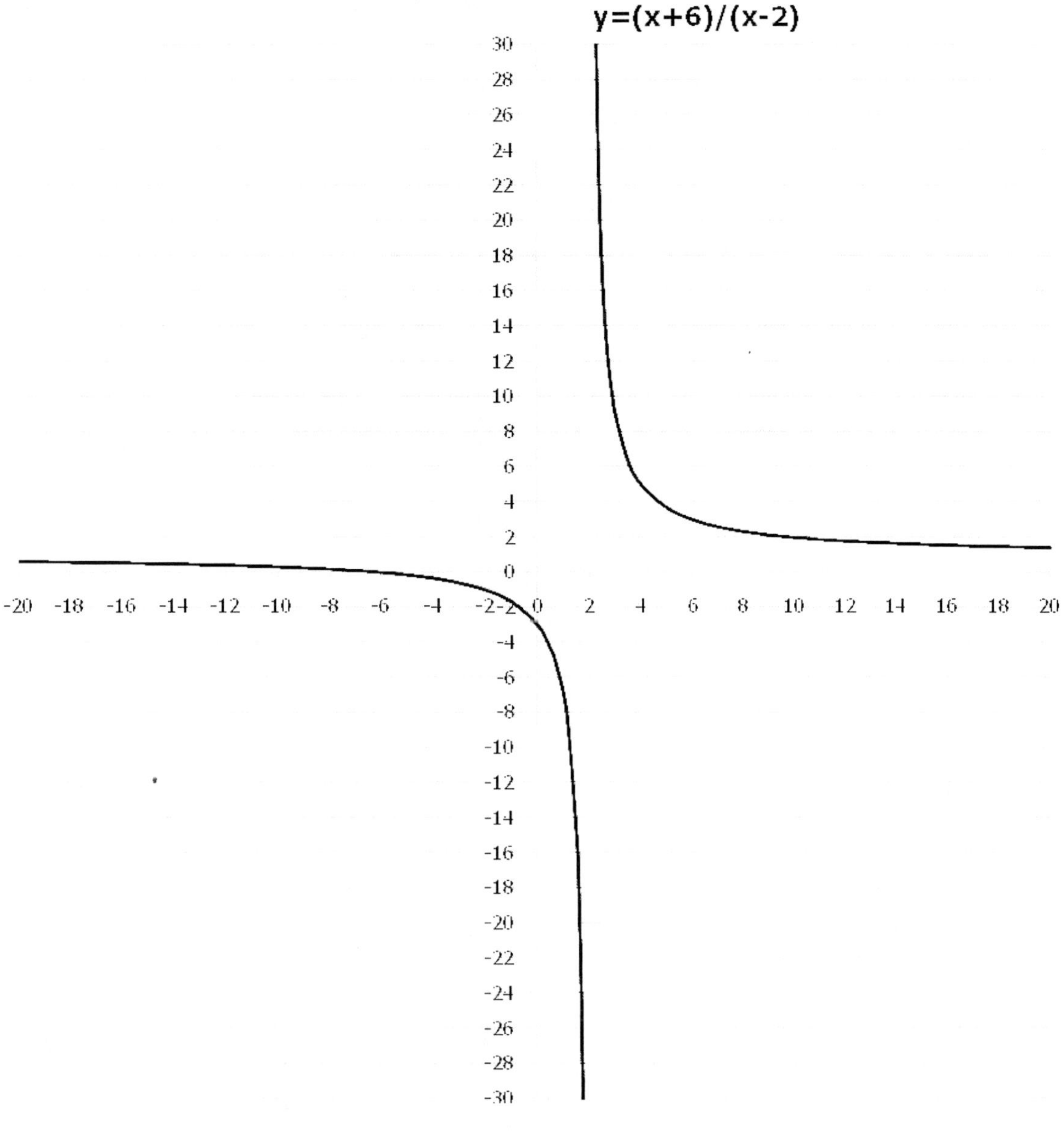

Figura 7.11. Gráfico de $f(x)=\dfrac{x+6}{x-2}$**.**

Na figura 7.12, temos, além do gráfico de $f(x)=\dfrac{x+6}{x-2}$, as indicações de sua assíntota vertical ($x=2$) e de sua assíntota horizontal ($y=1$).

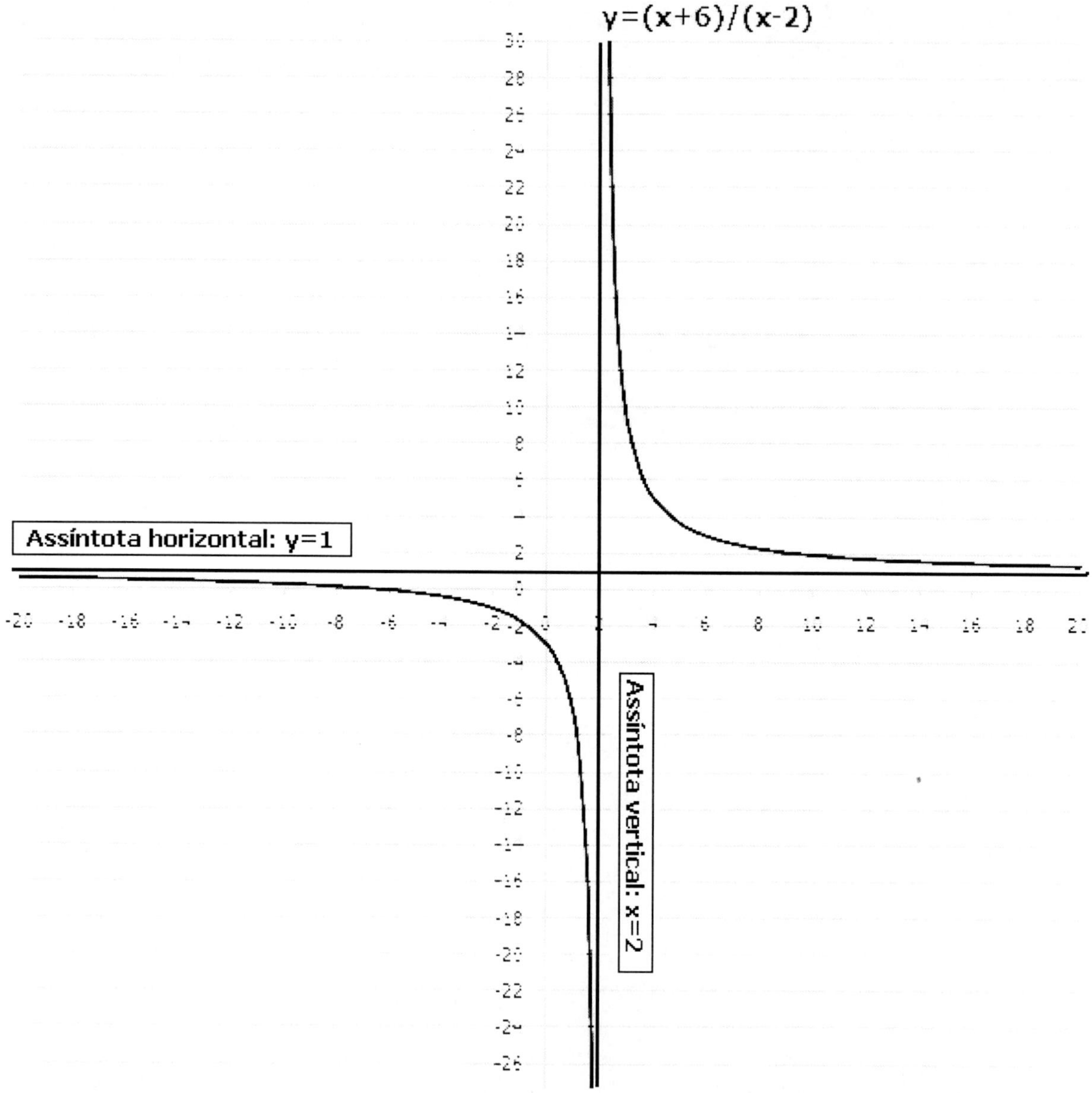

Figura 7.12. Gráfico de $f(x)=\dfrac{x+6}{x-2}$ e indicações da sua assíntota vertical ($x=2$) e da sua assíntota horizontal ($y=1$).

Exemplo 7.6. Esboce o gráfico de $f(x)=\dfrac{x^2-1}{x^2+1}$.

Resolução.

PASSO I. Domínio de $f(x)=\dfrac{x^2-1}{x^2+1}$.

Podemos substituir x por qualquer número real em $f(x)=\dfrac{x^2-1}{x^2+1}$, pois o denominador x^2+1 nunca será zero: qualquer que seja o número "colocado" em x, se elevarmos esse número ao quadrado e somarmos 1, teremos sempre um resultado positivo.

Logo, o domínio dessa função é o conjunto de todos os números reais. Ou seja:

$D_f=\Re$

PASSO II. Raízes do gráfico de $f(x)=\dfrac{x^2-1}{x^2+1}$.

Se fizermos $f(x)=0$, temos as raízes do gráfico de $f(x)=\dfrac{x^2-1}{x^2+1}$:

$$\frac{x^2-1}{x^2+1}=0$$

Para que a divisão de x^2-1 por x^2+1 seja zero, o numerador x^2-1 deve ser zero:

$x^2-1=0$

$x^2=1$

$x=-1 \; ou \; x=1$

Logo, o gráfico de $f(x)=\dfrac{x^2-1}{x^2+1}$ corta o eixo horizontal nos pontos $(-1,0)$ e $(1,0)$.

PASSO III. Ponto em que o gráfico de $f(x)=\dfrac{x^2-1}{x^2+1}$ cruza o eixo vertical.

Se substituirmos x por 0 em $f(x)=\dfrac{x^2-1}{x^2+1}$, temos o local em que o gráfico cruza o eixo vertical:

$$f(0)=\frac{(0)^2-1}{(0)^2+1}=\frac{-1}{1}$$

$$f(0)=-1$$

Logo, o gráfico de $f(x)=\dfrac{x^2-1}{x^2+1}$ passa pelo ponto $(0,-1)$, ou seja, esse gráfico corta o eixo vertical na posição y=-1.

PASSO IV. Derivada de $f(x)=\dfrac{x^2-1}{x^2+1}$.

A derivada de $f(x)=\dfrac{x^2-1}{x^2+1}$ é:

$$f\,'(x)=\left(\frac{x^2-1}{x^2+1}\right)'$$

Para derivarmos $f(x)=\dfrac{x^2-1}{x^2+1}$ em relação à variável x, usamos a propriedade indicada a seguir, pois temos uma "divisão" de duas funções.

$$\left(\frac{h(x)}{g(x)}\right)'=\frac{h'(x)g(x)-h(x)g'(x)}{(g(x))^2}$$

Se fizermos $h(x)=x^2-1$ e $g(x)=x^2+1$, ficamos com:

$$f\,'(x)=\frac{(x^2-1)'(x^2+1)-(x^2-1)(x^2+1)'}{(x^2+1)^2}$$

Como a derivada da soma ou da subtração de funções é a soma ou a subtração das derivadas das funções, temos o seguinte:

$$\left(x^2-1\right)' = \left(x^2\right)' - (1)'$$

$$\left(x^2+1\right)' = \left(x^2\right)' + (1)'$$

Aplicamos $\left(x^n\right)' = nx^{n-1}$, com $n = 2$, para fazermos $\left(x^2\right)' = 2x^{2-1} = 2x$.

Aplicamos que a derivada da constante é zero para fazermos $(1)' = 0$.

Logo:

$$\left(x^2-1\right)' = \left(x^2\right)' - (1)' = (2x) - (0) \Rightarrow \left(x^2-1\right)' = 2x$$

$$\left(x^2+1\right)' = \left(x^2\right)' + (1)' = (2x) + (0) \Rightarrow \left(x^2+1\right)' = 2x$$

Se aplicarmos $\left(x^2-1\right)' = 2x$ e $\left(x^2+1\right)' = 2x$ em

$$f'(x) = \frac{\left(x^2-1\right)'\left(x^2+1\right) - \left(x^2-1\right)\left(x^2+1\right)'}{\left(x^2+1\right)^2}$$, ficamos com:

$$f'(x) = \frac{(2x)\left(x^2+1\right) - \left(x^2-1\right)(2x)}{\left(x^2+1\right)^2}$$

$$f'(x) = \frac{2x^3+2x-2x^3+2x}{\left(x^2+1\right)^2}$$

$$f'(x) = \frac{4x}{\left(x^2+1\right)^2}$$

PASSO V. Pontos críticos (PC) de $f(x)=\dfrac{x^2-1}{x^2+1}$.

Para acharmos os pontos críticos (PC) de $f(x)=\dfrac{x^2-1}{x^2+1}$, igualamos sua derivada, $f'(x)=\dfrac{4x}{(x^2+1)^2}$, a zero:

$$\frac{4x}{(x^2+1)^2}=0$$

Para que $\dfrac{4x}{(x^2+1)^2}$ seja zero, seu numerador $4x$ deve ser zero:

$$4x=0$$

$$x=0$$

Vamos calcular a imagem de $x=0$, indicada por $f(0)$:

$$f(0)=\frac{(0)^2-1}{(0)^2+1}=\frac{-1}{1}$$

$$f(0)=-1$$

Logo, o ponto crítico de $f(x)=\dfrac{x^2-1}{x^2+1}$ é $PC=(0,-1)$.

PASSO VI. Estudo do sinal da derivada de $f(x)=\dfrac{x^2-1}{x^2+1}$.

Vimos que a derivada de $f(x)=\dfrac{x^2-1}{x^2+1}$ é:

$$f'(x)=\frac{4x}{(x^2+1)^2}$$

O denominador de $f'(x)=\dfrac{4x}{\left(x^2+1\right)^2}$ é sempre um número positivo, pois qualquer número ao quadrado somado a 1, e elevado ao quadrado, resulta em valor positivo.

Logo, o sinal de $f'(x)=\dfrac{4x}{\left(x^2+1\right)^2}$ é dado pelo sinal do numerador $4x$.

Vejamos:

- Se $x<0$, $4x$ é um valor negativo e $f'(x)=\dfrac{4x}{\left(x^2+1\right)^2}$ é negativa, pois temos a divisão de um número negativo por um número positivo.
- Se $x>0$, $4x$ é um valor positivo e $f'(x)=\dfrac{4x}{\left(x^2+1\right)^2}$ é positiva, pois temos a divisão de um número positivo por um número positivo.

Nos intervalos em que $f'(x)$ é negativa (em $x<0$) a função $f(x)$ é decrescente. Nos intervalos em que $f'(x)$ é positiva (em $x>0$) a função $f(x)$ é crescente.

Na tabela 7.8, temos um esquema contendo o estudo de sinal de $f'(x)=\dfrac{4x}{\left(x^2+1\right)^2}$ e os intervalos de crescimento de $f(x)=\dfrac{x^2-1}{x^2+1}$.

Tabela 7.8. Estudo do sinal de $f'(x)=\dfrac{4x}{\left(x^2+1\right)^2}$ e variação de $f(x)=\dfrac{x^2-1}{x^2+1}$.

	$x<0$	$x>0$
Sinal de $f'(x)=\dfrac{4x}{\left(x^2+1\right)^2}$	$f'(x)<0$	$f'(x)>0$
Variação de $f(x)=\dfrac{x^2-1}{x^2+1}$	$f(x)$ decrescente ↘	$f(x)$ crescente ↗

Se acompanharmos, pela tabela 7.8, a evolução de $f(x)=\dfrac{x^2-1}{x^2+1}$, vemos que essa função decresce até chegar a $x=0$, torna-se zero em $x=0$ e cresce a partir de $x=0$.

Assim, concluímos que o ponto crítico de $f(x)=\dfrac{x^2-1}{x^2+1}$ é $PC=(0,-1)$ é um ponto de mínimo local.

PASSO VII. Derivada de segunda ordem de $f(x)=\dfrac{x^2-1}{x^2+1}$.

A derivada de segunda ordem de $f(x)=\dfrac{x^2-1}{x^2+1}$, indicada por $f''(x)$, é a derivada de $f'(x)=\dfrac{4x}{\left(x^2+1\right)^2}$:

$$f''(x)=\left(\frac{4x}{\left(x^2+1\right)^2}\right)'$$

Visto que $\dfrac{1}{a^b}=a^{-b}$, se fizermos $a=(x+1)$ e $b=2$ podemos escrever $\dfrac{4x}{\left(x^2+1\right)^2}$ como $4x\left(x^2+1\right)^{-2}$, pois:

$$\frac{4x}{\left(x^2+1\right)^2}=4x\frac{1}{\left(x^2+1\right)^2}=4x\left(x^2+1\right)^{-2}$$

Substituindo $\dfrac{4x}{\left(x^2+1\right)^2}$ por $4x\left(x^2+1\right)^{-2}$ em $f''(x)=\left(\dfrac{4x}{\left(x^2+1\right)^2}\right)'$, ficamos com:

$$f''(x)=\left(\frac{4x}{\left(x^2+1\right)^2}\right)'=\left(4x\left(x^2+1\right)^{-2}\right)'$$

A derivada da multiplicação da constante 4 por $x(x^2+1)^{-2}$ é a constante 4 multiplicada pela derivada de $x(x^2+1)^{-2}$:

$$f''(x) = \left(4x(x^2+1)^{-2}\right)' = 4\left(x(x^2+1)^{-2}\right)'$$

Para derivarmos $x(x^2+1)^{-2}$ em relação à variável x, usamos a propriedade indicada a seguir, pois temos uma "multiplicação" de duas funções.

$$(h(x)g(x))' = h'(x)g(x) + h(x)g'(x)$$

Se fizermos $h(x) = x$ e $g(x) = (x^2+1)^{-2}$, ficamos com:

$$f''(x) = 4\left((x)'(x^2+1)^{-2} + (x)\left((x^2+1)^{-2}\right)'\right)$$

A derivada de x em relação a x é $(x)' = 1$.

Para fazermos $\left((x^2+1)^{-2}\right)'$, usamos $(u^n)' = nu'u^{n-1}$, com $u = (x^2+1)$ e $n = -2$:

$$\left((x^2+1)^{-2}\right)' = -2(x^2+1)'(x^2+1)^{-2-1}$$

$$\left((x^2+1)^{-2}\right)' = -2(x^2+1)'(x^2+1)^{-3}$$

A derivada da subtração de funções é a subtração das derivadas das funções:

$$(x^2+1)' = (x^2)' + (1)' = (2x) + (0)$$

$$(x^2+1)' = 2x$$

Logo:

$$\left(\left(x^2+1\right)^{-2}\right)' = -2\left(x^2+1\right)'\left(x^2+1\right)^{-3} = -2(2x)\left(x^2+1\right)^{-3}$$

$$\left(\left(x^2+1\right)^{-2}\right)' = -4x\left(x^2+1\right)^{-3}$$

Vamos substituir $(x)' = 1$ e $\left(\left(x^2+1\right)^{-2}\right)' = -4x\left(x^2+1\right)^{-3}$ em

$$f''(x) = 4\left((x)'\left(x^2+1\right)^{-2} + (x)\left(\left(x^2+1\right)^{-2}\right)'\right):$$

$$f''(x) = 4\left((1)\left(x^2+1\right)^{-2} + (x)\left(-4x\left(x^2+1\right)^{-3}\right)\right)$$

$$f''(x) = 4\left((1)\left(x^2+1\right)^{-2} - 4x^2\left(x^2+1\right)^{-3}\right)$$

Já terminamos a derivada, mas podemos substituir $\left(x^2+1\right)^{-2}$ por $\dfrac{1}{\left(x^2+1\right)^2}$ e $\left(x^2+1\right)^{-3}$ por $\dfrac{1}{\left(x^2+1\right)^3}$ em $f''(x) = 4\left((1)\left(x^2+1\right)^{-2} - 4x^2\left(x^2+1\right)^{-3}\right)$:

$$f''(x) = 4\left(\frac{1}{\left(x^2+1\right)^2} - \frac{4x^2}{\left(x^2+1\right)^3}\right)$$

Para subtrairmos $\dfrac{1}{(x+1)^2}$ e $\dfrac{4x^2}{(x+1)^3}$, precisamos colocar essas duas frações no mesmo denominador:

$$f''(x) = 4\left(\frac{1(x^2+1) - 4x^2}{\left(x^2+1\right)^3}\right)$$

$$f''(x) = 4\left(\frac{x^2+1-4x^2}{\left(x^2+1\right)^3}\right)$$

$$f''(x) = 4\left(\frac{1-3x^2}{(x^2+1)^3}\right)$$

PASSO VIII. Estudo do sinal da derivada de segunda ordem de $f(x) = \dfrac{x^2-1}{x^2+1}$.

Vimos que a derivada de segunda ordem $f(x) = \dfrac{x^2-1}{x^2+1}$ é:

$$f''(x) = 4\left(\frac{1-3x^2}{(x^2+1)^3}\right)$$

Para estudarmos o sinal de $f''(x) = 4\left(\dfrac{1-3x^2}{(x^2+1)^3}\right)$, precisamos estudar os sinais de $1-3x^2$ e de $(x^2+1)^3$ e verificar o sinal resultante da divisão de $1-3x^2$ por $(x^2+1)^3$. Vemos que a constante 4 que multiplica, não altera o sinal de $\dfrac{1-3x^2}{(x^2+1)^3}$, pois 4 é uma constante positiva.

As raízes de $1-3x^2$ são $x = -\sqrt{\dfrac{1}{3}}$ e $x = \sqrt{\dfrac{1}{3}}$, pois:

$$1-3x^2 = 0$$

$$1 = 3x^2$$

$$x^2 = \frac{1}{3} \Rightarrow \begin{cases} x = -\sqrt{\dfrac{1}{3}} \\ x = \sqrt{\dfrac{1}{3}} \end{cases}$$

Assim, $1-3x^2$, ou $-3x^2+1$, é uma parábola de concavidade voltada para baixo que corta o eixo x em -1 e em 1. Sua concavidade é voltada para baixo porque o coeficiente que multiplica x^2 é um número positivo (número -3).

A seguir, temos um esquema (figura 7.13) do estudo de sinal de $-3x^2+1$.

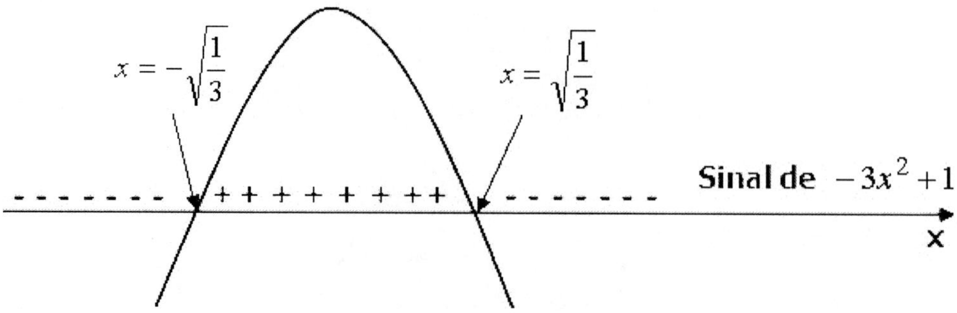

Figura 7.13. Esquema do estudo de sinal de $-x^2+1$**.**

No caso de $(x^2+1)^3$, temos sempre um resultado positivo, pois qualquer número ao quadrado somado com 1, e elevado ao cubo, gera um número positivo.

No esquema da figura 7.14, temos os sinais de $-3x^2+1$, de $(x^2+1)^3$ da divisão $4\left(\frac{1-3x^2}{(x^2+1)^3}\right)$, ou seja, de $f''(x)=4\left(\frac{1-3x^2}{(x^2+1)^3}\right)$. Devemos lembrar que um número negativo dividido por um número positivo gera um resultado negativo e que um número positivo dividido por um número positivo gera um resultado negativo.

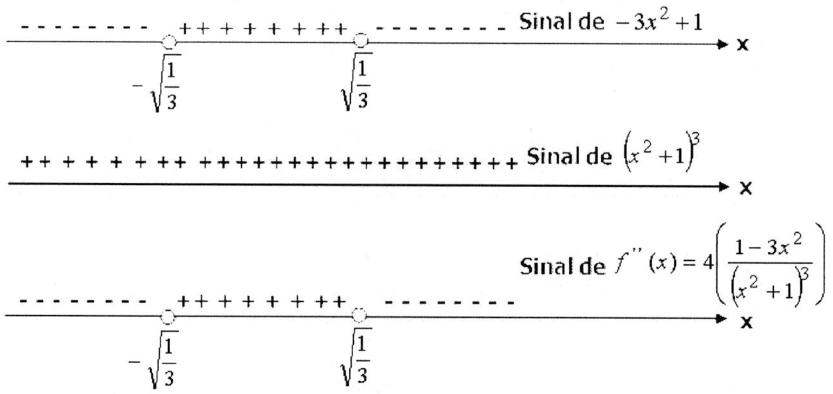

Figura 7.14. Esquema do estudo de sinal de $-3x^2+1$**,** $(x^2+1)^3$ **e**

$$f''(x)=4\left(\frac{1-3x^2}{(x^2+1)^3}\right).$$

No esquema, os sinais negativos, assinalados acima da última reta, indicam os intervalos nos quais $f''(x)$ tem sinal negativo (em $x < -\sqrt{\frac{1}{3}}$ e em $x > \sqrt{\frac{1}{3}}$) e os sinais positivos, também assinalados acima da última reta, indicam os intervalos nos quais $f''(x)$ tem sinal positivo (em $-\sqrt{\frac{1}{3}} < x < \sqrt{\frac{1}{3}}$). Em $x = -\sqrt{\frac{1}{3}}$ e em $x = \sqrt{\frac{1}{3}}$, $f''(x)$ vale zero, ou seja, $f''\left(-\sqrt{\frac{1}{3}}\right) = 0$ e $f''\left(\sqrt{\frac{1}{3}}\right) = 0$.

Nos intervalos em que $f''(x)$ é negativa, a função $f(x)$ tem concavidade voltada para baixo e, nos intervalos em que $f''(x)$ é positiva, a função $f(x)$ tem concavidade voltada para cima. Logo, concluímos que:

- $f(x) = \frac{x^2 - 1}{x^2 + 1}$ tem concavidade voltada para baixo em $x < -\sqrt{\frac{1}{3}}$ e em $x > \sqrt{\frac{1}{3}}$ e
- $f(x) = \frac{x^2 - 1}{x^2 + 1}$ tem concavidade voltada para cima em $-\sqrt{\frac{1}{3}} < x < \sqrt{\frac{1}{3}}$.

Na tabela 7.9, temos um esquema contendo o estudo de sinal de $f''(x) = 4\left(\frac{1 - 3x^2}{\left(x^2 + 1\right)^3}\right)$ e os intervalos em que $f(x) = \frac{x^2 - 1}{x^2 + 1}$ tem concavidade voltada para baixo e para cima.

Tabela 7.9. Estudo do sinal de $f''(x) = 6x$ e concavidade de $f(x) = x^3$.

	$x < -\sqrt{\frac{1}{3}}$	$-\sqrt{\frac{1}{3}} < x < \sqrt{\frac{1}{3}}$	$x > \sqrt{\frac{1}{3}}$
Sinal de	$f''(x) < 0$	$f''(x) > 0$	$f''(x) < 0$

$f''(x) = 4\left(\dfrac{1-3x^2}{(x^2+1)^3}\right)$			
Concavidade de $f(x) = \dfrac{x^2-1}{x^2+1}$	$f(x)$: concavidade para baixo $\cap$	$f(x)$: concavidade para cima $\cup$	$f(x)$: concavidade para baixo $\cap$

PASSO IX. Tendências de $f(x) = \dfrac{x^2-1}{x^2+1}$ quando x tende a $+\infty$ e quando x tende a $-\infty$.

Se x tende a $+\infty$, ou seja, se a variável for x assumindo valores positivos e cada vez maiores, o valor da função $f(x) = \dfrac{x^2-1}{x^2+1}$ é predominantemente por x^2 no numerador e por x^2 no denonimador, sendo ambos positivos, o que resulta em 1, pois $\dfrac{x^2}{x^2} = 1$. Assim, se x tende a $+\infty$, a função $f(x) = \dfrac{x^2-1}{x^2+1}$ tende a 1.

Se x tende a $-\infty$, ou seja, se a variável for assumindo valores negativos e cada vez maiores em módulo, o valor da função $f(x) = \dfrac{x^2-1}{x^2+1}$ é predominantemente por x^2 no numerador e por x^2 no denonimador, sendo ambos positivos, o que resulta em 1, pois $\dfrac{x^2}{x^2} = 1$. Assim, se x tende a $-\infty$, a função $f(x) = \dfrac{x^2-1}{x^2+1}$ tende a 1.

Vemos que y=1 é uma reta horizontal que limita o gráfico de $f(x) = \dfrac{x^2-1}{x^2+1}$ quando x tende a $+\infty$ e quando x tende a $-\infty$: y=1 recebe o nome de assíntota horizontal de $f(x) = \dfrac{x^2-1}{x^2+1}$.

PASSO X. Resumo de informações e gráfico de $f(x)=\dfrac{x^2-1}{x^2+1}$.

A função $f(x)=\dfrac{x^2-1}{x^2+1}$ é uma função dada pelo quociente de x^2-1 e x^2+1, ou seja, pela divisão de x^2-1 por x^2+1. Como x^2+1 é sempre um valor positivo (nunca vale zero), podemos substituir x por qualquer número real em $f(x)=\dfrac{x^2-1}{x^2+1}$.

Sobre essa função, vimos o que está resumido a seguir.

- O gráfico de $f(x)=\dfrac{x^2-1}{x^2+1}$ corta o eixo horizontal nos pontos $(-1{,}0)$ e $(1{,}0)$.
- O gráfico de $f(x)=\dfrac{x^2-1}{x^2+1}$ passa pelo ponto $(0{,}-1)$, ou seja, esse gráfico corta o eixo vertical na posição y=-1.
- O ponto crítico de $f(x)=\dfrac{x^2-1}{x^2+1}$ é $PC=(0{,}-1)$: trata-se de um ponto de mínimo local.
- $f(x)=\dfrac{x^2-1}{x^2+1}$ é decrescente em $x<0$.
- $f(x)=\dfrac{x^2-1}{x^2+1}$ é crescente em $x>0$.
- $f(x)=\dfrac{x^2-1}{x^2+1}$ tem concavidade voltada para baixo em $x<-\sqrt{\dfrac{1}{3}}$ e em $x>\sqrt{\dfrac{1}{3}}$ e
- $f(x)=\dfrac{x^2-1}{x^2+1}$ tem concavidade voltada para cima em $-\sqrt{\dfrac{1}{3}}<x<\sqrt{\dfrac{1}{3}}$.
- Se x tende a $+\infty$, a função $f(x)=\dfrac{x^2-1}{x^2+1}$ tende a 1.
- Se x tende a $-\infty$, a função $f(x)=\dfrac{x^2-1}{x^2+1}$ tende a 1.

- $y = 1$ é uma reta horizontal que limita o gráfico de $f(x) = \dfrac{x^2 - 1}{x^2 + 1}$ quando x tende a $+\infty$ e quando x tende a $-\infty$, ou seja, $y = 1$ é assíntota horizontal de $f(x) = \dfrac{x^2 - 1}{x^2 + 1}$.

Com base nesse conjunto de informações, podemos construir o gráfico de $f(x) = \dfrac{x^2 - 1}{x^2 + 1}$, mostrado na figura 7.15.

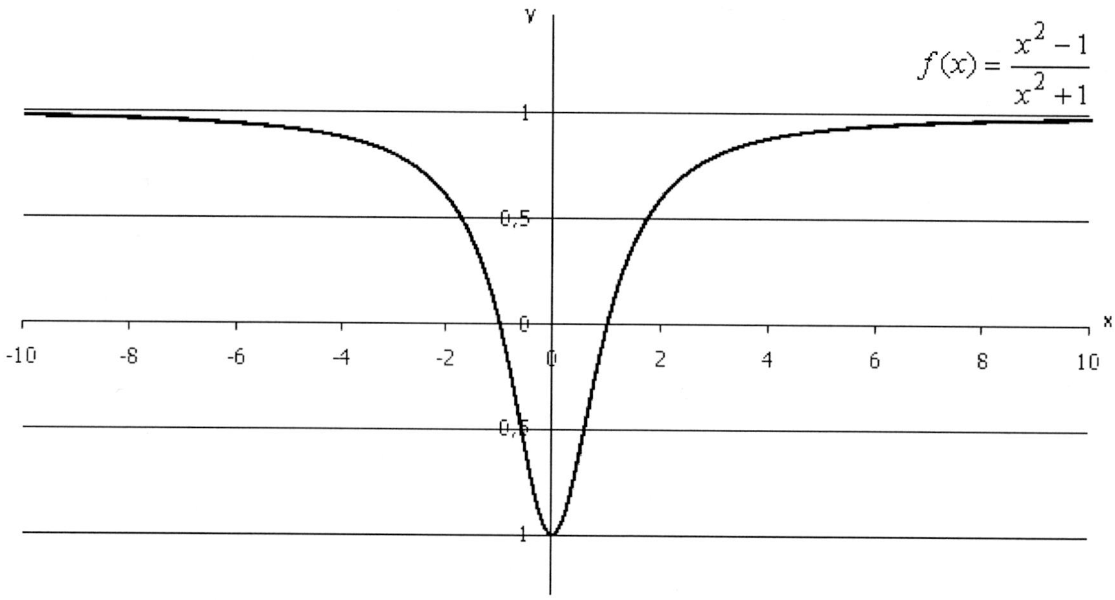

Figura 7.15. Gráfico de $f(x) = \dfrac{x^2 - 1}{x^2 + 1}$.

CAPÍTULO 8. APLICAÇÃO DAS DERIVADAS: PROBLEMAS DE OTIMIZAÇÃO (MÁXIMOS E MÍNIMOS)

No capítulo 7, vimos que, se, em um ponto $P=(x_0,y_0)$ da função $y=f(x)$ contínua em um intervalo I e derivável nos pontos internos a I, com x_0 interno a I, tivermos:

- $f'(x_0)=0$ e $f''(x_0)<0$, então $P=(x_0,y_0)$ é ponto de máximo local de $y=f(x)$.
- $f'(x_0)=0$ e $f''(x_0)>0$, então $P=(x_0,y_0)$ é ponto de mínimo local de $y=f(x)$.

Podemos aplicar o que foi dito em situações nas quais se deseja otimizar alguma característica: essas situações referem-se aos chamados "problemas de máximos e de mínimos", detalhados nos exemplos a seguir.

Vale notar que, nesses problemas, não basta apenas determinarmos os pontos críticos de uma função: precisamos verificar se esses pontos críticos referem-se a situações de máximos ou de mínimos. Além disso, há casos em que a função não apresenta valor máximo ou valor mínimo, o que gera um problema sem solução.

Exemplo 8.1. A soma de dois números positivos é 24. O resultado do produto desses dois números é o maior possível. Quais são esses números?

Resolução

Vamos chamar de x e de y os dois números positivos pedidos no enunciado.

Foi dito que a soma desses números é 24:

$x+y=24$

$y=24-x$

O produto P de x por y é a multiplicação desses números:

$P=xy$

Podemos substituir y por $24-x$ em $P=xy$:

$P=x(24-x)$

Aplicamos a propriedade distributiva da multiplicação:

$P = 24x - x^2$

A derivada de P em relação a x, indicada por $P'(x)$, é:

$P'(x) = (24x - x^2)'$

A derivada da subtração é a subtração das derivadas:

$P'(x) = (24x - x^2)' = (24x)' - (x^2)'$

A derivada da multiplicação da constante 24 por x é a constante 24 multiplicada pela derivada de x:

$P'(x) = (24x)' - (x^2)' = 24(x)' - (x^2)'$

A derivada de x em relação a x é $(x)' = 1$ e a derivada de x^2 em relação a x é $(x^2)' = 2x$:

$P'(x) = 24(x)' - (x^2)' = 24(1) - (2x)$

$P'(x) = 24 - 2x$

Queremos que a variável P tenha seu valor máximo. Para isso, devemos igualar sua derivada

$P'(x) = 24 - 2x$ a zero:

$24 - 2x = 0$

$24 = 2x$

$\frac{24}{2} = x \Rightarrow x = 12$

Se substituirmos x por 12 em $y = 24 - x$, ficamos com $y = 12$, pois:

$y = 24 - 12 = 12$

Assim, o ponto crítico de $P = xy$ corresponte a $x = 12$ e $y = 12$.

Vamos verificar se esse ponto é realmente ponto de máximo de $P = 24x - x^2$. Para isso, fazemos o teste da derivada de segunda ordem, ou seja, verificamos se a derivada de segunda ordem $P''(x)$ é negativa em $x = 12$.

A derivada de segunda ordem $P''(x)$ de P em relação a x é:

$$P''(x) = (24 - 2x)'$$

A derivada da subtração é a subtração das derivadas:

$$P''(x) = (24 - 2x)' = (24)' - (2x)'$$

A derivada da multiplicação da constante 2 por x é a constante 2 multiplicada pela derivada de x:

$$P''(x) = (24)' - (2x)' = (24)' - 2(x)'$$

A derivada da constante 24 em relação a x é zero, ou seja, $(24)' = 0$, e a derivada de x em relação a x é $(x)' = 1$:

$$P''(x) = (24)' - 2(x)' = (0) - 2(1)$$

$$P''(x) = -2$$

Visto que $P''(x) = -2$, essa função é sempre negativa. Como $P''(12) < 0$, o par $x = 12$ e $y = 12$ corresponde ao ponto de máximo de $P = xy$.

Em resumo, dois números positivos cuja soma é 24 e cujo produto é o maior possível são 12 e 12. Esse produto vale 144, pois 12x12=144.

Para que essa conclusão fique mais clara, vamos analisar o gráfico da figura 8.1. Esse gráfico mostra, para cada número inteiro x variando de 0 a 24, o resultado do produto de x por y, sendo $x + y = 24$.

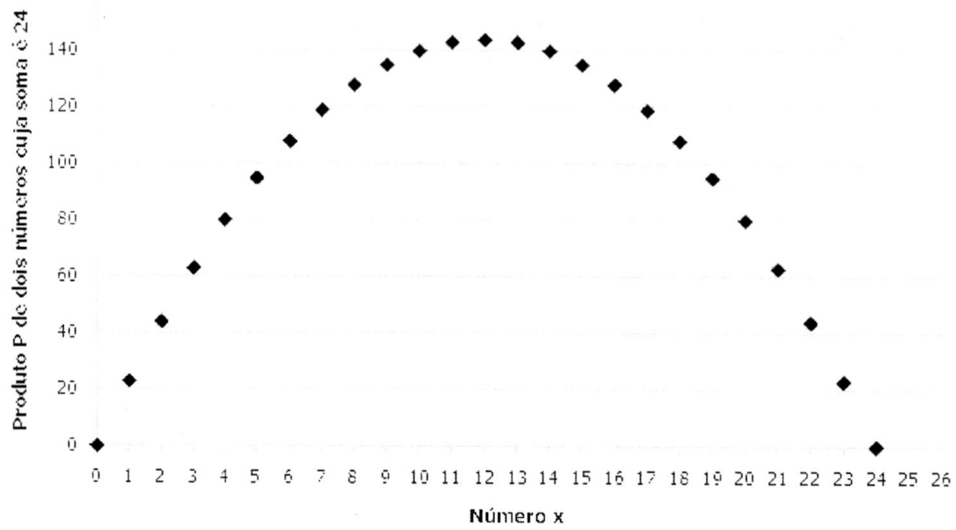

Figura 8.1. Número inteiro x variando de 0 a 24 e resultado do produto xy, sendo $x + y = 24$.

Vamos ler, a seguir, alguns pontos do gráfico da figura 8.1.

- Se $x = 0$ e $y = 24$, com $x + y = 0 + 24 = 24$, o produto dos números é 0.
- Se $x = 10$ e $y = 14$, com $x + y = 10 + 14 = 24$, o produto dos números é 140.
- Se $x = 12$ e $y = 12$, com $x + y = 12 + 12 = 24$, o produto dos números é 144 (ponto de máximo do gráfico).
- Se $x = 20$ e $y = 4$, com $x + y = 20 + 4 = 24$, o produto dos números é 80.
- Se $x = 24$ e $y = 0$, com $x + y = 24 + 0 = 24$, o produto dos números é 0.

Assim, pela figura 8.11, podemos concluir que o produto xy é:

- zero em $x = 0$;
- aumenta com o aumento do valor de x até $x = 12$;
- chega ao valor máximo em $x = 12$;
- diminui com o aumento do valor de x a partir de $x = 12$.

Exemplo 8.2. O "tamanho" oficial de um gol de futebol é de 7,32m de largura por 2,44m de altura. Quais seriam as dimensões desse gol para que sua área frontal fosse a máxima possível?

Resolução.

As dimensões do gol oficial estão indicadas na figura 8.2.

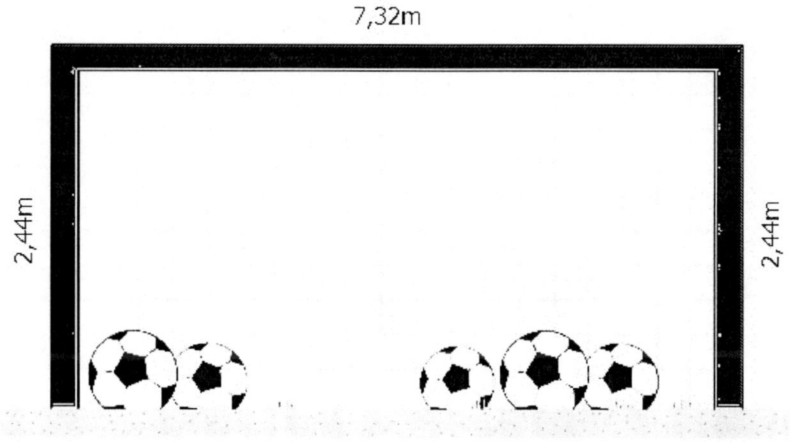

Figura 8.2. Gol oficial.
Disponível em <http://pt.freeimages.com/premium/cartoon-soccer-goal-1951083>. Acesso em 25 nov. 2016 (com adaptações).

O comprimento do gol da figura 8.2 é a soma das suas dimensões, ou seja, a soma da altura do lado direito (2,44m), da largura (7,32m) e da altura do lado esquerdo (2,44m). Logo, esse comprimento é de 12,2m, pois 2,44+7,32+2,44=12,2.

Com esse comprimento de 12,2m, queremos determinar a altura x e o comprimento y de outro gol, de modo que sua área frontal seja a máxima possível.

Esse gol está esquematizado na figura 8.3.

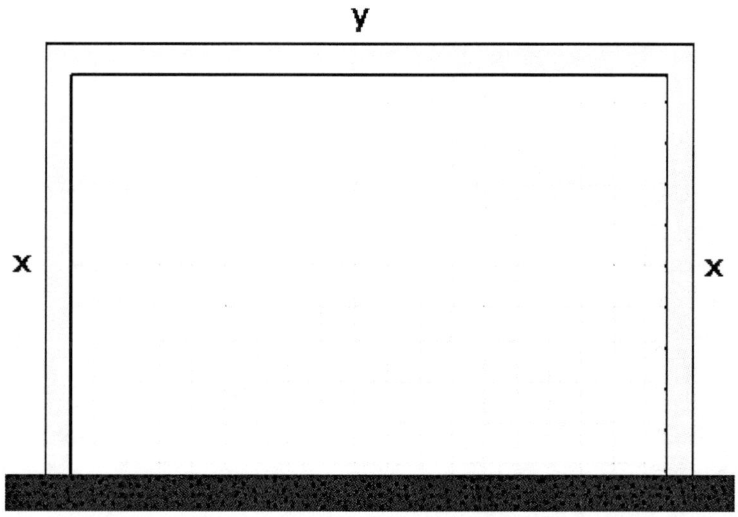

Figura 8.3. Gol de área frontal máxima.
Disponível em <http://pt.freeimages.com/premium/cartoon-soccer-goal-1951083>. Acesso em 25 nov. 2016 (com adaptações).

Sabemos que:

$x + y + x = 12{,}2$

$y + 2x = 12{,}2$

$y = 12{,}2 - 2x$

A área frontal A do gol é a área de um retângulo de altura x e de comprimento y:

$A = xy$

Podemos substituir y por $12{,}2 - 2x$ em $A = xy$:

$A = x(12{,}2 - 2x)$

Aplicamos a propriedade distributiva da mulitplicação:

$A = 12{,}2x - 2x^2$

A derivada de A em relação a x, indicada por $A'(x)$, é:

$A'(x) = \left(12{,}2x - 2x^2\right)'$

A derivada da subtração é a subtração das derivadas:

$A'(x) = \left(12{,}2x - 2x^2\right)' = (12{,}2x)' - \left(2x^2\right)'$

A derivada da multiplicação da constante pela função é a constante multiplicada pela derivada da função:

$A'(x) = (12{,}2x)' - \left(2x^2\right)' = 12{,}2(x)' - 2\left(x^2\right)'$

A derivada de x em relação a x é $(x)' = 1$ e a derivada de x^2 em relação a x é $\left(x^2\right)' = 2x$:

$A'(x) = 12{,}2(x)' - 2\left(x^2\right)' = 12{,}2(1) - 2(2x)$

$A'(x) = 12{,}2 - 4x$

Queremos que a variável A tenha seu valor máximo: para isso, devemos igualar sua derivada

$A'(x) = 12{,}2 - 4x$ a zero:

$12{,}2 - 4x = 0$

$12,2 = 4x$

$\frac{12,2}{4} = x$

$x = 3,05$

Se substituirmos x por 3,05 em $y = 12,2 - 2x$, ficamos com $y = 6,01$, pois:

$y = 12,2 - 2(3,05) = 6,01$

Assim, o ponto crítico de $A = xy = 12,2x - 2x^2$ corresponde ao par $x = 3,05$ e $y = 6,01$.

Vamos verificar se esse ponto é realmente ponto de máximo de $A = 12,2x - 2x^2$. Para isso, fazemos o teste da derivada de segunda ordem, ou seja, verificamos se a derivada de segunda ordem $A''(x)$ é negativa em $x = 3,05$.

A derivada de segunda ordem $A''(x)$ é a derivada de $A'(x) = 12,2 - 4x$:

$A''(x) = (12,2 - 4x)'$

A derivada da subtração é a subtração das derivadas:

$A''(x) = (12,2 - 4x)' = (12,2)' - (4x)'$

A derivada da multiplicação da constante pela função é a constante multiplicada pela derivada da função:

$A''(x) = (12,2)' - (4x)' = (12,2)' - 4(x)'$

A derivada da constante 12,2 em relação a x é zero, ou seja, $(12,2)' = 0$, e a derivada de x em relação a x é $(x)' = 1$:

$A''(x) = (12,2)' - 4(x)' = (0) - 4(1)$

$A''(x) = -4$

Visto que $A''(x) = -4$, essa função é sempre negativa. Como $A''(3,05) < 0$, $x = 3,05$ corresponde a ponto de máximo de A.

Logo, as dimensões de um gol de comprimento de 12,2m e de área frontal máxima são 3,05m de altura e 6,01m de comprimento. Sua área frontal é 18,33m^2, pois 3,05x6,01=18,33.

Apenas a título de comparação, as dimensões de um gol oficial de comprimento de 12,2m são 2,44m de altura e 7,32m de largura. Sua área frontal é 17,86m^2, pois 7,32x2,44=17,86.

Exemplo 8.3. Deseja-se construir uma piscina de base retangular e de altura igual a 1,2 metros (1,2m). Essa piscina, quando cheia, deve armazenar 60m^3 de água. Quais devem ser as medidas da largura e do comprimento da base da piscina para que o consumo do material usado no seu revestimento seja o mínimo possível?

Resolução.

Vamos chamar de x e de y, respectivamente, as medidas da largura e do comprimento da base da piscina de altura igual a 1,2m e de capacidade volumétrica igual 60m^3, conforme esquamatizado na figura 8.4.

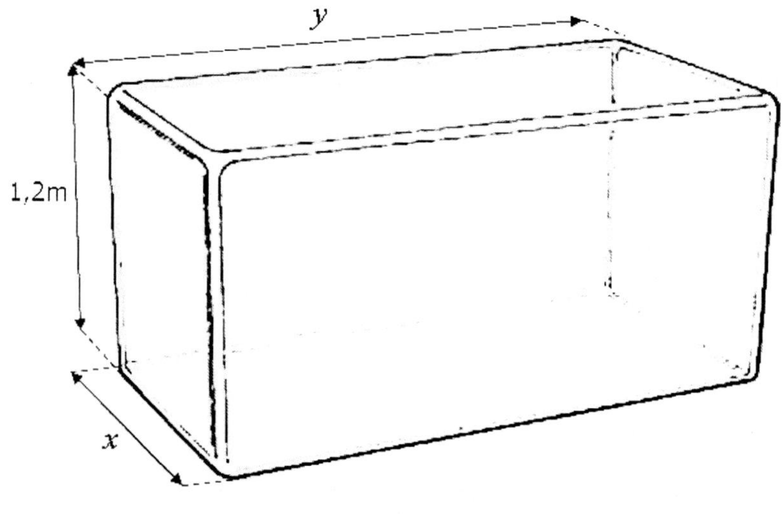

Figura 8.4. Piscina de base retangular e de altura igual a 1,2m.
Disponível em <http://displayit-info.com/acrylic/acrylic2_box.html>. Acesso em 24 nov. 2016 (com adaptações).

A capacidade volumétrica da piscina, igual 60m^3, é o produto das medidas da sua largura x, do seu comprimento y e da sua altura de 1,2m:

$$1{,}2xy = 60$$

$$xy = \frac{60}{1{,}2}$$

$$xy = 50$$

$$y = \frac{50}{x}$$

A "metragem" de material necessária para o revestimento da piscina equivale à soma das áreas da sua base, das suas duas paredes frontais e das suas duas paredes laterais.

A área da base é xy.

A área de cada parede frontal é $1{,}2y$.

A área de cada parede lateral é $1{,}2x$.

A soma S das áreas da base, das duas paredes frontais e das duas paredes laterais da piscina é:

$$S = xy + 2(1{,}2y) + 2(1{,}2x)$$

$$S = xy + 2{,}4y + 2{,}4x$$

Fazemos $y = \frac{50}{x}$ em $S = xy + 2{,}4y + 2{,}4x$:

$$S = x\frac{50}{x} + 2{,}4\frac{50}{x} + 2{,}4x$$

$$S = 50 + \frac{120}{x} + 2{,}4x$$

$$S = 50 + 120\frac{1}{x} + 2{,}4x$$

Queremos que S seja o mínimo possível para que se use o mínimo possível de material no revestimento. Logo, devemos fazer a derivada de $S(x) = 50 + 120\frac{1}{x} + 2{,}4x$ em relação a x igual a zero:

$$S'(x) = 0$$

Vamos determinar a função $S'(x)$:

$$S'(x) = \left(50 + 120\frac{1}{x} + 2{,}4x\right)'$$

A derivada da soma de funções é a soma das derivadas das funções:

$$S'(x) = (50)' + \left(120\frac{1}{x}\right)' + (2{,}4x)'$$

A derivada da constante que multiplica a função é a constante multiplicada pela derivada da função:

$$S'(x) = (50)' + 120\left(\frac{1}{x}\right)' + 2{,}4(x)'$$

A derivada da constante 50 em relação a x é 0, ou seja, $(50)' = 0$.

A derivada de $\frac{1}{x}$ em relação a x é $\left(\frac{1}{x}\right)' = -\frac{1}{x^2}$, pois $\frac{1}{x} = \frac{1}{x^1} = x^{-1}$ e

$\left(x^{-1}\right)' = -1x^{-1-1} = -1x^{-2} = -\frac{1}{x^2}$. Para derivarmos x^{-1}, usamos $\left(x^n\right)' = nx^{n1-1}$, com $n = -1$.

A derivada de x em relação a x é $(x)' = 1$.

Vamos fazer $(50)' = 0$, $\left(\frac{1}{x}\right)' = -\frac{1}{x^2}$ e $(x)' = 1$ em $S'(x) = (50)' + 120\left(\frac{1}{x}\right)' + 2{,}4(x)'$:

$$S'(x) = (0) + 120\left(-\frac{1}{x^2}\right) + 2{,}4(1)$$

$$S'(x) = -\frac{120}{x^2} + 2{,}4$$

Agora, para acharmos o ponto de mínimo de $S(x)$, vamos fazer $S'(x) = 0$:

$$-\frac{120}{x^2} + 2{,}4 = 0$$

$$2{,}4 = \frac{120}{x^2}$$

$$2{,}4x^2 = 120$$

$$x^2 = \frac{120}{2{,}4}$$

$$x^2 = 50$$

$$x = \sqrt{50}$$

$x = 7{,}07\ metros$

Substituímos $x = \sqrt{50}$ em $y = \dfrac{50}{x}$:

$$y = \frac{50}{\sqrt{50}}$$

$$y = \frac{50}{\sqrt{50}}$$

$$y = 7{,}07\ metros$$

Vemos que x e y devem ser valores positivos, pois são as medidas, respectivamente, da largura e do comprimento da base da piscina.

Precisamos verificar se $x = 7{,}07\ metros$ corresponde ao ponto de mínimo de

$S(x) = 50 + 120\dfrac{1}{x} + 2{,}4x$. Para isso, fazemos o teste da derivada de segunda ordem, ou seja,

verificamos se a derivada de segunda ordem $S''(x)$ é positiva em $x = 7{,}07\ metros$.

A derivada de segunda ordem $S''(x)$ é a derivada de $S'(x) = -\dfrac{120}{x^2} + 2{,}4$:

$$S''(x) = \left(-\frac{120}{x^2} + 2{,}4\right)'$$

A derivada da soma é a soma das derivadas:

$$S''(x) = \left(-\frac{120}{x^2}\right)' + (2{,}4)'$$

$$S''(x) = \left(-120\frac{1}{x^2}\right)' + (2{,}4)'$$

A derivada da multiplicação da constante -120 por $\dfrac{1}{x^2}$ é a constante -120 multiplicada pela

derivada de $\dfrac{1}{x^2}$:

$$S''(x) = -120\left(\frac{1}{x^2}\right)' + (2,4)'$$

A derivada de $\frac{1}{x^2}$ em relação a x é $\left(\frac{1}{x^2}\right)' = -\frac{2}{x^3}$, pois $\frac{1}{x^2} = x^{-2}$ e

$\left(x^{-2}\right)' = -2x^{-2-1} = -2x^{-3} = -\frac{2}{x^3}$. Para derivarmos x^{-2}, usamos $\left(x^n\right)' = nx^{n1-1}$, com $n = -2$.

A derivada da constante 2,4 em relação a x é zero, ou seja, $(2,4)' = 0$.

Vamos fazer $\left(\frac{1}{x^2}\right)' = -\frac{2}{x^3}$ e $(2,4)' = 0$ em $S''(x) = -120\left(\frac{1}{x^2}\right)' + (2,4)'$:

$$S''(x) = -120\left(-\frac{2}{x^3}\right) + (0)$$

$$S''(x) = \frac{240}{x^3}$$

Se fizermos $x = 7{,}07\ metros$ em $S''(x) = \frac{240}{x^3}$, obtemos um valor positivo. Como

$S''(7{,}07) > 0$, o par $x = 7{,}07\ metros$ e $y = 7{,}07\ metros$ corresponde a ponto de mínimo de $S = xy + 2{,}4y + 2{,}4x$.

Em resumo, as medidas da largura e do comprimento da base retangular de uma piscina de 1,2m de altura e de 60m^3 de capacidade volumétrica, para que o consumo do material usado no seu revestimento seja o mínimo possível, são 7,07m e 7,07m.

Exemplo 8.4. Deseja-se fazer um tanque cilíndrico, com tampa, de capacidade volumétrica igual a 10m^3. O material usado para a lateral do tanque custa R\$25,00/m^2 e o material usado para o fundo e a tampa do tanque custa R\$52,00/m^2. Quais devem ser as dimensões do tanque (altura e raio) para que o custo do material seja o mínimo possível? Como varia o custo do material com o raio do tanque cilíndrico?

Resolução.

Vamos pensar no cilindro de raio R e altura H ilustrado na figura 8.5.

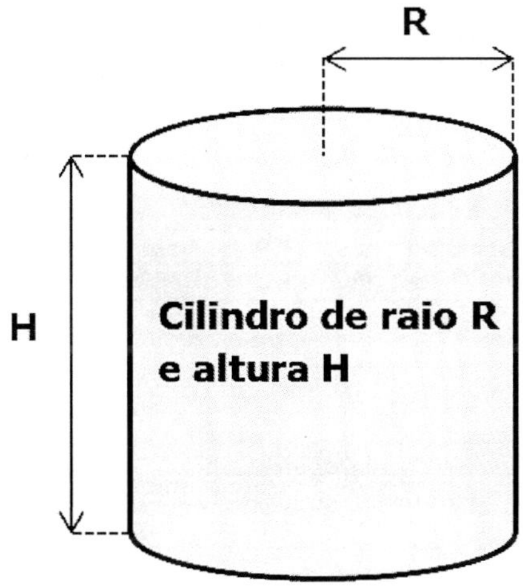

Figura 8.5. Cilindro de raio R e altura H.

Na figura 8.6, podemos visualizar as áreas da lateral, do fundo e da tampa do cilindro.

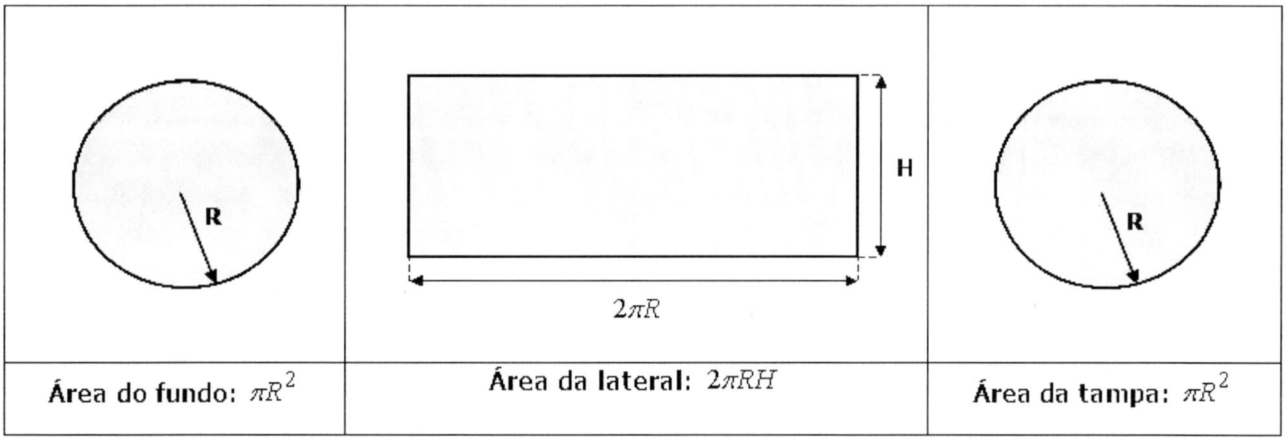

Figura 8.6. Áreas da lateral, do fundo e da tampa do cilindro.

Foi dito que o metro quadrado do material usado para a lateral do tanque custa R$25,00 e que o metro quadrado do material usado para o fundo e para a tampa do tanque custa R$52,00.

Os custos dos materiais gastos para o fundo, a lateral e a tampa do cilindro são obtidos pela multiplicação das áreas pelos respectivos custos do metro quadrado.

Logo, temos o que segue.

Custo do material do fundo: $52(\pi R^2) = 52\pi R^2$

Custo do material da lateral: $25(2\pi RH) = 50\pi RH$

Custo do material da tampa: $52(\pi R^2) = 52\pi R^2$

O custo total C do material para a construção do tanque é a soma dos custos com o fundo, a lateral e a tampa:

$$C = 52\pi R^2 + 50\pi RH + 52\pi R^2$$

$$C = 104\pi R^2 + 50\pi RH$$

Foi dito que a capacidade volumétrica V do tanque cilíndrico é igual a $10m^3$. A fórmula que relaciona V, R e H é:

$$V = \pi R^2 H$$

No caso, temos V igual a 10:

$$10 = \pi R^2 H$$

Podemos isolar a variável H:

$$\frac{10}{\pi R^2} = H \Rightarrow H = \frac{10}{\pi R^2}$$

Vamos fazer $H = \dfrac{10}{\pi R^2}$ em $C = 104\pi R^2 + 50\pi RH$:

$$C = 104\pi R^2 + 50\pi R\left(\frac{10}{\pi R^2}\right)$$

$$C = 104\pi R^2 + 500\frac{\pi R}{\pi R^2}$$

$$C = 104\pi R^2 + 500\frac{1}{R}$$

Queremos que C seja o mínimo possível. Logo, devemos fazer a derivada de

$C = 104\pi R^2 + 500\frac{1}{R}$ em relação a R igual a zero:

$$C'(R) = 0$$

Vamos determinar a função $C'(R)$:

$$C'(R) = \left(104\pi R^2 + 500\frac{1}{R}\right)'$$

A derivada da soma de funções é a soma das derivadas das funções:

$$C'(R) = \left(104\pi R^2\right)' + \left(500\frac{1}{R}\right)'$$

A derivada da constante que multiplica a função é a constante multiplicada pela derivada da função:

$$C'(R) = 104\pi\left(R^2\right)' + 500\left(\frac{1}{R}\right)'$$

A derivada de R^2 em relação a R é $\left(R^2\right)' = 2R^{2-1} = 2R1 = 2R$.

A derivada de $\frac{1}{R}$ em relação a R é $\left(\frac{1}{R}\right)' = -\frac{1}{R^2}$, pois $\frac{1}{R} = \frac{1}{R^1} = R^{-1}$ e $\left(R^{-1}\right)' = -1R^{-1-1} = -1R^{-2} = -\frac{1}{R^2}$.

Vamos fazer $\left(R^2\right)' = 2R$ e $\left(\frac{1}{R}\right)' = -\frac{1}{R^2}$ em $C'(x) = 104\pi\left(R^2\right)' + 500\left(\frac{1}{R}\right)'$:

$$C'(R) = 104\pi(2R) + 500\left(-\frac{1}{R^2}\right)$$

$$C'(R) = 204\pi R - 500\frac{1}{R^2}$$

Para acharmos o ponto de mínimo de $C(R)$, vamos fazer $C'(R) = 0$:

$$204\pi R - 500\frac{1}{R^2} = 0$$

$$204\pi R = 500\frac{1}{R^2}$$

$$204\pi R^3 = 500$$

$$R^3 = \frac{500}{204\pi}$$

$$R = \sqrt[3]{\frac{500}{204\pi}}$$

Se fizermos essa conta com o auxílio da calculadora, verificamos que o raio R vale, aproximadamente, 0,92m.

Para acharmos a altura do tanque, vamos substituir R por 0,92 em $H = \frac{10}{\pi R^2}$:

$$H = \frac{10}{\pi(0{,}92)^2}$$

Se fizermos essa conta com o auxílio da calculadora, verificamos que o raio R vale, aproximadamente, 3,76m.

Assim, um tanque cilíndrico, com tampa e de capacidade volumétrica igual a 10m^3, deve ter raio 0,92m e altura 3,76m para que o custo do material usado na sua construção seja o mínimo possível, sendo que o material da lateral do tanque custa R$25,00/m^2 e o material do fundo e da tampa do tanque custa R$52,00/m^2.

Também foi pedido como varia o custo do material com o raio do tanque cilíndrico.

Já vimos o custo C do material com o raio R do tanque de acordo com a seguinte expressão:

$$C = 104\pi R^2 + 500\frac{1}{R}$$

Na figura 8.7, temos o gráfico da função $C = 104\pi R^2 + 500\frac{1}{R}$, feito com o auxílio de uma planilha eletrônica.

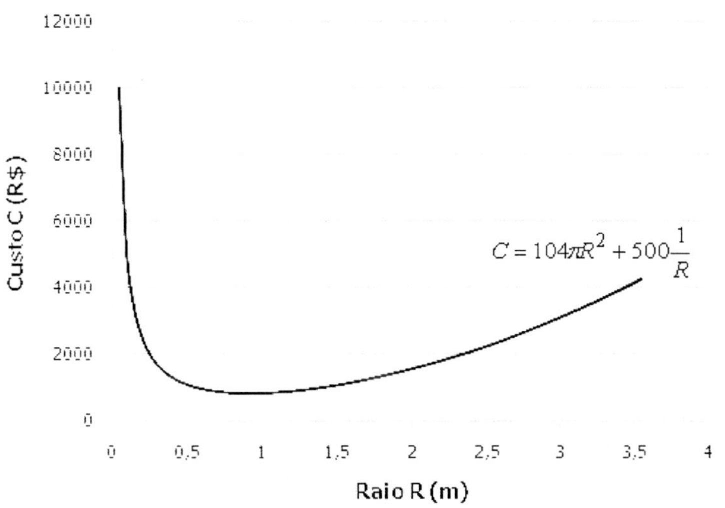

Figura 8.7. Gráfico da função $C = 104\pi R^2 + 500\frac{1}{R}$**.**

Vemos que, para "raios pequenos e alturas grandes", o custo do material é elevado. Quando o raio atinge 0,92m, temos o ponto de mínimo de $C = 104\pi R^2 + 500\frac{1}{R}$. Ou seja, se o raio do tanque em estudo for 0,92m, haverá o menor gasto com material para construí-lo. A partir desse valor, se o raio aumentar, o custo com material também aumenta.

Exemplo 8.5. Deseja-se fazer uma caixa de base retangular, sem tampa, com uma folha de papel cartão de 40cm por 60cm. Quais devem ser as dimensões da caixa para que sua capacidade volumétrica seja a maior possível?

Resolução

Na figura 8.8, temos a representação de uma folha de papel cartão de 40cm por 60cm.

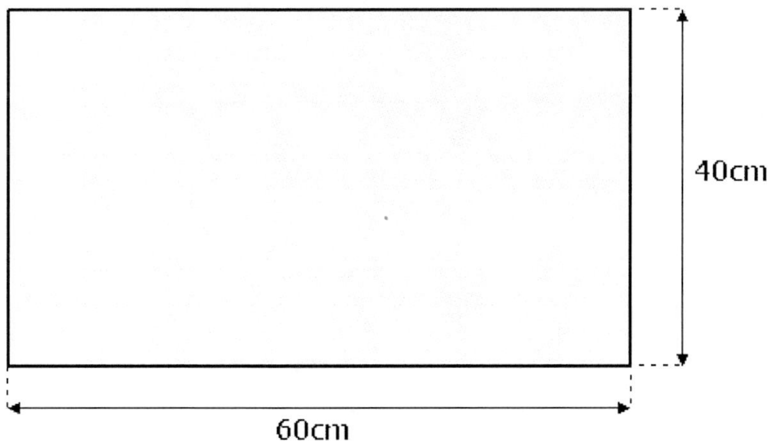

Figura 8.8. Folha de papel cartão de 40cm por 60cm.

Para fazermos a caixa, precisamos recortar quadrados de lado x das quatro pontas da folha de papel cartão, conforme indicado na figura 8.9.

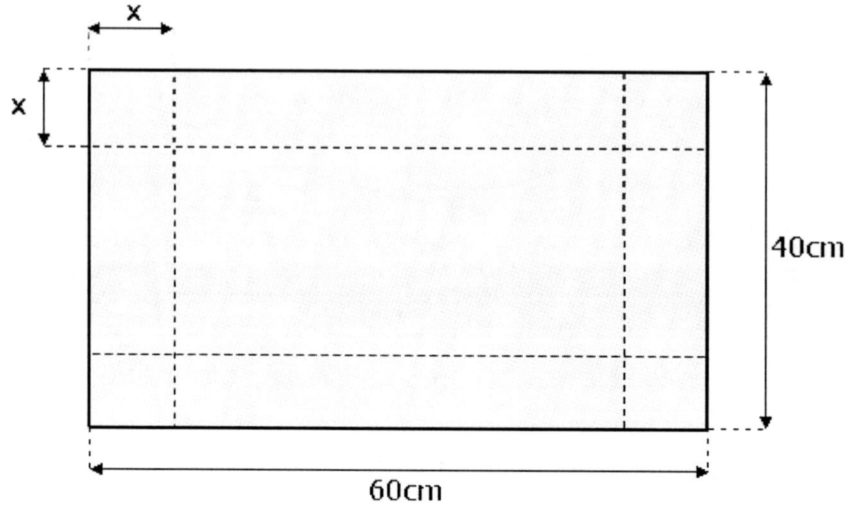

Figura 8.9. Recortes de quadrados de lado x das quatro pontas da folha de papel cartão.

Assim, o papel cartão cortado para se montar a caixa tem o aspecto da figura 8.10.

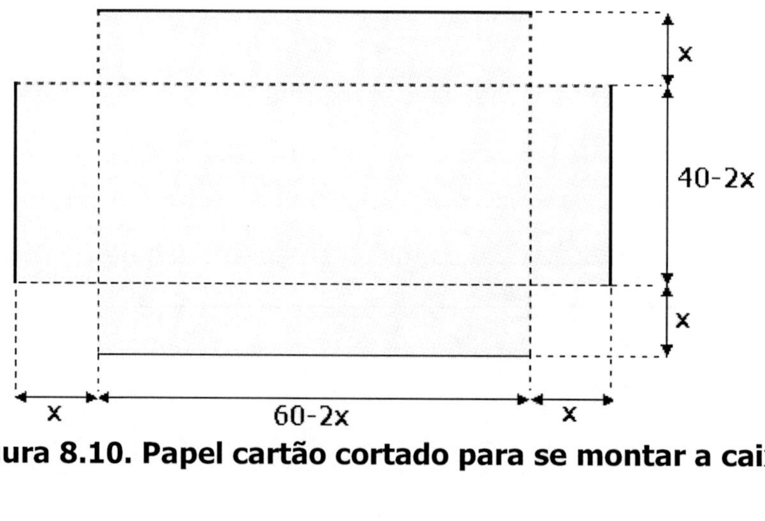

Figura 8.10. Papel cartão cortado para se montar a caixa.

A capacidade volumétrica V da caixa é o produto das suas dimensões, ou seja, é a multiplicação de sua largura $60-2x$ pelo seu comprimento $40-2x$ e pela sua altura x:

$V=(60-2x)(40-2x)x$

Podemos aplicar a propriedade distributiva:

$V=(2400-120x-60x+4x^2)x$

$V = (2400 - 180x + 4x^2)x$

$V = 2400x - 180x^2 + 4x^3$

Queremos que V seja o máximo possível. Logo, devemos fazer a derivada de

$V(x) = 2400x - 180x^2 + 4x^3$ em relação a x igual a zero:

$V'(x) = 0$

Vamos determinar a função $V'(x)$:

$V'(x) = \left(2400x - 180x^2 + 4x^3\right)'$

A derivada da soma ou da subtração de funções é a soma ou a subtração das derivadas das funções:

$V'(x) = (2400x)' - \left(180x^2\right)' + \left(4x^3\right)'$

A derivada da constante que multiplica a função é a constante multiplicada pela derivada da função:

$V'(x) = 2400(x)' - 180\left(x^2\right)' + 4\left(x^3\right)'$

A derivada de x em relação a x é $(x)' = 1$.

A derivada de x^2 em relação a x é $\left(x^2\right)' = 2x^{2-1} = 2x^1 = 2x$.

A derivada de x^3 em relação a x é $\left(x^3\right)' = 3x^{3-1} = 3x^2$.

Vamos fazer $(x)' = 1$, $\left(x^2\right)' = 2x$ e $\left(x^3\right)' = 3x^2$ em $V'(x) = 2400(x)' - 180\left(x^2\right)' + 4\left(x^3\right)'$:

$V'(x) = 2400(1) - 180(2x) + 4\left(3x^2\right)$

$V'(x) = 2400 - 360x + 12x^2$

Para acharmos o ponto de máximo de $V(x)$, fazemos $V'(x) = 0$:

$2400 - 360x + 12x^2 = 0$

Podemos dividir tanto o lado direito quanto o lado esquerdo da equação por 12:

$$\frac{2400-360x+12x^2}{12}=\frac{0}{12}$$

$$200-30x+1x^2=0$$

$$1x^2-30x+200=0$$

Temos de resolver $ax^2+bx+c=0$ com $a=1$, $b=-30$ e $c=200$. Para isso, usamos:

$$x=\frac{-b\pm\sqrt{b^2-4ac}}{2a}$$

$$x=\frac{-(-30)\pm\sqrt{(-30)^2-4(1)(200)}}{2(1)}$$

$$x=\frac{30\pm\sqrt{900-800}}{2}$$

$$x=\frac{30\pm\sqrt{100}}{2}$$

$$x=\frac{30\pm 10}{2}$$

Logo, as soluções de $1x^2-30x+200=0$ são $x=\dfrac{30+10}{2}=\dfrac{40}{2}=20$ e $x=\dfrac{30-10}{2}=\dfrac{20}{2}=10$.

No entanto, não podemos usar $x=20$, pois, se substituirmos esse valor em $40-2x$, que fornece o comprimento da caixa, ficaremos com uma caixa de comprimento zero, o que não tem sentido.

Então, $x=10$. Se substituirmos esse valor em $40-2x$, que fornece o comprimento da caixa, e em $60-2x$, que fornece a largura da caixa, ficaremos com uma caixa com as dimensões a seguir.

- Comprimento: $40-2x=40-2(10)=20cm$.
- Largura: $60-2x=60-2(10)=40cm$.
- Altura: $x=10cm$.

Precisamos verificar se $x = 10$ corresponde ao ponto de máximo de $V(x) = 2400x - 180x^2 + 4x^3$. Para isso, fazemos o teste da derivada de segunda ordem, ou seja, verificamos se a derivada de segunda ordem $V''(x)$ é negativa em $x = 10$.

A derivada de segunda ordem $V''(x)$ é a derivada de $V'(x) = 2400 - 360x + 12x^2$:

$$V''(x) = \left(2400 - 360x + 12x^2\right)'$$

A derivada da soma ou da subtração é a soma ou a subtração das derivadas:

$$V''(x) = (2400)' - (360x)' + \left(12x^2\right)'$$

A derivada da multiplicação da constante pela função é a multiplicação da constante pela derivada da função:

$$V''(x) = (2400)' - 360(x)' + 12\left(x^2\right)'$$

A derivada da constante 2400 em relação a x é zero, ou seja, $(2400)' = 0$.

A derivada de x em relação a x é $(x)' = 1$.

A derivada de x^2 em relação a x é $\left(x^2\right)' = 2x^{2-1} = 2x$.

Vamos fazer $(2400)' = 0$, $(x)' = 1$ e $\left(x^2\right)' = 2x$ em $V''(x) = (2400)' - 360(x)' + 12\left(x^2\right)'$:

$$V''(x) = (0) - 360(1) + 12(2x)$$

$$V''(x) = -360 + 24x$$

Se fizermos $x = 10$ em $V''(x) = -360 + 24x$, obtemos um valor negativo: em $x = 10$, temos $V''(10) = -360 + 24(10) = -120$. Como $V''(10) < 0$, $x = 10$ corresponde à abscissa de ponto de máximo de $V = 2400x - 180x^2 + 4x^3$.

Exemplo 8.6. Imagine que o custo C, em R$, de fabricação de x unidades diárias de um produto obedeça à seguinte equação: $C(x) = x^2 - 120x + 100$. O preço de venda P de cada unidade do produto é, em R$, $P(x) = 60 - x$. Supondo que todo produto fabricado seja vendido, qual deve ser a quantidade diária de produção para que o lucro seja o maior possível?

Resolução.

O custo C, em R$, de fabricação de x unidades diárias de um produto é

$C(x) = x^2 - 120x + 100$.

Foi dito que preço de venda P de cada unidade do produto é, em R$, $P(x) = 60 - x$.

A receita R, em R$, obtida na venda de todos os produtos fabricados, sendo a unidade vendida pelo preço $P(x) = 60 - x$, é a quantidade x produzida multiplicada por $P(x) = 60 - x$, ou seja:

$R(x) = xP(x)$

$R(x) = x(60 - x)$

$R(x) = 60x - x^2$

O lucro L, em R$, obtido na venda de todos os produtos fabricados é a diferencça entre a receita $R(x) = 60x - x^2$ e o custo $C(x) = x^2 - 120x + 100$:

$L(x) = R(x) - C(x)$

$L(x) = (60x - x^2) - (x^2 - 120x + 10)$

$L(x) = 60x - x^2 - x^2 + 120x - 10$

$L(x) = -2x^2 + 180x - 10$

Queremos que L seja o máximo possível. Logo, devemos fazer a derivada de $L(x) = -2x^2 + 180x - 10$ em relação a x igual a zero:

$L'(x) = 0$

Vamos determinar a função $L'(x)$:

$L'(x) = \left(-2x^2 + 180x - 10\right)'$

A derivada da soma ou subtração de funções é a soma ou a subtração das derivadas das funções:

$$L'(x) = \left(-2x^2\right)' + (180x)' - (10)'$$

A derivada da constante que multiplica a função é a constante multiplicada pela derivada da função:

$$L'(x) = -2\left(x^2\right)' + 180(x)' - (10)'$$

A derivada de x^2 em relação a x é $\left(x^2\right)' = 2x^{2-1} = 2x$.

A derivada de x em relação a x é $(x)' = 1$.

A derivada da constante 10 em relação a x é 0, ou seja, $(10)' = 0$.

Vamos fazer $\left(x^2\right)' = 2x$, $(x)' = 1$ e $(10)' = 0$ em $L'(x) = -2\left(x^2\right)' + 180(x)' - (10)'$:

$$L'(x) = -2(2x) + 180(1) - (0)$$

$$L'(x) = -4x + 180$$

Para acharmos o ponto de mínimo de $L(x)$, fazemos $L'(x) = 0$:

$$-4x + 180 = 0$$

$$180 = 4x$$

$$\frac{180}{4} = x$$

$$x = 45$$

Precisamos verificar se $x = 45$ corresponde ao ponto de máximo de $L(x) = -2x^2 + 180x - 10$. Para isso, fazemos o teste da derivada de segunda ordem, ou seja, verificamos se a derivada de segunda ordem $L''(x)$ é negativa em $x = 45$.

A derivada de segunda ordem $L''(x)$ é a derivada de $L'(x) = -4x + 180$:

$$L''(x) = (-4x + 180)'$$

A derivada da soma é a soma das derivadas:

$$L''(x) = (-4x)' + (180)'$$

A derivada da multiplicação da constante -4 por x é a constante -4 multiplicada pela derivada de x:

$$L''(x) = -4(x)' + (180)'$$

A derivada de x em relação a x é $(x)' = 1$.

A derivada da constante 180 em relação a x é zero, ou seja, $(180)' = 0$.

Vamos fazer $(x)' = 1$ e $(180)' = 0$ em $L''(x) = -4(x)' + (180)'$:

$$L''(x) = -4(1) + (0)$$

$$L''(x) = -4$$

Se fizermos $x = 45$ em $L''(x) = -4$, obtemos um valor negativo. Como $L''(45) < 0$, $x = 45$ corresponde a ponto de máximo de $L(x) = -2x^2 + 180x - 10$.

Em resumo, a receita será máxima se a produção diária for de 45 unidades.

Exemplo 8.7. Imagine que, para fabricar x unidades de certo produto, uma empresa tenha custo C, em R$, dado por $C(x) = 0{,}15x^2 + 260x + 1700$. Qual deve ser a quantidade de unidades produzidas para que o custo médio seja o menor possível?

Resolução

O custo médio CM, em R$, de fabricação de x unidades do produto é o custo $C(x) = 0{,}15x^2 + 260x + 1700$ dividido pela quantidade x:

$$CM(x) = \frac{C(x)}{x}$$

$$CM(x) = \frac{0{,}15x^2 + 260x + 1700}{x}$$

$$CM(x)=\frac{0{,}15x^2}{x}+\frac{260x}{x}+\frac{1700}{x}$$

$$CM(x)=0{,}15x+260+\frac{1700}{x}$$

Queremos que CM seja o mínimo possível. Logo, devemos fazer a derivada de

$CM(x)=0{,}15x+260+\dfrac{1700}{x}$ em relação a x igual a zero:

$$CM'(x)=0$$

Vamos determinar a função $CM'(x)$:

$$CM'(x)=\left(0{,}15x+260+\frac{1700}{x}\right)'$$

A derivada da soma de funções é a soma das derivadas das funções:

$$CM'(x)=(0{,}15x)'+(260)'+\left(\frac{1700}{x}\right)'$$

$$CM'(x)=(0{,}15x)'+(260)'+\left(1700\frac{1}{x}\right)'$$

A derivada da constante que multiplica a função é a constante multiplicada pela derivada da função:

$$CM'(x)=0{,}15(x)'+(260)'+1700\left(\frac{1}{x}\right)'$$

A derivada de x em relação a x é $(x)'=1$.

A derivada da constante 260 em relação a x é 0, ou seja, $(260)'=0$.

A derivada de $\dfrac{1}{x}$ em relação a x é $\left(\dfrac{1}{x}\right)'=-\dfrac{1}{x^2}$, pois $\dfrac{1}{x}=\dfrac{1}{x^1}=x^{-1}$ e

$(x^{-1})'=-1x^{-1-1}=-1x^{-2}=-\dfrac{1}{x^2}$. Para derivarmos x^{-1}, usamos $(x^n)'=nx^{n1-1}$, com $n=-1$.

A derivada de x em relação a x é $(x)' = 1$.

Vamos fazer $(x)' = 1$, $(260)' = 0$ e $\left(\frac{1}{x}\right)' = -\frac{1}{x^2}$ em

$$CM'(x) = 0{,}15(x)' + (260)' + 1700\left(\frac{1}{x}\right)' :$$

$$CM'(x) = 0{,}15(1) + (0) + 1700\left(-\frac{1}{x^2}\right)$$

$$CM'(x) = 0{,}15 - 1700\left(\frac{1}{x^2}\right)$$

Para acharmos o ponto de mínimo de $CM(x)$, fazemos $CM'(x) = 0$:

$$0{,}15 - 1700\left(\frac{1}{x^2}\right) = 0$$

$$1700\left(\frac{1}{x^2}\right) = 0{,}15$$

$$\frac{1}{x^2} = \frac{0{,}15}{1700}$$

$$0{,}15x^2 = 1700$$

$$x^2 = \frac{1700}{0{,}15}$$

$$x^2 = 11333{,}33$$

$$x = \sqrt{11333{,}33}$$

$$x \cong 106$$

Arredondamos o valor de x para um número inteiro, pois se trata da quantidade de unidades produzidas.

Precisamos verificar se $x = 106$ corresponde ao ponto de mínimo de $CM(x) = 0{,}15x + 260 + \frac{1700}{x}$. Para isso, fazemos o teste da derivada de segunda ordem, ou seja, verificamos se a derivada de segunda ordem $CM''(x)$ é positiva em $x = 106$.

A derivada de segunda ordem $CM''(x)$ é a derivada de $CM'(x) = 0{,}15 - 1700\left(\frac{1}{x^2}\right)$:

$$CM''(x) = \left(0{,}15 - 1700\left(\frac{1}{x^2}\right)\right)'$$

A derivada da subtração é a subtração das derivadas:

$$CM''(x) = (0{,}15)' - \left(1700\left(\frac{1}{x^2}\right)\right)'$$

A derivada da multiplicação da constante 1700 por $\frac{1}{x^2}$ é a constante 1700 multiplicada pela derivada de $\frac{1}{x^2}$:

$$CM''(x) = (0{,}15)' - 1700\left(\frac{1}{x^2}\right)'$$

A derivada da constante 0,15 em relação a x é zero, ou seja, $(0{,}15)' = 0$.

A derivada de $\frac{1}{x^2}$ em relação a x é $\left(\frac{1}{x^2}\right)' = -\frac{2}{x^3}$, pois $\frac{1}{x^2} = x^{-2}$ e $\left(x^{-2}\right)' = -2x^{-2-1} = -2x^{-3} = -\frac{2}{x^3}$.

Vamos fazer $(0{,}15)' = 0$ e $\left(\frac{1}{x^2}\right)' = -\frac{2}{x^3}$ em $CM''(x) = (0{,}15)' - 1700\left(\frac{1}{x^2}\right)'$:

$$CM''(x) = (0) - 1700\left(-\frac{2}{x^3}\right)$$

$$CM''(x) = 3400\left(\frac{1}{x^3}\right)$$

Se fizermos $x = 106$ em $CM''(x) = 3400\left(\frac{1}{x^3}\right)$, obtemos um valor positivo. Logo,

$CM''(106) > 0$ e $x = 106$ corresponde a ponto de mínimo de $CM(x) = 0{,}15x + 260 + \frac{1700}{x}$.

Em resumo, custo médio será o menor possível se forem produzidas 106 unidades.

Exemplo 8.8. Um menino lança uma bola verticalmente para cima. A altura S, em metros, ocupada pela bola em função do tempo t, em segundos, é dada por $S = 0{,}8 + 30t - 5t^2$. A altura S é medida a partir do solo, com orientação de baixo para cima. Para essa situação, determine a altura máxima atingida pela bola.

Resolução

A altura S, em metros, ocupada pela bola em função do tempo t, em segundos, é:

$$S = 0{,}8 + 30t - 5t^2$$

A derivada de S em relação a t, indicada por $S'(t)$, é:

$$S'(t) = \left(0{,}8 + 30t - 5t^2\right)'$$

A derivada da soma ou da subtração é a soma ou a subtração das derivadas:

$$S'(t) = (0{,}8)' + (30t)' - \left(5t^2\right)'$$

A derivada da multiplicação pela função é a constante multiplicada pela derivada da função:

$$S'(t) = (0{,}8)' + 30(t)' - 5\left(t^2\right)'$$

A derivada da constante 0,8 em relação a t é 0, ou seja, $(0{,}8)' = 0$.

A derivada de t em relação a t é $(t)' = 1$.

A derivada de t^2 em relação a t é $\left(t^2\right)' = 2t^{2-1} = 2t$.

Vamos fazer $(0{,}8)' = 0$, $(t)' = 1$ e $(t^2)' = 2t$ em $S'(x) = (0{,}8)' + 30(t)' - 5(t^2)'$:

$S'(t) = (0) + 30(1) - 5(2t)$

$S'(t) = 30 - 10t$

Queremos que a variável S tenha seu valor máximo. Para isso, devemos igualar sua derivada $S'(t) = 3 - 10t$ a zero:

$30 - 10t = 0$

$30 = 10t$

$\frac{30}{10} = t$

$t = 3$

Se substituirmos t por 3 em $S = 0{,}8 + 30t - 5t^2$, ficamos com $S = 45{,}8$, pois:

$S(3) = 0{,}8 + 30(3) - 5(3)^2$

$S(3) = 0{,}8 + 90 - 45$

$S(3) = 0{,}8 + 90 - 45$

$S(3) = 45{,}8$

Assim, o ponto crítico de $S = 0{,}8 + 30t - 5t^2$ corresponde a $t = 3$ (3 segundos) e $S = 45{,}8$ (45,8 metros).

Vamos verificar se esse ponto é realmente ponto de máximo de $S = 0{,}8 + 30t - 5t^2$. Para isso, fazemos o teste da derivada de segunda ordem, ou seja, verificamos se a derivada de segunda ordem $S''(t)$ é negativa em $t = 3$.

A derivada de segunda ordem $S''(t)$ de S em relação a t é:

$S''(t) = (30 - 10t)'$

A derivada da subtração de funções é a subtração das derivadas das funções:

$S''(t) = (30 - 10t)' = (30)' - (10t)'$

A derivada da multiplicação da constante 10 por t é a constante 10 multiplicada pela derivada de t:

$S''(t) = (30)' - (10t)' = (30)' - 10(t)'$

A derivada da constante 30 em relação a t é zero, ou seja, $(30)' = 0$, e a derivada de t em relação a t é $(t)' = 1$:

$S''(t) = (30)' - 10(t)'$

$S''(t) = (0) - 10(1)$

$S''(t) = -10$

Visto que $S''(t) = -10$, essa função é sempre negativa. Como, em $t = 3$, temos $S''(t) < 0$, então o par $t = 3$ e $S = 45{,}8$ corresponde ao ponto de máximo de $S = 0{,}8 + 30t - 5t^2$.

Em resumo, a altura máxima atingida pela bola do enunciado é 45,8m.

Na figura 8.11, temos o gráfico da função $S = 0{,}8 + 30t - 5t^2$, feito com o auxílio de uma planilha eletrônica.

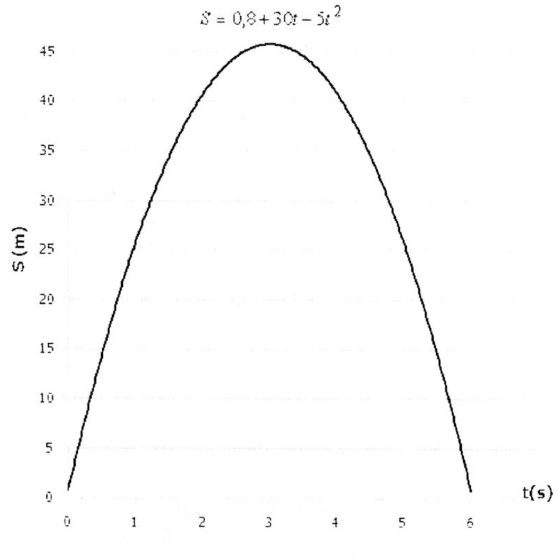

Figura 8.11. Gráfico da função $S = 0{,}8 + 30t - 5t^2$.

Vemos que, de 0 a 3s, a bola sobe. Em 3s, a bola atinge sua altura máxima. Nesse instante, a velocidade da boa é zero e inverte o sentido do seu movimento. De 3s a 6s, a bola desce.

Exemplo 8.9. A carga elétrica q, em Coulomb, que percorre um circuito elétrico em função do tempo t, em segundos, é dada por $q = 3t^3 - 60t^2$. Qual é o instante em que a corrente que percorre o circuito atinge tem seu valor mínimo?

Resolução

A corrente I que percorre o circuito é a derivada da carga $q = 3t^3 - 60t^2$ em função do tempo t:

$$I = q'(t)$$

$$I - \left(3t^3 - 60t^2\right)'$$

A derivada da subtração de funções é a subtração das derivadas das funções:

$$I = \left(3t^3 - 60t^2\right)' = \left(3t^3\right)' - \left(60t^2\right)'$$

A derivada da multiplicação pela função é a constante multiplicada pela derivada da função:

$$I = 3\left(t^3\right)' - 60\left(t^2\right)'$$

A derivada de t^3 em relação a t é $\left(t^3\right)' = 3t^{3-1} = 3t^2$.

A derivada de t^2 em relação a t é $\left(t^2\right)' = 2t^{2-1} = 2t$.

Vamos fazer $\left(t^3\right)' = 3t^2$ e $\left(t^2\right)' = 2t$ em $I = 3\left(t^3\right)' - 60\left(t^2\right)'$:

$$I = 3\left(3t^2\right) - 60(2t)$$

$$I = 9t^2 - 120t$$

A derivada $I'(t)$ de $I = 9t^2 - 120t$ é:

$$I'(t) = \left(9t^2 - 120t\right)'$$

A derivada da subtração de funções é a subtração das derivadas das funções:

$$I'(t) = \left(9t^2 - 120t\right)' = \left(9t^2\right)' - \left(120t\right)'$$

A derivada da multiplicação pela função é a constante multiplicada pela derivada da função:

$$I'(t) = \left(9t^2\right)' - \left(120t\right)' = 9\left(t^2\right)' - 120\left(t\right)'$$

A derivada de t^2 em relação a t é $\left(t^2\right)' = 2t^{2-1} = 2t$.

A derivada de t em relação a t é $\left(t\right)' = 1$.

Vamos fazer $\left(t^2\right)' = 2t$ e $\left(t\right)' = 1$ em $I'(t) = 9\left(t^2\right)' - 120\left(t\right)'$:

$$I'(t) = 9(2t) - 120(1)$$

$$I'(t) = 18t - 120$$

Queremos que a variável I tenha seu valor máximo. Para isso, devemos igualar sua derivada $I'(t) = 18t - 120$ a zero:

$$18t - 120 = 0$$

$$18t = 120$$

$$t = \frac{120}{18}$$

$$t = 6{,}67$$

Assim, o ponto crítico de $I = 9t^2 - 120t$ corresponde a $t = 6{,}67$.

Vamos verificar se esse ponto é realmente ponto de mínimo de $I = 9t^2 - 120t$: para isso, fazemos o teste da derivada de segunda ordem, ou seja, verificamos se a derivada de segunda ordem $I''(t)$ é positiva em $t = 6{,}67$.

A derivada de segunda ordem $I''(t)$ de I em relação a t é:

$$I''(t) = \left(18t - 120\right)'$$

A derivada da subtração é a subtração das derivadas:

$I''(t) = (18t - 120)' = (18t)' - (120)'$

A derivada da multiplicação da constante 18 por t é a constante 18 multiplicada pela derivada de t:

$I''(t) = 18(t)' - (120)'$

A derivada da constante 120 em relação a t é zero, ou seja, $(120)' = 0$, e a derivada de t em relação a t é $(t)' = 1$:

$I''(t) = 18(1) - (0)$

$I''(t) = 18$

Visto que $I''(t) = 18$, essa função é sempre positiva. Como temos $I''(6{,}67) > 0$, $t = 6{,}67$ corresponde ao ponto de mínimo de $I = 9t^2 - 120t$.

Exemplo 8.10. O preço P, em R$, de certo bem em função da quantidade x de unidades produzidas segue a função $P(x) = 130e^{-0{,}02x}$, com $x \geq 0$. Determine o preço que faz com que a receita seja a maior possível.

Resolução

A receita R é a multiplicação da quantidade x de unidades produzidas pelo preço P:

$R(x) = xP(x)$

$R(x) = x\left(130e^{-0{,}02x}\right)$

$R(x) = 130xe^{-0{,}02x}$

Queremos que R seja o máximo possível. Logo, devemos fazer a derivada de $R(x) = 130xe^{-0{,}02x}$ em relação a x igual a zero:

$R'(x) = 0$

Vamos determinar a função $R'(x)$:

$$R'(x) = \left(130xe^{-0,02x}\right)'$$

A derivada da constante que multiplica a função é a constante multiplicada pela derivada da função:

$$R'(x) = 130\left(xe^{-0,02x}\right)'$$

Para derivarmos $\left(xe^{-0,02x}\right)$ em relação à variável x, usamos a propriedade indicada a seguir, pois temos uma "multiplicação" de duas funções.

$$\left(f(x)g(x)\right)' = f'(x)g(x) + f(x)g'(x)$$

Se fizermos $f(x) = x$ e $g(x) = e^{-0,02x}$, ficamos com:

$$R'(x) = 130\left(xe^{-0,02x}\right)' = 130\left((x)'\left(e^{-0,02x}\right) + (x)\left(e^{-0,02x}\right)'\right)$$

A derivada de x em relação a x é $(x)' = 1$.

Para derivarmos $e^{-0,02x}$ em relação à variável x, usamos $\left(e^{u}\right)' = u'e^{u}$, com $u = -0,02x$, ou seja, $\left(e^{-0,02x}\right)' = (-0,02x)'e^{-0,02x} = -0,02(x)'e^{-0,02x} = -0,02(1)e^{-0,02x} = -0,02e^{-0,02x}$.

Fazemos $(x)' = 1$ e $\left(e^{-0,02x}\right)' = -0,02e^{-0,02x}$ em $R'(x) = 130\left((x)'\left(e^{-0,02x}\right) + (x)\left(e^{-0,02x}\right)'\right)$:

$$R'(x) = 130\left((1)\left(e^{-0,02x}\right) + (x)\left(-0,02e^{-0,02x}\right)\right)$$

$$R'(x) = 130\left(e^{-0,02x} - 0,02xe^{-0,02x}\right)$$

Podemos colocar $e^{-0,02x}$ em evidência:

$$R'(x) = 130e^{-0,02x}(1 - 0,02x)$$

Para acharmos o ponto de máximo de $R(x)$, vamos fazer $R'(x) = 0$:

$$130e^{-0,02x}(1 - 0,02x) = 0$$

Como $130 \neq 0$ e a exponencial $e^{-0,02x}$ nunca é zero, para que a multiplicação $130e^{-0,02x}(1-0,02x)$ seja zero, precisamos ter $1-0,02x$ igual a zero:

$$1-0,02x=0$$

$$1=0,02x$$

$$\frac{1}{0,02}=x$$

$$x=50$$

Precisamos conferir se $x=50$ corresponde ao ponto de máximo de $R(x)=130xe^{-0,02x}$. Para isso, fazemos o teste da derivada de segunda ordem, ou seja, verificamos se a derivada de segunda ordem $R''(x)$ é negativa em $x=50$.

A derivada de segunda ordem $R''(x)$ é a derivada de $R'(x)=130e^{-0,02x}(1-0,02x)$:

$$R''(x)=\left(130e^{-0,02x}(1-0,02x)\right)'$$

A derivada da multiplicação da constante pela função é a constante multiplicada pela derivada da função:

$$R''(x)=130\left(e^{-0,02x}(1-0,02x)\right)'$$

Para derivarmos $\left(e^{-0,02x}(1-0,02x)\right)$ em relação à variável x, usamos a propriedade indicada a seguir, pois temos uma "multiplicação" de duas funções.

$$\left(f(x)g(x)\right)'=f'(x)g(x)+f(x)g'(x)$$

Se fizermos $f(x)=e^{-0,02x}$ e $g(x)=1-0,02x$ em $R''(x)=130\left(e^{-0,02x}(1-0,02x)\right)'$, ficamos com:

$$R''(x)=130\left(e^{-0,02x}(1-0,02x)\right)'=130\left(\left(e^{-0,02x}\right)'(1-0,02x)+e^{-0,02x}(1-0,02x)'\right)$$

Vimos que $\left(e^{-0,02x}\right)'=-0,02e^{-0,02x}$.

A derivada de $1-0{,}02x$ em relação a x é $(1-0{,}02x)'=-0{,}02$, pois:

$$(1-0{,}02x)'=(1)'-(0{,}02x)'=(1)'-0{,}02(x)'=(0)-0{,}02(1)=-0{,}02$$

Se fizermos $\left(e^{-0{,}02x}\right)'=-0{,}02e^{-0{,}02x}$ e $(1-0{,}02x)'=-0{,}02$ em

$R''(x)=130\left(\left(e^{-0{,}02x}\right)'(1-0{,}02x)+e^{-0{,}02x}(1-0{,}02x)'\right)$, ficamos com:

$$R''(x)=130\left(\left(-0{,}02e^{-0{,}02x}\right)(1-0{,}02x)+e^{-0{,}02x}(-0{,}02)\right)$$

$$R''(x)=130\left(\left(-0{,}02e^{-0{,}02x}\right)(1-0{,}02x)+e^{-0{,}02x}(-0{,}02)\right)$$

$$R''(x)=130\left(-0{,}02e^{-0{,}02x}(1-0{,}02x)-0{,}02e^{-0{,}02x}\right)$$

Podemos colocar $-0{,}02e^{-0{,}02x}$ em evidência:

$$R''(x)=130\left(-0{,}02e^{-0{,}02x}\right)\left((1-0{,}02x)+1\right)$$

$$R''(x)=-2{,}6e^{-0{,}02x}(2-0{,}02x)$$

$$R''(x)=-2{,}6e^{-0{,}02x}(2)(1-0{,}01x)$$

$$R''(x)=-5{,}2e^{-0{,}02x}(1-0{,}01x)$$

Se fizermos $x=50$ em $R''(x)=-5{,}2e^{-0{,}02x}(1-0{,}01x)$, obtemos um valor negativo, pois $R''(50)=-5{,}2e^{-0{,}02(50)}(1-0{,}01(50))=-0{,}9565$. Como $R''(50)<0$, $x=50$ corresponde a ponto de máximo de $R(x)=130xe^{-0{,}02x}$.

Na figura 8.12, temos o gráfico de $R(x)=130xe^{-0{,}02x}$. Vemos que a receita é:

- zero para zero unidades produzidas;
- aumenta com o aumento do número de unidades produzidas até 50 unidades;
- chega ao valor máximo para 50 unidades produzidas;
- diminui com o aumento do número de unidades produzidas a partir de 50 unidades.

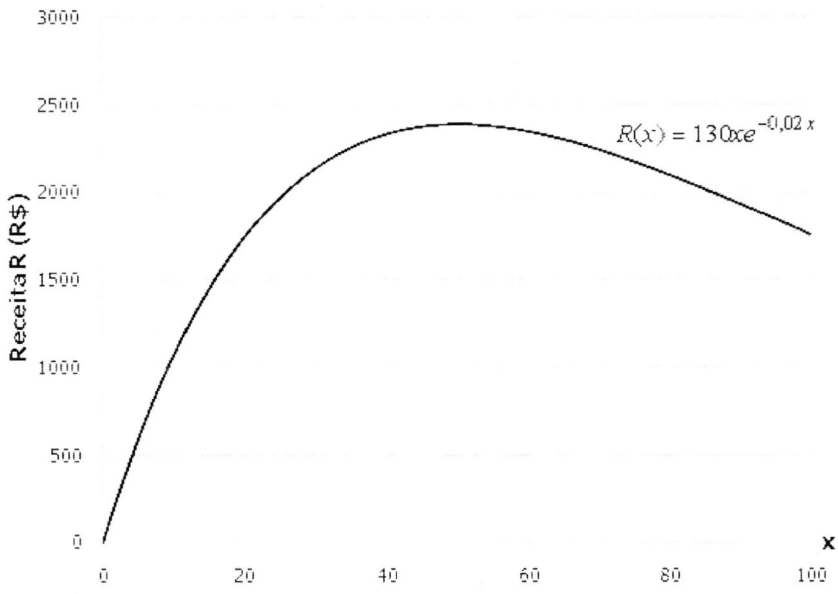

Figura 8.12. Gráfico da função $R(x) = 130xe^{-0,02x}$.

Foi pedido o preço que faz com que a receita seja a maior possível. Logo, devemos calcular o preço correspondente a 50 unidades produzidas.

Para isso, substituímos x por 50 em $P(x) = 130e^{-0,02x}$:

$$P(50) = 130e^{-0,02(50)}$$

$$P(50) = 47,82$$

Logo, o preço que faz com que a receita seja a maior possível é R$47,82.

Exemplo 8.11. Determine o ponto do gráfico de $y = \sqrt{x}$ que está o mais perto possível de $(3,0)$.

Resolução

Queremos achar o ponto $P_1 = (x, \sqrt{x})$ do gráfico de $y = \sqrt{x}$ que está o mais perto possível do ponto $P_2 = (3,0)$, conforme esquematizado, sem escala, na figura 8.13.

Nessa figura, D representa a distância entre $P_1 = (x, \sqrt{x})$ e $P_2 = (3,0)$, sendo que $(3,0)$ é um ponto que está no eixo horizontal (eixo x).

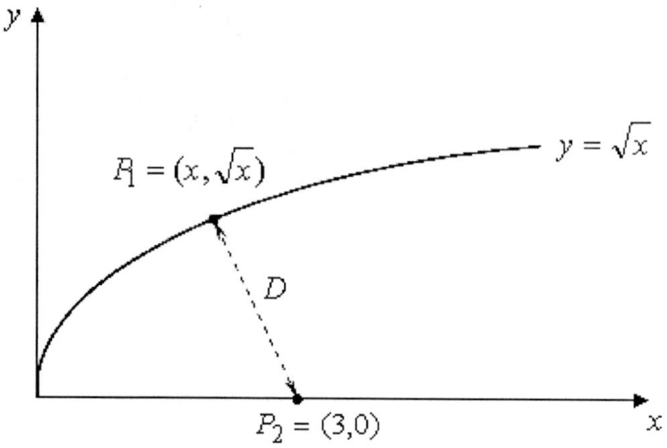

Figura 8.13. Ponto $P_1 = (x, \sqrt{x})$ de $y = \sqrt{x}$ que está o mais perto possível de $P_2 = (3,0)$.

Na figura 8.14, estão representadas, também, as coordenadas de $P_1 = (x, \sqrt{x})$ e $P_2 = (3,0)$.

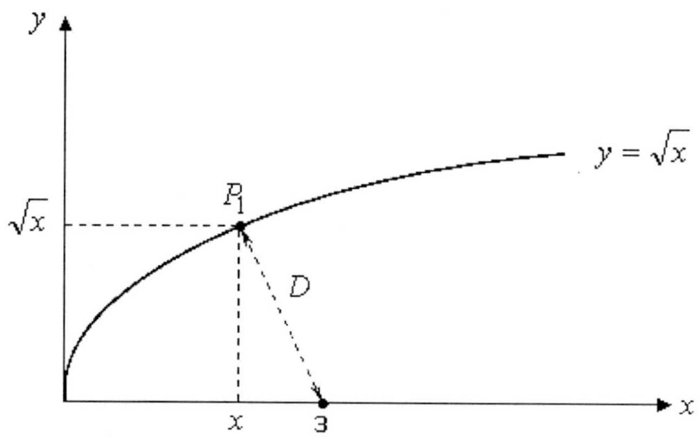

Figura 8.14. Coordenadas de $P_1 = (x, \sqrt{x})$ e $P_2 = (3,0)$.

A distância D entre $P_1 = (x, \sqrt{x})$ e $P_2 = (3,0)$ é a raiz quadrada da soma dos quadrados das diferenças das respectivas coordenadas dos pontos:

$$D = \sqrt{(x-3)^2 + \left(\sqrt{x} - 0\right)^2}$$

$$D = \sqrt{(x-3)^2 + \left(\sqrt{x}\right)^2}$$

$$D = \sqrt{(x-3)^2 + x}$$

Para desenvolvermos $(x-3)^2$, usamos $(a-b)^2 = a^2 - 2ab + b^2$ com $a = x$ e $b = 3$:

$$(x-3)^2 = (x)^2 - 2(x)(3) + (3)^2 = x^2 - 6x + 9$$

Substituímos $(x-3)^2$ por x^2-6x+9 em $D=\sqrt{(x-3)^2-x}$:

$$D=\sqrt{x^2-6x+9+x}$$

$$D=\sqrt{x^2-5x+9}$$

Queremos que D seja o mínimo possível. Logo, devemos fazer a derivada de

$D(x)=\sqrt{x^2-5x+9}$ em relação a x igual a zero:

$$D'(x)=0$$

Vamos determinar a função $D'(x)$:

$$D'(x)=\left(\sqrt{x^2-5x+9}\right)'$$

Para derivarmos $\sqrt{x^2-5x+9}$ em relação à variável x , usamos $\sqrt{u}\,'=\dfrac{u'}{2\sqrt{u}}$, com

$u=x^2-5x+9$. Logo:

$$D'(x)=\left(\sqrt{x^2-5x+9}\right)'=\frac{\left(x^2-5x+9\right)'}{2\sqrt{x^2-5x+9}}$$

A derivada da soma ou da subtração de funções é a soma ou a subtração das derivadas das funções:

$$D'(x)=\frac{\left(x^2-5x+9\right)'}{2\sqrt{x^2-5x+9}}=\frac{\left(x^2\right)'-(5x)'+(9)'}{2\sqrt{x^2-5x+9}}$$

A derivada da constante que multiplica a função é a constante multiplicada pela derivada da função:

$$D'(x)=\frac{\left(x^2\right)'-(5x)'+(9)'}{2\sqrt{x^2-5x+9}}=\frac{\left(x^2\right)'-5(x)'+(9)'}{2\sqrt{x^2-5x+9}}$$

A derivada de x^2 em relação a x é $\left(x^2\right)'=2x$.

A derivada de x em relação a x é $(x)' = 1$.

A derivada da constante 9 em relação a x é 0, ou seja, $(9)' = 0$.

Fazemos $(x^2)' = 2x$, $(x)' = 1$ e $(9)' = 0$ em $D'(x) = \dfrac{(x^2)' - 5(x)' + (9)'}{2\sqrt{x^2 - 5x + 9}}$:

$$D'(x) = \frac{(2x) - 5(1) + (0)}{2\sqrt{x^2 - 5x + 9}}$$

$$D'(x) = \frac{2x - 5}{2\sqrt{x^2 - 5x + 9}}$$

Para acharmos o ponto de mínimo de $D(x)$, vamos fazer $D'(x) = 0$:

$$\frac{2x - 5}{2\sqrt{x^2 - 5x + 9}} = 0$$

Para que a divisão $\dfrac{2x - 5}{2\sqrt{x^2 - 5x + 9}}$ seja zero, devemos ter o numerador $2x - 5$ igual a zero, com o denominador $2\sqrt{x^2 - 5x + 9}$ diferente de zero:

$$2x - 5 = 0$$

$$2x = 5$$

$$x = \frac{5}{2}$$

$$x = 2{,}5$$

Na figura 8.15, podemos ver como varia a distância entre $P_1 = (x, \sqrt{x})$ e $P_2 = (3{,}0)$, dada por $D = \sqrt{x^2 - 5x + 9}$, em função da abscissa x.

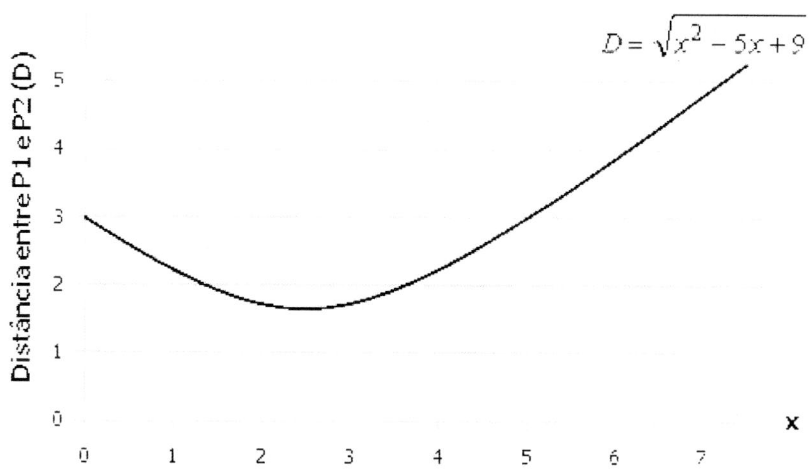

Figura 8.15. Gráfico da distância $D = \sqrt{x^2 - 5x + 9}$**.**

Na figura 8.15, vemos que a distância entre ntre $P_1 = (x, \sqrt{x})$ e $P_2 = (3{,}0)$ é:

- 3 para $x = 0$;
- diminui com x até $x = 2{,}5$;
- chega ao valor mínimo para $x = 2{,}5$;
- aumenta com x a partir de $x = 2{,}5$.

Concluímos que, se $x = 2{,}5$, a distância entre $P_1 = (x, \sqrt{x})$ e $P_2 = (3{,}0)$ é a mínima possível e vale, aproximadamente, 1,658, pois:

$$D = \sqrt{(2{,}5)^2 - 5(2{,}5) + 9} = 1{,}658$$

Exemplo 8.12. Determine o retângulo de área máxima inscrito em um semicírculo. Considere que um dos lados do retângulo esteja sobre o diâmetro do semicírculo.

Resolução

Na figura 8.16, temos um retângulo de base 2B e de altura H inscrito em um semicírculo de raio R. A base do retângulo está no diâmetro do semicírculo.

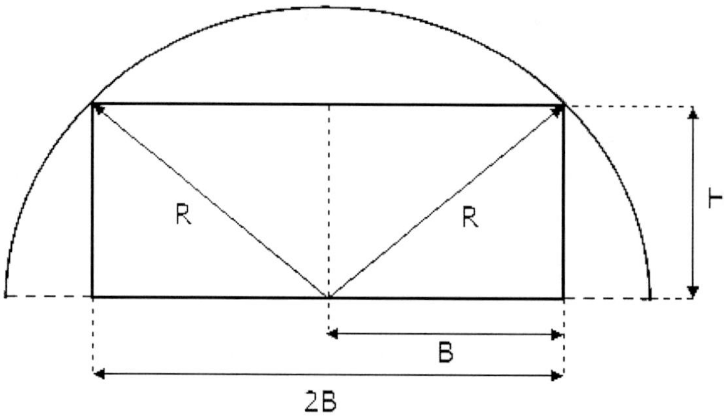

Figura 8.16. Retângulo de base 2B e de altura H inscrito em semicírculo de raio R.

A área S do retângulo é a multiplicação da sua base 2B pela sua altura H:

$S = 2BH$

Vamos observar o triângulo retângulo destacado na figura 8.17.

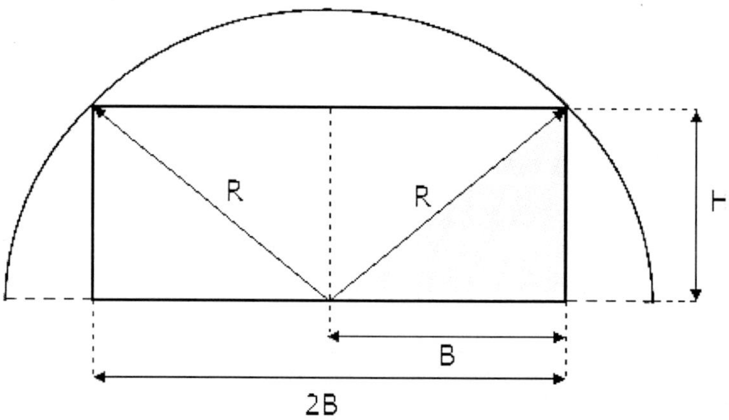

Figura 8.17. Triângulo em destaque.

Ao triângulo retângulo destacado na figura 8.17, que tem base B, altura H e hipotenusa R, podemos aplicar o teorema de Pitágoras:

$$H^2 + B^2 = R^2$$

$$H^2 = R^2 - B^2$$

$$H = \sqrt{R^2 - B^2}$$

Vamos substituir H por $\sqrt{R^2 - B^2}$ em $S = 2BH$:

$S = 2B\sqrt{R^2 - B^2}$

Vemos que a equação que relaciona S e B é $S(B) = 2B\sqrt{R^2 - B^2}$.

Queremos que S tenha o valor máximo possível. Logo, devemos fazer a derivada de $S(B) = 2B\sqrt{R^2 - B^2}$ em relação a B igual a zero:

$S'(B) = 0$

Vamos determinar a função $S'(B)$:

$S'(B) = \left(2B\sqrt{R^2 - B^2}\right)'$

A derivada da constante que multiplica a função é a constante multiplicada pela derivada da função:

$S'(B) = 2\left(B\sqrt{R^2 - B^2}\right)'$

Para derivarmos $B\sqrt{R^2 - B^2}$ em relação à variável B, usamos a propriedade indicada a seguir, pois temos uma "multiplicação" de duas funções.

$(f(B)g(B))' = f'(B)g(B) + f(B)g'(B)$

Se fizermos $f(B) = B$ e $g(B) = \sqrt{R^2 - B^2}$, ficamos com:

$S'(B) = 2\left(B\sqrt{R^2 - B^2}\right)' = 2\left((B)'\left(\sqrt{R^2 - B^2}\right) + (B)\left(\sqrt{R^2 - B^2}\right)'\right)$

A derivada de B em relação a B é $(B)' = 1$.

Para derivarmos $\sqrt{R^2 - B^2}$ em relação à variável B, usamos $\sqrt{u}' = \dfrac{u'}{2\sqrt{u}}$, com $u = R^2 - B^2$.

Logo:

$$\left(\sqrt{R^2 - B^2}\right)' = \frac{\left(R^2 - B^2\right)'}{2\sqrt{R^2 - B^2}}$$

A derivada da soma ou da subtração de funções é a soma ou a subtração das derivadas das funções:

$$\left(\sqrt{R^2 - B^2}\right)' = \frac{\left(R^2 - B^2\right)'}{2\sqrt{R^2 - B^2}} = \frac{\left(R^2\right)' - \left(B^2\right)'}{2\sqrt{R^2 - B^2}}$$

Como R é uma constante, R^2 também é uma constante e a derivada da constante é zero.

A derivada de B^2 em relação a B é $\left(B^2\right)' = 2B$.

Logo:

$$\left(\sqrt{R^2 - B^2}\right)' = \frac{\left(R^2\right)' - \left(B^2\right)'}{2\sqrt{R^2 - B^2}} = \frac{(0) - (2B)}{2\sqrt{R^2 - B^2}}$$

$$\left(\sqrt{R^2 - B^2}\right)' = -\frac{2B}{2\sqrt{R^2 - B^2}}$$

$$\left(\sqrt{R^2 - B^2}\right)' = -\frac{B}{\sqrt{R^2 - B^2}}$$

Fazemos $(B)' = 1$ e $\left(\sqrt{R^2 - B^2}\right)' = -\frac{B}{\sqrt{R^2 - B^2}}$ em

$$S'(B) = 2\left((B)'\left(\sqrt{R^2 - B^2}\right) + (B)\left(\sqrt{R^2 - B^2}\right)'\right):$$

$$S'(B) = 2\left((1)\left(\sqrt{R^2 - B^2}\right) + (B)\left(-\frac{B}{\sqrt{R^2 - B^2}}\right)\right)$$

$$S'(B) = 2\left(\sqrt{R^2 - B^2} - \frac{B^2}{\sqrt{R^2 - B^2}}\right)$$

Para efetuarmos a subtração de $\sqrt{R^2 - B^2}$ e $\frac{B^2}{\sqrt{R^2 - B^2}}$, precisamos expressar os dois termos com o mesmo denominador:

$$S'(B) = 2\left(\frac{\sqrt{R^2 - B^2}\sqrt{R^2 - B^2}}{\sqrt{R^2 - B^2}} - \frac{B^2}{\sqrt{R^2 - B^2}}\right)$$

Fazemos $\sqrt{R^2 - B^2}\sqrt{R^2 - B^2} = R^2 - B^2$:

$$S'(B) = 2\left(\frac{R^2 - B^2}{\sqrt{R^2 - B^2}} - \frac{B^2}{\sqrt{R^2 - B^2}}\right)$$

$$S'(B) = 2\left(\frac{R^2 - B^2 - B^2}{\sqrt{R^2 - B^2}}\right)$$

$$S'(B) = 2\left(\frac{R^2 - 2B^2}{\sqrt{R^2 - B^2}}\right)$$

Queremos achar a máxima área S. Então, vamos fazer $S'(B) = 0$:

$$2\left(\frac{R^2 - 2B^2}{\sqrt{R^2 - B^2}}\right) = 0$$

Para que a divisão $2\left(\frac{R^2 - 2B^2}{\sqrt{R^2 - B^2}}\right)$ seja zero, devemos ter o numerador $R^2 - 2B^2$ igual a zero, com o denominador $\sqrt{R^2 - B^2}$ diferente de zero:

$$R^2 - 2B^2 = 0$$

$$R^2 = 2B^2$$

$$\frac{R^2}{2} = B^2$$

$$\sqrt{\frac{R^2}{2}} = B$$

$$\frac{R}{\sqrt{2}} = B$$

$$B = \frac{R}{\sqrt{2}}$$

Para não ficarmos com uma raiz quadrada no denominador da fração, podemos multiplicar $\frac{R}{\sqrt{2}}$ por $\frac{\sqrt{2}}{\sqrt{2}}$:

$$B = \frac{R}{\sqrt{2}}\frac{\sqrt{2}}{\sqrt{2}}$$

$$B = \frac{R\sqrt{2}}{2}$$

$$B = \frac{\sqrt{2}R}{2}$$

Assim, o ponto crítico de $S(B) = 2B\sqrt{R^2 - B^2}$ corresponte a $B = \frac{\sqrt{2}R}{2}$.

Vamos verificar se esse ponto é realmente ponto de máximo de $S(B) = 2B\sqrt{R^2 - B^2}$. Para isso, fazemos o teste da derivada de segunda ordem, ou seja, verificamos se a derivada de segunda ordem $S''(B)$ é negativa em $B = \frac{\sqrt{2}R}{2}$.

A derivada de segunda ordem $S''(B)$ de S em relação a B é a derivada de

$$S'(B) = 2\left(\frac{R^2 - 2B^2}{\sqrt{R^2 - B^2}}\right):$$

$$S''(B) = \left(2\left(\frac{R^2 - 2B^2}{\sqrt{R^2 - B^2}}\right)\right)'$$

A derivada da constante que multiplica a função é a constante multiplicada pela derivada da função:

$$S''(t)=\left(2\left(\frac{R^2-2B^2}{\sqrt{R^2-B^2}}\right)\right)'=2\left(\frac{R^2-2B^2}{\sqrt{R^2-B^2}}\right)'$$

Para derivarmos $\frac{R^2-2B^2}{\sqrt{R^2-B^2}}$ em relação à variável B, usamos a propriedade indicada a seguir, pois temos uma "divisão" de duas funções.

$$\left(\frac{f(B)}{g(B)}\right)'=\frac{f'(B)g(B)-f(B)g'(B)}{(g(B))^2}$$

Se fizermos $f(B)=R^2-2B^2$ e $g(B)=\sqrt{R^2-B^2}$, ficamos com:

$$\left(\frac{R^2-2B^2}{\sqrt{R^2-B^2}}\right)'=\frac{\left(R^2-2B^2\right)'\left(\sqrt{R^2-B^2}\right)-\left(R^2-2B^2\right)\left(\sqrt{R^2-B^2}\right)'}{\left(\sqrt{R^2-B^2}\right)^2}$$

$$\left(\frac{R^2-2B^2}{\sqrt{R^2-B^2}}\right)'=\frac{\left(R^2-2B^2\right)'\left(\sqrt{R^2-B^2}\right)-\left(R^2-2B^2\right)\left(\sqrt{R^2-B^2}\right)'}{R^2-B^2}$$

Vamos fazer $\left(R^2-2B^2\right)'$. Para isso, aplicamos que a derivada da subtração é a subtração das derivadas:

$$\left(R^2-2B^2\right)'=\left(R^2\right)'-\left(2B^2\right)'$$

A derivada da constante que multiplica a função é a constante multiplicada pela derivada da função:

$$\left(R^2-2B^2\right)'=\left(R^2\right)'-\left(2B^2\right)'=\left(R^2\right)'-2\left(B^2\right)'$$

Vimos que $\left(R^2\right)'=0$ e $\left(B^2\right)'=2B$. Logo:

$$\left(R^2-2B^2\right)'=\left(R^2\right)'-2\left(B^2\right)'=(0)-2(2B)$$

$$\left(R^2 - 2B^2\right)' = -4B$$

Já vimos que $\left(\sqrt{R^2 - B^2}\right)' = -\dfrac{B}{\sqrt{R^2 - B^2}}$.

Vamos fazer $\left(R^2 - 2B^2\right)' = -4B$ e $\left(\sqrt{R^2 - B^2}\right)' = -\dfrac{B}{\sqrt{R^2 - B^2}}$ em

$$\left(\frac{R^2 - 2B^2}{\sqrt{R^2 - B^2}}\right)' = \frac{\left(R^2 - 2B^2\right)'\left(\sqrt{R^2 - B^2}\right) - \left(R^2 - 2B^2\right)\left(\sqrt{R^2 - B^2}\right)'}{R^2 - B^2}:$$

$$\left(\frac{R^2 - 2B^2}{\sqrt{R^2 - B^2}}\right)' = \frac{(-4B)\left(\sqrt{R^2 - B^2}\right) - \left(R^2 - 2B^2\right)\left(-\dfrac{B}{\sqrt{R^2 - B^2}}\right)}{R^2 - B^2}$$

$$\left(\frac{R^2 - 2B^2}{\sqrt{R^2 - B^2}}\right)' = \frac{-4B\sqrt{R^2 - B^2} + \dfrac{B\left(R^2 - 2B^2\right)}{\sqrt{R^2 - B^2}}}{R^2 - B^2}$$

$$\left(\frac{R^2 - 2B^2}{\sqrt{R^2 - B^2}}\right)' = \frac{\dfrac{-4B\sqrt{R^2 - B^2}\sqrt{R^2 - B^2} + B\left(R^2 - 2B^2\right)}{\sqrt{R^2 - B^2}}}{R^2 - B^2}$$

$$\left(\frac{R^2 - 2B^2}{\sqrt{R^2 - B^2}}\right)' = \frac{\dfrac{-4B\left(R^2 - B^2\right) + B\left(R^2 - 2B^2\right)}{\sqrt{R^2 - B^2}}}{R^2 - B^2}$$

$$\left(\frac{R^2 - 2B^2}{\sqrt{R^2 - B^2}}\right)' = \frac{\dfrac{-4BR^2 + 4B^3 + BR^2 - 2B^3}{\sqrt{R^2 - B^2}}}{R^2 - B^2}$$

$$\left(\frac{R^2-2B^2}{\sqrt{R^2-B^2}}\right)' = \frac{\dfrac{2B^3-3BR^2}{\sqrt{R^2-B^2}}}{R^2-B^2}$$

$$\left(\frac{R^2-2B^2}{\sqrt{R^2-B^2}}\right)' = \frac{2B^3-3BR^2}{\sqrt{R^2-B^2}}\frac{1}{R^2-B^2}$$

$$\left(\frac{R^2-2B^2}{\sqrt{R^2-B^2}}\right)' = \frac{2B^3-3BR^2}{\sqrt{R^2-B^2}\left(R^2-B^2\right)}$$

Vamos fazer $\left(\frac{R^2-2B^2}{\sqrt{R^2-B^2}}\right)' = \frac{2B^3-3BR^2}{\sqrt{R^2-B^2}\left(R^2-B^2\right)}$ em $S''(B) = 2\left(\frac{R^2-2B^2}{\sqrt{R^2-B^2}}\right)'$:

$$S''(B) = 2\left(\frac{2B^3-3BR^2}{\sqrt{R^2-B^2}\left(R^2-B^2\right)}\right)$$

Se substituirmos por $B = \frac{\sqrt{2}R}{2}$ em $S''(B) = 2\left(\frac{2B^3 \quad 3BR^2}{\sqrt{R^2-B^2}\left(R^2-B^2\right)}\right)$, ficamos com:

$$S''\left(\frac{\sqrt{2}R}{2}\right) = 2\left(\frac{2\left(\frac{\sqrt{2}R}{2}\right)^3-3\left(\frac{\sqrt{2}R}{2}\right)R^2}{\sqrt{R^2-\left(\frac{\sqrt{2}R}{2}\right)^2}\left(R^2-\left(\frac{\sqrt{2}R}{2}\right)^2\right)}\right)$$

$$S''\left(\frac{\sqrt{2}R}{2}\right) = 2\left(\frac{2\left(\frac{\left(\sqrt{2}\right)^3R^3}{8}\right)-3\left(\frac{\sqrt{2}R^3}{2}\right)}{\sqrt{R^2-\left(\frac{2R^2}{4}\right)}\left(R^2-\left(\frac{2R^2}{4}\right)\right)}\right)$$

$$S''\left(\frac{\sqrt{2}R}{2}\right)=2\left(\frac{2\left(\frac{2\left(\sqrt{2}\right)R^3}{8}\right)-3\left(\frac{\sqrt{2}R^3}{2}\right)}{\sqrt{R^2-\left(\frac{R^2}{2}\right)}\left(R^2-\left(\frac{R^2}{2}\right)\right)}\right)$$

$$S''\left(\frac{\sqrt{2}R}{2}\right)=2\left(\frac{\frac{\sqrt{2}R^3}{2}-\frac{3\sqrt{2}R^3}{2}}{\sqrt{\frac{2R^2-R^2}{2}}\left(\frac{2R^2-R^2}{2}\right)}\right)$$

$$S''\left(\frac{\sqrt{2}R}{2}\right)=2\left(\frac{\frac{-2\sqrt{2}R^3}{2}}{\sqrt{\frac{R^2}{2}}\left(\frac{R^2}{2}\right)}\right)$$

$$S''\left(\frac{\sqrt{2}R}{2}\right)=2\left(\frac{-\sqrt{2}R^3}{\sqrt{\frac{1}{2}}R\left(\frac{R^2}{2}\right)}\right)$$

$$S''\left(\frac{\sqrt{2}R}{2}\right)=-2\sqrt{2}\left(\frac{R^3}{\frac{1}{2\sqrt{2}}R^3}\right)$$

$$S''\left(\frac{\sqrt{2}R}{2}\right)=\frac{-2\sqrt{2}}{\frac{1}{2\sqrt{2}}}\left(\frac{R^3}{R^3}\right)$$

$$S''\left(\frac{\sqrt{2}R}{2}\right)=-2\sqrt{2}(2\sqrt{2})$$

$$S''\left(\frac{\sqrt{2}R}{2}\right)=-8$$

Observamos que a derivada de segunda ordem de $S(B) = 2B\sqrt{R^2 - B^2}$ em $B = \dfrac{\sqrt{2}R}{2}$, ponto crítico da função, é negativa. Como temos $S''\left(\dfrac{\sqrt{2}R}{2}\right) < 0$ e $S'\left(\dfrac{\sqrt{2}R}{2}\right) = 0$, $B = \dfrac{\sqrt{2}R}{2}$ corresponde ao ponto de máximo de $S(B) = 2B\sqrt{R^2 - B^2}$.

Agora, fazemos $B = \dfrac{\sqrt{2}R}{2}$ em $H = \sqrt{R^2 - B^2}$:

$$H = \sqrt{R^2 - \left(\frac{\sqrt{2}R}{2}\right)^2}$$

$$H = \sqrt{R^2 - \left(\frac{2R^2}{4}\right)}$$

$$H = \sqrt{R^2 - \left(\frac{2R^2}{4}\right)}$$

$$H = \sqrt{R^2 - \frac{R^2}{2}}$$

$$H = \sqrt{\frac{2R^2 - R^2}{2}}$$

$$H = \sqrt{\frac{R^2}{2}}$$

$$H = \frac{R}{\sqrt{2}}$$

$$H = \frac{R}{\sqrt{2}}\frac{\sqrt{2}}{\sqrt{2}}$$

$$H = \frac{\sqrt{2}R}{2}$$

Concluímos que o retângulo de área máxima inscrito em um semicírculo de raio R, com um dos seus lados sobre o diâmetro do semicírculo, tem base $2B = \sqrt{2}R$ e altura $H = \dfrac{\sqrt{2}R}{2}$.

CAPÍTULO 9. APLICAÇÃO DAS DERIVADAS: POLINÔMIOS DE TAYLOR

Imagine uma função $f(x)$ qualquer, que possa ser derivada até ordem n, com $n \geq 1$, em um intervalo I. Vamos considerar o ponto a, sendo que a está em I.

Se quisermos aproximar a função $f(x)$, ao redor de a, por um polinômio $P_n(x)$ de ordem n, chamado de polinômio de Taylor, usamos o seguinte:

$$P_n(x) = f(a) + \frac{f'(a)}{1!}(x-a) + \frac{f''(a)}{2!}(x-a)^2 + \frac{f'''(a)}{3!}(x-a)^3 + \ldots + \frac{f^{(n)}(a)}{n!}(x-a)^n$$

Para avaliarmos o erro cometido quando a função $f(x)$ é aproximada por um polinômio de Taylor $P_n(x)$, calculamos o resto de Taylor $R_n(x)$, dado por:

$$R_n(x) = f(x) - P_n(x)$$

Quanto menor for o módulo $|R_n(x)|$ do resto, mais precisa é a aproximação de $f(x)$ por $P_n(x)$.

Vejamos, a seguir, aplicações do polinômio de Taylor.

Exemplo 9.1. Escreva o polinômio de Taylor $P_1(x)$ de ordem 1 e o polinômio de Taylor $P_2(x)$ de ordem 2 para $f(x) = \frac{1}{\sqrt{x}}$ em torno de $a = 1$.

Resolução

Para escrevermos o polinômio de Taylor $P_1(x)$ de ordem 1 e o polinômio de Taylor $P_2(x)$ de ordem 2 para $f(x) = \frac{1}{\sqrt{x}}$ em $a = 1$, precisamos de $f'(x)$ e de $f''(x)$.

Vamos determinar a função $f'(x)$:

$$f'(x) = \left(\frac{1}{\sqrt{x}}\right)'$$

Podemos escrever $\frac{1}{\sqrt{x}}$ como $x^{\frac{-1}{2}}$, pois:

$$\frac{1}{\sqrt{x}} = \frac{1}{\sqrt[2]{x^1}} = \frac{1}{x^{\frac{1}{2}}} = x^{\frac{-1}{2}}$$

Logo, queremos fazer:

$$f'(x) = \left(\frac{1}{\sqrt{x}}\right)' = \left(x^{\frac{-1}{2}}\right)'$$

Para fazermos $\left(x^{-1/2}\right)'$, usamos $\left(x^n\right)' = nx^{n-1}$, com $n = -\frac{1}{2}$:

$$f'(x) = \frac{-1}{2} x^{\frac{-1}{2}-1}$$

$$f'(x) = \frac{-1}{2} x^{\frac{-1-2}{2}}$$

$$f'(x) = \frac{-1}{2} x^{\frac{-3}{2}}$$

Para determinar a função $f''(x)$, fazemos a derivada de $f'(x) = \frac{-1}{2} x^{\frac{-3}{2}}$:

$$f''(x) = \left(\frac{-1}{2} x^{\frac{-3}{2}}\right)'$$

A derivada da constante que multiplica a função é a constante multiplicada pela derivada da função:

$$f''(x) = \left(\frac{-1}{2} x^{\frac{-3}{2}}\right)' = \frac{-1}{2}\left(x^{\frac{-3}{2}}\right)'$$

Para fazermos $\left(x^{-3/2}\right)'$, usamos $\left(x^n\right)' = nx^{n-1}$, com $n = -\frac{3}{2}$:

$$f''(x) = \frac{-1}{2}\left(\frac{-3}{2}\right)x^{\frac{-3}{2}-1}$$

$$f''(x) = \frac{3}{4}x^{\frac{-3-2}{2}}$$

$$f''(x) = \frac{3}{4}x^{\frac{-5}{2}}$$

Vamos calcular $f(x) = \frac{1}{\sqrt{x}}$, $f'(x) = \frac{-1}{2}x^{\frac{-3}{2}}$ e $f''(x) = \frac{3}{4}x^{\frac{-5}{2}}$ em $a = 1$:

$$f(1) = \frac{1}{\sqrt{1}} = \frac{1}{1} = 1$$

$$f'(1) = \frac{-1}{2}(1)^{\frac{-3}{2}} = \frac{-1}{2}(1) = \frac{-1}{2}$$

$$f''(1) = \frac{3}{4}(1)^{\frac{-5}{2}} = \frac{3}{4}(1) = \frac{3}{4}$$

O polinômio de Taylor $P_1(x)$ de ordem 1 para $f(x) = \frac{1}{\sqrt{x}}$ em $a = 1$ é:

$$P_1(x) = f(a) + \frac{f'(a)}{1!}(x-a)$$

$$P_1(x) = f(1) + \frac{f'(1)}{1!}(x-1)$$

$$P_1(x) = 1 + \frac{-1/2}{1}(x-1)$$

$$P_1(x) = 1 + \frac{-1}{2}(x-1)$$

$$P_1(x) = 1 - \frac{1}{2}(x-1)$$

O polinômio de Taylor $P_2(x)$ de ordem 2 para $f(x) = \frac{1}{\sqrt{x}}$ em $a = 1$ é:

$$P_2(x) = f(a) + \frac{f'(a)}{1!}(x-a) + \frac{f''(a)}{2!}(x-a)^2$$

$$P_2(x) = f(1) + \frac{f'(1)}{1!}(x-1) + \frac{f''(1)}{2!}(x-1)^2$$

$$P_2(x) = 1 + \frac{-1/2}{1}(x-1) + \frac{3/4}{2.1}(x-1)^2$$

$$P_2(x) = 1 - \frac{1}{2}(x-1) + \frac{3}{8}(x-1)^2$$

Exemplo 9.2. Escreva o polinômio de Taylor $P_3(x)$ de ordem 3 para $f(x) = e^x$ em torno de $a = 0$.

Resolução

Para escrevermos o polinômio de Taylor $P_3(x)$ de ordem 3 para $f(x) = e^x$ em torno de $a = 0$, precisamos de $f'(x)$, $f''(x)$ e $f'''(x)$.

Vamos determinar a função $f'(x)$:

$$f'(x) = (e^x)'$$

Da tabela de derivadas, temos que $(e^x)' = e^x$:

$$f'(x) = e^x$$

Para determinar a função $f''(x)$, fazemos a derivada de $f'(x) = e^x$:

$$f''(x) = (e^x)'$$

$$f''(x) = e^x$$

Para determinar a função $f'''(x)$, fazemos a derivada de $f''(x) = e^x$:

$$f'''(x) = (e^x)'$$

$f'''(x) = e^x$

Vamos calcular $f(x) = e^x$, $f'(x) = e^x$, $f''(x) = e^x$ e $f'''(x) = e^x$ em $a = 0$:

$f(0) = e^0 = 1$

$f'(0) = e^0 = 1$

$f''(0) = e^0 = 1$

$f'''(0) = e^0 = 1$

O polinômio de Taylor $P_3(x)$ de ordem 3 para $f(x) = e^x$ em $a = 0$ é:

$$P_3(x) = f(a) + \frac{f'(a)}{1!}(x-a) + \frac{f''(a)}{2!}(x-a)^2 + \frac{f'''(a)}{3!}(x-a)^3$$

$$P_3(x) = f(0) + \frac{f'(0)}{1!}(x-0) + \frac{f''(0)}{2!}(x-0)^2 + \frac{f'''(0)}{3!}(x-0)^3$$

$$P_3(x) = 1 + \frac{1}{1}(x) + \frac{1}{2.1}(x)^2 + \frac{1}{3.2.1}(x)^3$$

$$P_3(x) = 1 + x + \frac{1}{2}x^2 + \frac{1}{6}x^3$$

O polinômio $P_3(x) = 1 + x + \frac{1}{2}x^2 + \frac{1}{6}x^3$ é uma boa aproximação para $f(x) = e^x$ se estivermos em torno de $x = 0$.

Por exemplo, se tomarmos $x = 0{,}2$, temos o que segue.

$f(0{,}2) = e^{0{,}2} = 1{,}221403$

$P_3(0{,}2) = 1 + 0{,}2 + \frac{1}{2}(0{,}2)^2 + \frac{1}{6}(0{,}2)^3 = 1{,}221333$

Vemos que, para $x = 0{,}2$, $f(0{,}2)$ e $P_3(0{,}2)$ são muito próximos.

Se tomarmos um valor mais distante de 0, por exemplo, $x = 3$, vemos que $f(3)$ e $P_3(3)$ ficam mais distantes, conforme calculado a seguir.

$f(3) = e^3 = 20{,}08554$

$$P_3(0{,}2) = 1 + 0{,}2 + \frac{1}{2}(0{,}2)^2 + \frac{1}{6}(0{,}2)^3 = 13$$

Exemplo 9.3. Calcule um valor aproximado para ln(1,04) por meio de um polinômio de Taylor $P_2(x)$ de ordem 2. Avalie o erro dessa aproximação.

Resolução

Queremos calcular, de modo aproximado, o valor de ln(1,04). Logo, estamos trabalhando com a função $\ln x$ em torno de 1.

Vamos escrever o polinômio de Taylor $P_2(x)$ de ordem 2 para $f(x) = \ln x$ em $a = 1$. Para isso, precisamos de $f'(x)$ e de $f''(x)$.

Vamos determinar a função $f'(x)$:

$$f'(x) = (\ln x)'$$

Da tabela de derivadas, temos que $(\ln x)' = \dfrac{1}{x}$:

$$f'(x) = \frac{1}{x}$$

Para determinar a função $f''(x)$, fazemos a derivada de $f'(x) = \dfrac{1}{x}$:

$$f''(x) = \left(\frac{1}{x}\right)'$$

Podemos escrever $\dfrac{1}{x}$ como x^{-1}, pois:

$$\frac{1}{x} = \frac{1}{x^1} = x^{-1}$$

Logo, queremos fazer:

$$f''(x) = \left(x^{-1}\right)'$$

Para fazermos $\left(x^{-1}\right)'$, usamos $\left(x^n\right)' = nx^{n-1}$, com $n = -1$:

$f''(x) = -1x^{-1-1}$

$f''(x) = -1x^{-2}$

Vamos calcular $f(x) = \ln x$, $f'(x) = \dfrac{1}{x}$ e $f''(x) = -1x^{-2}$ em $a = 1$:

$f(1) = \ln 1 = 0$

$f'(1) = \dfrac{1}{1} = 1$

$f''(1) = -1(1)^{-2} = -1$

O polinômio de Taylor $P_2(x)$ de ordem 2 para $f(x) = \ln x$ em $a = 1$ é:

$$P_2(x) = f(a) + \frac{f'(a)}{1!}(x-a) + \frac{f''(a)}{2!}(x-a)^2$$

$$P_2(x) = f(1) + \frac{f'(1)}{1!}(x-1) + \frac{f''(1)}{2!}(x-1)^2$$

$$P_2(x) = 0 + \frac{1}{1}(x-1) + \frac{-1}{2.1}(x-1)^2$$

$$P_2(x) = (x-1) - \frac{1}{2}(x-1)^2$$

Se substituirmos x por 1,04 em $P_2(x) = (x-1) - \dfrac{1}{2}(x-1)^2$, calculamos uma aproximação para ln(1,04):

$$\ln(1{,}04) \cong P_2(1{,}04)$$

$$\ln(1{,}04) \cong (1{,}04 - 1) - \frac{1}{2}(1{,}04 - 1)^2$$

$$\ln(1{,}04) \cong 0{,}04 - \frac{1}{2}(0{,}04)^2$$

$$\ln(1{,}04) \cong 0{,}039200$$

Se fizermos ln(1,04) com o auxílio de uma calculadora, obtemos aproximadamente 0,039221.

Ou seja:

$$f(1{,}04) = \ln(1{,}04) = 0{,}039221$$

O erro cometido quando a função $f(x) = \ln x$ é aproximada por um polinômio de Taylor $P_2(x) = (x-1) - \frac{1}{2}(x-1)^2$, em torno de 1, é o resto de Taylor $R_2(x)$, dado por:

$$R_2(x) = f(x) - P_2(x)$$

$$R_2(1{,}04) = f(1{,}04) - P_2(1{,}04)$$

$$R_2(1{,}04) = 0{,}039221 - 0{,}039200$$

$$R_2(1{,}04) = 0{,}000021$$

Exemplo 9.4. Calcule um valor aproximado para $\sqrt[3]{0{,}8}$ por meio de um polinômio de Taylor $P_2(x)$ de ordem 2. Avalie o erro dessa aproximação.

Resolução

Queremos calcular, de modo aproximado, o valor de $\sqrt[3]{0{,}8}$. Logo, estamos trabalhando com a função $y = \sqrt[3]{x}$ em torno de 1.

Vamos escrever o polinômio de Taylor $P_2(x)$ de ordem 2 para $f(x) = \sqrt[3]{x}$ em $a = 1$. Para isso, precisamos de $f'(x)$ e de $f''(x)$.

Vamos determinar a função $f'(x)$:

$$f'(x) = \left(\sqrt[3]{x}\right)'$$

Podemos escrever $\sqrt[3]{x}$ como $x^{\frac{1}{3}}$, pois:

$$\sqrt[3]{x} = \sqrt[3]{x^1} = x^{\frac{1}{3}}$$

Logo, queremos fazer:

$$f'(x) = \left(x^{\frac{1}{3}}\right)'$$

Para fazermos $\left(x^{1/3}\right)'$, usamos $(x^n)' = nx^{n-1}$, com $n = \frac{1}{3}$:

$$f'(x)=\frac{1}{3}x^{\frac{1}{3}-1}$$

$$f'(x)=\frac{1}{3}x^{\frac{1-3}{3}}$$

$$f'(x)=\frac{1}{3}x^{\frac{-2}{3}}$$

Para determinar a função $f''(x)$, fazemos a derivada de $f'(x)=\frac{1}{3}x^{\frac{-2}{3}}$:

$$f''(x)=\left(\frac{1}{3}x^{\frac{-2}{3}}\right)'$$

A derivada da constante que multiplica a função é a constante multiplicada pela derivada da função:

$$f''(x)=\left(\frac{1}{3}x^{\frac{-2}{3}}\right)'=\frac{1}{3}\left(x^{\frac{-2}{3}}\right)'$$

Para fazermos $\left(x^{-2/3}\right)'$, usamos $\left(x^{n}\right)'=nx^{n-1}$, com $n=-\frac{2}{3}$:

$$f''(x)=\frac{1}{3}\left(\frac{-2}{3}\right)x^{\frac{-2}{3}-1}$$

$$f''(x)=\frac{-2}{9}x^{\frac{-2-3}{3}}$$

$$f''(x)=\frac{-2}{9}x^{\frac{-5}{3}}$$

Vamos calcular $f(x)=\sqrt[3]{x}$, $f'(x)=\frac{1}{3}x^{\frac{-2}{3}}$ e $f''(x)=\frac{-2}{9}x^{\frac{-5}{3}}$ em $a=1$:

$$f(1)=\sqrt[3]{1}=1$$

$$f'(x)=\frac{1}{3}(1)^{\frac{-2}{3}}=\frac{1}{3}$$

$$f''(x) = \frac{-2}{9}(1)^{\frac{-5}{3}} = \frac{-2}{9}$$

O polinômio de Taylor $P_2(x)$ de ordem 2 para $f(x) = \sqrt[3]{x}$ em $a = 1$ é:

$$P_2(x) = f(a) + \frac{f'(a)}{1!}(x-a) + \frac{f''(a)}{2!}(x-a)^2$$

$$P_2(x) = f(1) + \frac{f'(1)}{1!}(x-1) + \frac{f''(1)}{2!}(x-1)^2$$

$$P_2(x) = 1 + \frac{1/3}{1}(x-1) + \frac{-2/9}{2.1}(x-1)^2$$

$$P_2(x) = 1 + \frac{1}{3}(x-1) - \frac{1}{9}(x-1)^2$$

Se substituirmos x por 0,8 em $P_2(x) = 1 + \frac{1}{3}(x-1) - \frac{1}{9}(x-1)^2$, calculamos uma aproximação para $\sqrt[3]{0,8}$:

$$P_2(0,8) = 1 + \frac{1}{3}(0,8-1) - \frac{1}{9}(0,8-1)^2$$

$$P_2(0,8) = 1 + \frac{1}{3}(-0,2) - \frac{1}{9}(-0,2)^2$$

$$P_2(0,8) = 0,928889$$

Se fizermos $\sqrt[3]{0,8}$ com o auxílio de uma calculadora, obtemos aproximadamente 0,039221.
Ou seja:

$$f(0,8) = \sqrt[3]{0,8} = 0,928318$$

O erro cometido quando a função $f(x) = \sqrt[3]{x}$ é aproximada por um polinômio de Taylor $P_2(x) = 1 + \frac{1}{3}(x-1) - \frac{1}{9}(x-1)^2$ para o cálculo de $\sqrt[3]{0,8}$ é o resto de Taylor $R_2(x)$, dado por:

$$R_2(x) = f(x) - P_2(x)$$

$$R_2(0,8) = f(0,8) - P_2(0,8)$$

$$R_2(0{,}8) = 0{,}928318 - 0{,}928889$$

$$R_2(0{,}8) = -0{,}00057$$

CAPÍTULO 10. APLICAÇÃO DAS INTEGRAIS: ÁREAS

A integral definida da função $f(x)$ desde $x = a$ até $x = b$, indicada por $\int_a^b f(x)dx$, sendo $f(x)$ contínua e positiva em $a \leq x \leq b$, é a área A da região limitada pelo gráfico de $f(x)$, pelo eixo Ox e pelas retas verticais $x = a$ e $x = b$, conforme indicado na figura 10.1.

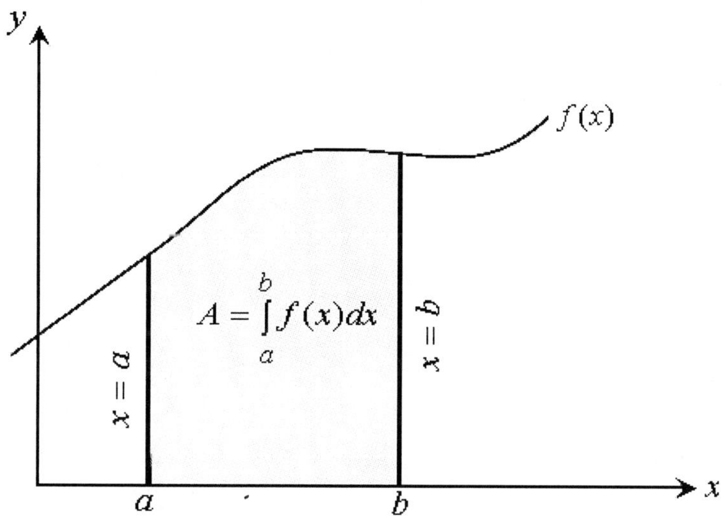

Figura 10.1. Área A da região limitada pelo gráfico de $f(x)$, pelo eixo Ox e pelas retas verticais $x = a$ e $x = b$.

Como não há sentido falarmos em "área negativa", se quisermos calcular a área A da região limitada pelo gráfico de $f(x)$, pelo eixo Ox e pelas retas verticais $x = a$ e $x = b$, sendo $f(x) < 0$ e contínua em $a \leq x \leq b$, fazemos: $A = -\int_a^b f(x)dx$.

Vamos analisar uma função $f(x)$ contínua em $a \leq x \leq b$, mas que mude de sinal nesse intervalo. Por exemplo, vamos pensar no caso em que $f(x) > 0$ em $a \leq x < c$, $f(x) = 0$ em $x = c$ e $f(x) < 0$ em $c < x \leq b$, com $a < c < b$. Nessa situação, a área A da região limitada pelo gráfico de $f(x)$, pelo eixo Ox e pelas retas verticais $x = a$ e $x = b$ é a soma das áreas $A_1 = \int_a^c f(x)dx$ e $A_2 = -\int_c^b f(x)dx$, conforme ilustrado na figura 10.2.

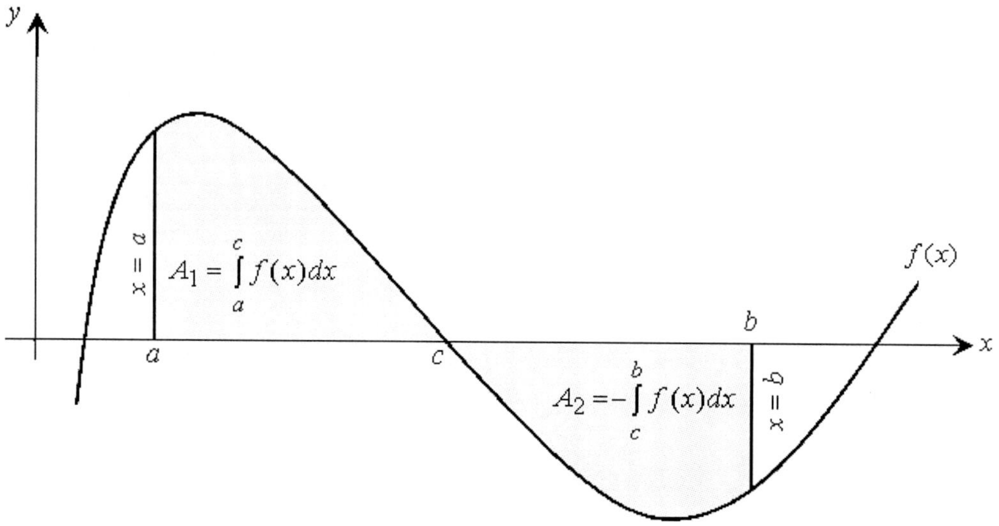

Figura 10.2. A área A da região limitada pelo gráfico de $f(x)$, pelo eixo Ox e pelas retas verticais $x = a$ e $x = b$ é a soma das áreas $A_1 = \int_a^c f(x)dx$ e $A_2 = -\int_c^b f(x)dx$.

Por meio da integral definida, também podemos calcular a área da região limitada por duas funções e a área da região limitada por funções e retas verticais: essa aplicação e outras situações relativas ao que foi dito serão vistas nos exemplos a seguir.

Exemplo 10.1. Calcule a área A da região limitada pelo gráfico de $f(x) = x^2$, pelo eixo Ox e pelas retas verticais $x = -1$ e $x = 3$.

Resolução

Na figura 10.3, temos indicações, sem escala, do gráfico de $f(x) = x^2$, das retas verticais $x = -1$ e $x = 3$ e da área A a ser calculada.

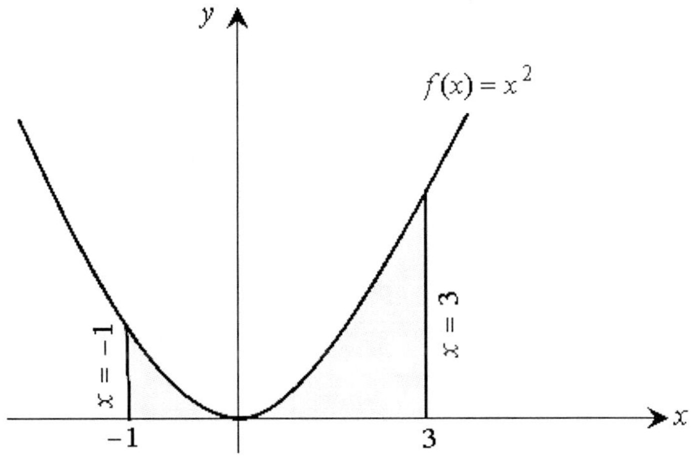

Figura 10.3. Indicações do gráfico de $f(x)=x^2$, das retas verticais $x=-1$ e $x=3$ e da área A a ser calculada.

Como $f(x)=x^2$ é positiva em $-1 \le x \le 3$, a área A é:

$$A=\int_{-1}^{3} x^2 dx$$

Para fazermos $\int x^2 dx$, usamos, da tabela de integrais, $\int x^n dx=\frac{x^{n+1}}{n+1}+C$, com $n=2$:

$$\int x^2 dx=\frac{x^{2+1}}{2+1}+C=\frac{x^3}{3}+C=\frac{1}{3}x^3+C$$

Logo:

$$A=\int_{-1}^{3} x^2 dx=\left[\frac{1}{3}x^3\right]_{-1}^{3}=\frac{1}{3}\left[x^3\right]_{-1}^{3}$$

Para fazermos $\left[x^3\right]_{-1}^{3}$, substituímos x por 3 em x^3, substituímos x por -1 em x^3 e fazemos a subtração desses valores:

$$A=\int_{-1}^{3} x^2 dx=\left[\frac{1}{3}x^3\right]_{-1}^{3}=\frac{1}{3}\left[x^3\right]_{-1}^{3}=\frac{1}{3}\left[(3)^3-(-1)^3\right]$$

$$A=\frac{1}{3}\left[(27)-(-1)\right]$$

$$A=\frac{1}{3}\left[27+1\right]$$

$$A = \frac{28}{3}$$

Exemplo 10.2. Calcule a área A da região limitada pelo gráfico de $f(x) = x^3$, pelo eixo Ox e pelas retas verticais $x = -2$ e $x = 4$.

Resolução

Na figura 10.4, temos indicações, sem escala, do gráfico de $f(x) = x^3$, das retas verticais $x = -2$ e $x = 4$ e da área A a ser calculada, que é a soma de A_1 e A_2.

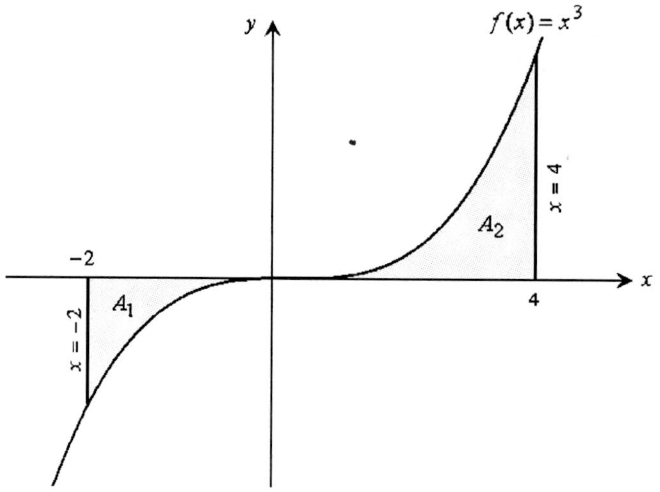

Figura 10.4. Indicações do gráfico de $f(x) = x^3$, das retas verticais $x = -2$ e $x = 4$ e da área A a ser calculada, sendo $A = A_1 + A_2$.

Como $f(x) = x^3$ é negativa em $-2 \leq x \leq 0$, a área A_1 é:

$$A_1 = -\int_{-2}^{0} x^3 dx$$

Para fazermos $\int x^3 dx$, usamos, da tabela de integrais, $\int x^n dx = \frac{x^{n+1}}{n+1} + C$, com $n = 3$:

$$\int x^3 dx = \frac{x^{3+1}}{3+1} + C = \frac{x^4}{4} + C = \frac{1}{4} x^4 + C$$

Logo:

$$A_1 = -\int_{-2}^{0} x^3 dx = -\left[\frac{1}{4}x^4\right]_{-2}^{0} = -\frac{1}{4}\left[x^4\right]_{-2}^{0}$$

Para fazermos $\left[x^4\right]_{-2}^{0}$, substituímos x por 0 em x^4, substituímos x por -2 em x^4 e fazemos a subtração desses valores:

$$A_1 = -\int_{-2}^{0} x^3 dx = -\left[\frac{1}{4}x^4\right]_{-2}^{0} = -\frac{1}{4}\left[x^4\right]_{-2}^{0} = -\frac{1}{4}\left[(0)^4 - (-2)^4\right]$$

$$A_1 = -\frac{1}{4}\left[(0) - (16)\right]$$

$$A_1 = -\frac{1}{4}\left[-16\right]$$

$$A_1 = 4$$

Como $f(x) = x^3$ é positiva em $0 < x \leq 4$, a área A_2 é:

$$A_2 = \int_{0}^{4} x^3 dx$$

Para fazermos $\int x^3 dx$, usamos, da tabela de integrais, $\int x^n dx = \frac{x^{n+1}}{n+1} + C$, com $n = 3$:

$$\int x^3 dx = \frac{x^{3+1}}{3+1} + C = \frac{x^4}{4} + C = \frac{1}{4}x^4 + C$$

Logo:

$$A_2 = \int_{0}^{4} x^3 dx = \left[\frac{1}{4}x^4\right]_{0}^{4} = \frac{1}{4}\left[x^4\right]_{0}^{4}$$

Para fazermos $\left[x^4\right]_{0}^{4}$, substituímos x por 4 em x^4, substituímos x por 0 em x^4 e fazemos a subtração desses valores:

$$A_2 = \int_{0}^{4} x^3 dx = \left[\frac{1}{4}x^4\right]_{0}^{4} = \frac{1}{4}\left[x^4\right]_{0}^{4} = \frac{1}{4}\left[(4)^4 - (0)^4\right]$$

$$A_2 = \frac{1}{4}\left[(256) - (0)\right]$$

$$A_2 = \frac{1}{4}\left[256\right]$$

$$A_2 = 64$$

A área A procurada vale 68, pois é a soma das áreas $A_1 = 4$ e $A_2 = 64$:

$$A = A_1 + A_2 = 4 + 64 = 68$$

Exemplo 10.3. Calcule a área A da região limitada pelo gráfico de $f(x)$, pelo eixo Ox e pela reta vertical $x = -7$. A função $f(x)$ é dada pelas expressões a seguir.

$$f(x) = \begin{cases} 0{,}8x + 4, \ se \ x \leq 0 \\ -x^2 + 4, \ se \ x > 0 \end{cases}$$

Resolução

Na figura 10.5, temos indicações, sem escala, do gráfico de $f(x) = \begin{cases} 0{,}8x + 4, \ se \ x \leq 0 \\ -x^2 + 4, \ se \ x > 0 \end{cases}$, da reta vertical $x = -7$ e da área A a ser calculada, que é a soma de A_1, A_2 e A_3.

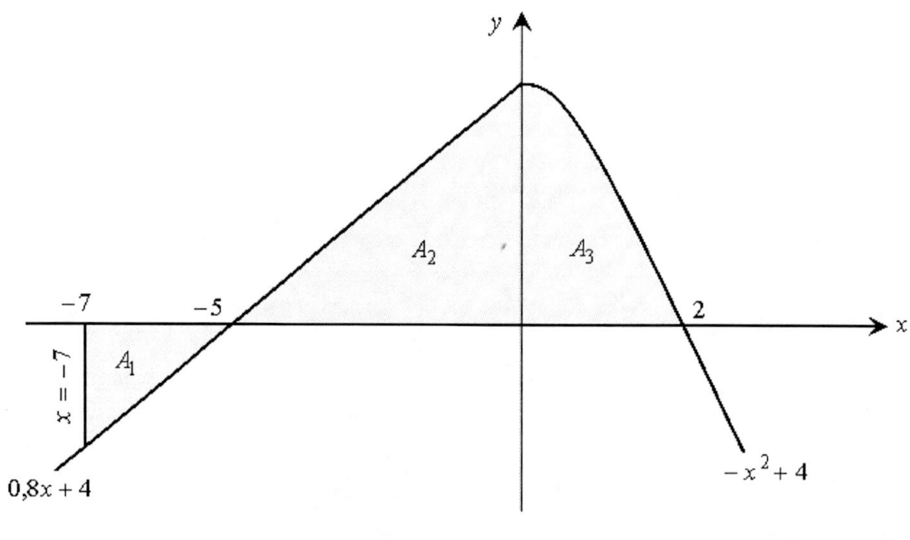

Figura 10.5. Indicações do gráfico de $f(x)$, da reta vertical $x = -7$ e da área A a ser calculada, sendo $A = A_1 + A_2 + A_3$.

Vemos que, para $x \leq 0$, a função é dada por $f(x) = 0,8x + 4$. Trata-se de uma reta inclinada para direita, pois seu coeficiente angular (0,8) é um número positivo. Essa reta corta o eixo horizontal na posição -5, pois, se $f(x) = 0$, $x = -5$, visto que:

$$0,8x + 4 = 0$$

$$0,8x = -4$$

$$x = \frac{-4}{0,8}$$

$$x = -5$$

Vemos que, para $x > 0$, a função é dada por $f(x) = -x^2 + 4$, ou $f(x) = -1x^2 + 4$. Trata-se de uma parábola de concavidade para baixo, pois o coeficiente que multiplica x^2 (-1) é um número negativo. Essa parábola corta o eixo horizontal na posição 2, pois, se $f(x) = 0$, $x = 2$, visto que:

$$-x^2 + 4 = 0$$

$$4 = x^2$$

$$x = 2, \ para \ x > 0$$

Como $f(x) = 0,8x + 4$ é negativa em $x < -5$, a área A_1 é:

$$A_1 = -\int_{-7}^{-5} (0,8x + 4)dx$$

Para fazermos $\int (0,8x + 4)dx$, usamos a propriedade de que a integral da soma é a soma das integrais:

$$\int (0,8x + 4)dx = \int 0,8xdx + \int 4dx$$

A integral da constante que multiplica a função é a constante multiplicada pela integral da função:

$$\int (0,8x + 4)dx = \int 0,8xdx + \int 4dx = 0,8\int xdx + 4\int dx$$

Para fazermos $\int xdx = \int x^1 dx$, usamos, da tabela de integrais, $\int x^n dx = \frac{x^{n+1}}{n+1} + C$, com $n = 1$.

Para fazermos $\int dx$, usamos, da tabela de integrais, $\int dx = x + C$.

Assim:

$$\int(0{,}8x+4)dx = \int 0{,}8x dx + \int 4dx = 0{,}8\int x dx + 4\int dx = 0{,}8\frac{x^{1+1}}{1+1} + 4x + C = 0{,}8\frac{x^2}{2} + 4x + C$$

$$\int(0{,}8x+4)dx = 0{,}4x^2 + 4x + C$$

Logo:

$$A_1 = -\int_{-7}^{-5}(0{,}8x+4)dx = -\left[0{,}4x^2 + 4x\right]_{-7}^{-5}$$

Para fazermos $\left[0{,}4x^2 + 4x\right]_{-7}^{-5}$, substituímos x por -5 em $\left[0{,}4x^2 + 4x\right]$, substituímos x por -7 em $\left[0{,}4x^2 + 4x\right]$ e fazemos a subtração desses valores:

$$A_1 = -\int_{-7}^{-5}(0{,}8x+4)dx = -\left[0{,}4x^2 + 4x\right]_{-7}^{-5} = -\left[\left(0{,}4(-5)^2 + 4(-5)\right) - \left(0{,}4(-7)^2 + 4(-7)\right)\right]$$

$$A_1 = -\left[\left(0{,}4(25) - 20\right) - \left(0{,}4(49) - 28\right)\right]$$

$$A_1 = -\left[\left(10 - 20\right) - \left(19{,}6 - 28\right)\right]$$

$$A_1 = -\left[-10 - 19{,}6 + 28\right]$$

$$A_1 = 1{,}6$$

Como $f(x) = 0{,}8x + 4$ é positiva em $-5 < x < 0$, a área A_2 é:

$$A_2 = \int_{-5}^{0}(0{,}8x+4)dx$$

Vimos que:

$$\int(0{,}8x+4)dx = 0{,}4x^2 + 4x + C$$

Logo:

$$A_2 = \int_{-5}^{0}(0{,}8x+4)dx = \left[0{,}4x^2 + 4x\right]_{-5}^{0}$$

Para fazermos $\left[0{,}4x^2 + 4x\right]_{-5}^{0}$, substituímos x por 0 em $\left[0{,}4x^2 + 4x\right]$, substituímos x por -5 em $\left[0{,}4x^2 + 4x\right]$ e fazemos a subtração desses valores:

$$A_2 = \int_{-5}^{0} (0{,}8x + 4)dx = \left[0{,}4x^2 + 4x\right]_{-5}^{0} = \left[\left(0{,}4(0)^2 + 4(0)\right) - \left(0{,}4(-5)^2 + 4(-5)\right)\right]$$

$$A_2 = \left[(0{,}4(0) - 0) - (0{,}4(25) - 20)\right]$$

$$A_2 = [0 - 0 - 10 + 20]$$

$$A_2 = 10$$

Como $f(x) = -x^2 + 4$ é negativa em $0 < x < 2$, a área A_3 é:

$$A_3 = \int_{0}^{2} \left(-x^2 + 4\right)dx$$

Para fazermos $\int \left(-x^2 + 4\right)dx$, usamos a propriedade de que a integral da soma é a soma das integrais:

$$\int \left(-x^2 + 4\right)dx = \int -x^2 dx + \int 4dx$$

A integral da constante que multiplica a função é a constante multiplicada pela integral da função:

$$\int \left(-x^2 + 4\right)dx = \int -x^2 dx + \int 4dx = -1\int x^2 dx + 4\int dx$$

Para fazermos $\int x^2 dx$, usamos, da tabela de integrais, $\int x^n dx = \dfrac{x^{n+1}}{n+1} + C$, com $n = 1$.

Para fazermos $\int dx$, usamos, da tabela de integrais, $\int dx = x + C$.

Assim:

$$\int \left(-x^2 + 4\right)dx = \int -x^2 dx + \int 4dx = -1\int x^2 dx + 4\int dx = -1\frac{x^{2+1}}{2+1} + 4x + C$$

$$\int \left(-x^2 + 4\right)dx = \frac{-1}{3}x^3 + 4x + C$$

Logo:

$$A_3 = \int_{0}^{2} \left(-x^2 + 4\right)dx = \left[\frac{-1}{3}x^3 + 4x\right]_{0}^{2}$$

Para fazermos $\left[\frac{-1}{3}x^3+4x\right]_0^2$, substituímos x por 2 em $\left[\frac{-1}{3}x^3+4x\right]$, substituímos x por 0 em $\left[\frac{-1}{3}x^3+4x\right]$ e fazemos a subtração desses valores:

$$A_3=\int_0^2\left(-x^2+4\right)dx=\left[\frac{-1}{3}x^3+4x\right]_0^2=\left(\frac{-1}{3}(2)^3+4(2)\right)-\left(\frac{-1}{3}(0)^3+4(0)\right)$$

$$A_3=\left(\frac{-8}{3}+8\right)-\left(0+0\right))=\frac{-8+24}{3}$$

$$A_3=5{,}3$$

A área A procurada vale 34,9, pois é a soma das áreas $A_1=1{,}6$, $A_2=10$ e $A_3=5{,}3$:

$$A=A_1+A_2+A_3=1{,}6+10+5{,}3=34{,}9$$

Exemplo 10.4. Calcule a área A da região limitada pelos gráficos de $f(x)=x^2$ e de $g(x)=\sqrt{x}$.

Resolução

Na figura 10.6, temos indicações, sem escala, dos gráficos de $f(x)=x^2$ e de $g(x)=\sqrt{x}$, dos pontos I_1 e I_2 de interseção entre os gráficos e da área A a ser calculada.

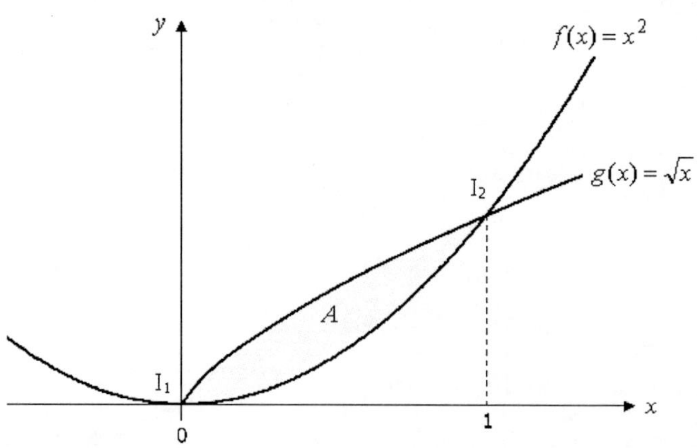

Figura 10.6. Indicações dos gráficos de $f(x)=x^2$ e de $g(x)=\sqrt{x}$, dos pontos I_1 e I_2 de interseção entre os gráficos e da área A a ser calculada.

Os pontos I_1 e I_2 de interseção entre os gráficos, indicados na figura 10.6, são calculados fazendo-se $f(x) = g(x)$:

$$x^2 = \sqrt{x}$$

Os valores que satisfazem a equação anterior são $x = 0$ (correspondente a I_1) e $x = 1$ (correspondente a I_2), pois $0^2 = \sqrt{0}$ e $1^2 = \sqrt{1}$.

Pela figura 10.7, construída sem escala, vemos que a área A procurada é a diferença entre A_2 e A_1, ou seja, $A = A_2 - A_1$.

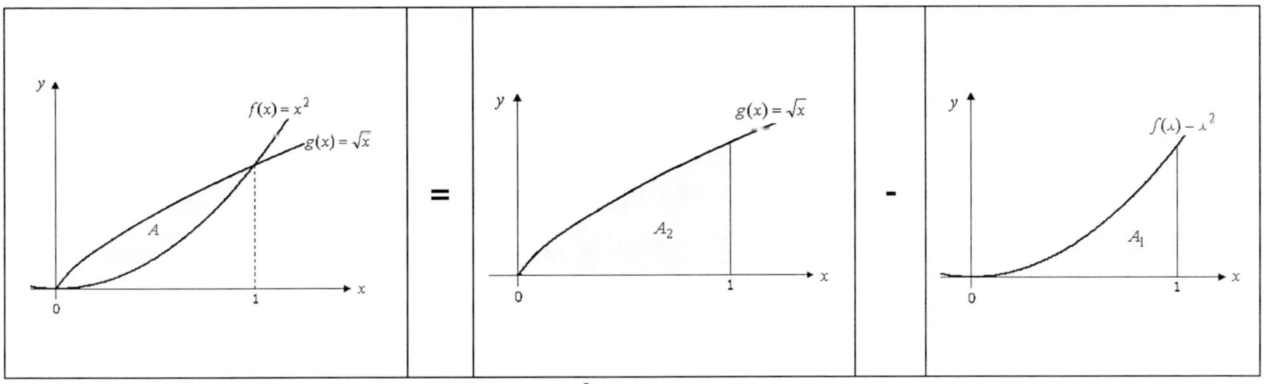

Figura 10.7. Área $A : A = A_2 - A_1$ **.**

Como $f(x) = x^2$ é positiva em $0 < x < 1$, a área A_1 é:

$$A_1 = \int_0^1 f(x)dx$$

Como $g(x) = \sqrt{x}$ é positiva em $0 < x < 1$, a área A_2 é:

$$A_2 = \int_0^1 g(x)dx$$

A área A procurada é a diferença entre A_2 e A_1:

$$A = A_2 - A_1$$

$$A = \int_0^1 g(x)dx - \int_0^1 f(x)dx$$

Podemos escrever:

$$A = \int_0^1 (g(x) - f(x))dx$$

O que fizemos pode ser generalizado do seguinte modo: no intervalo considerado, para calcularmos a área pedida no enunciado, resolvemos a integral da "função de imagem maior menos a função de imagem menor".

Agora, vamos fazer $f(x) = x^2$ e $g(x) = \sqrt{x}$ em $A = \int_0^1 (g(x) - f(x))dx$:

$$A = \int_0^1 \left(\sqrt{x} - x^2\right)dx$$

A função $g(x) = \sqrt{x}$ pode ser expressa como $g(x) = x^{\frac{1}{2}}$:

$$A = \int_0^1 \left(x^{\frac{1}{2}} - x^2\right)dx$$

Para fazermos $\int \left(x^{\frac{1}{2}} - x^2\right)dx$, usamos a propriedade de que a integral da subtração é a subtração das integrais:

$$\int \left(x^{\frac{1}{2}} - x^2\right)dx = \int x^{\frac{1}{2}}dx - \int x^2 dx$$

Para fazermos $\int x^{\frac{1}{2}}dx$ e $\int x^2 dx$, usamos $\int x^n dx = \frac{x^{n+1}}{n+1} + C$, com, respectivamente, $n = \frac{1}{2}$ e $n = 2$:

$$\int \left(x^{\frac{1}{2}} - x^2\right)dx = \int x^{\frac{1}{2}}dx - \int x^2 dx = \frac{x^{\frac{1}{2}+1}}{\frac{1}{2}+1} - \frac{x^{2+1}}{2+1} + C$$

$$\int \left(x^{\frac{1}{2}} - x^2\right)dx = \frac{x^{\frac{1+2}{2}}}{\frac{1+2}{2}} - \frac{x^3}{3} + C$$

$$\int\left(x^{\frac{1}{2}}-x^2\right)dx=\frac{x^{\frac{3}{2}}}{\frac{3}{2}}-\frac{x^3}{3}+C$$

$$\int\left(x^{\frac{1}{2}}-x^2\right)dx=\frac{2}{3}x^{\frac{3}{2}}-\frac{x^3}{3}+C$$

Logo:

$$A=\int_0^1\left(x^{\frac{1}{2}}-x^2\right)dx=\left[\frac{2}{3}x^{\frac{3}{2}}-\frac{x^3}{3}\right]_0^1$$

Para fazermos $\left[\frac{2}{3}x^{\frac{3}{2}}-\frac{x^3}{3}\right]_0^1$, substituímos x por 1 em $\left[\frac{2}{3}x^{\frac{3}{2}}-\frac{x^3}{3}\right]$, substituímos x por 0 em $\left[\frac{2}{3}x^{\frac{3}{2}}-\frac{x^3}{3}\right]$ e fazemos a subtração desses valores:

$$A=\int_0^1\left(x^{\frac{1}{2}}-x^2\right)dx=\left[\frac{2}{3}x^{\frac{3}{2}}-\frac{x^3}{3}\right]_0^1=\left(\frac{2}{3}(1)^{\frac{3}{2}}-\frac{(1)^3}{3}\right)-\left(\frac{2}{3}(0)^{\frac{3}{2}}-\frac{(0)^3}{3}\right)$$

$$A=\int_0^1\left(x^{\frac{1}{2}}-x^2\right)dx=\left(\frac{2}{3}-\frac{1}{3}\right)-(0)$$

$$A=\int_0^1\left(x^{\frac{1}{2}}-x^2\right)dx=\frac{1}{3}$$

Exemplo 10.5. Calcule a área A da região limitada pelos gráficos de $f(x)=x$ e $g(x)=x^3$ e pela reta vertical $x=1{,}5$.

Resolução

Na figura 10.8, temos indicações, sem escala, dos gráficos de $f(x)=x$ e $g(x)=x^3$, da reta vertical $x=1{,}5$ e dos pontos de interseção I_1, I_2 e I_3.

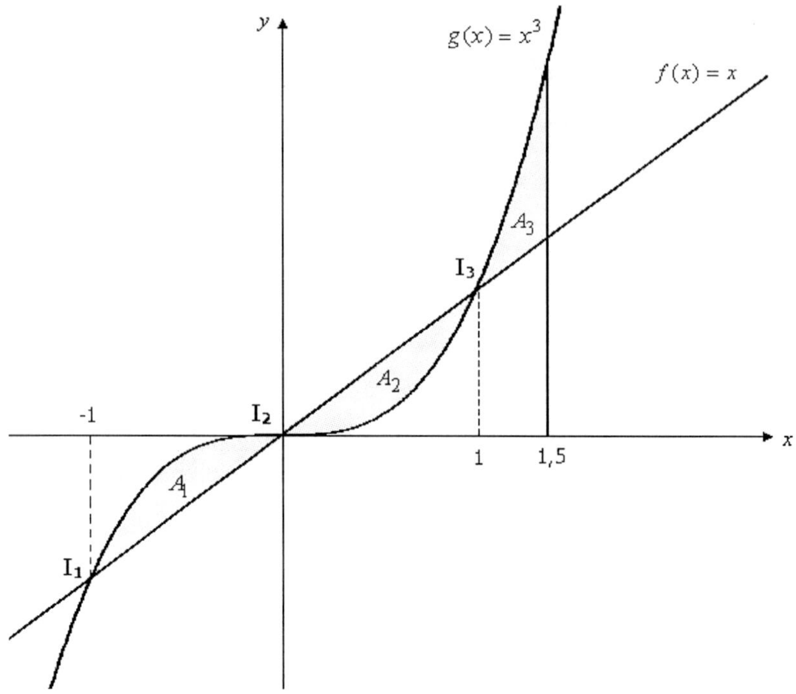

Figura 10.8. Indicações dos gráficos de $f(x) = x$ e $g(x) = x^3$, da reta vertical $x = 1{,}5$ e dos pontos de interseção I_1, I_2 e I_3.

Os pontos I_1, I_2 e I_3 de interseção entre os gráficos, indicados na figura 10.6, são calculados fazendo-se $f(x) = g(x)$:

$$x = x^3$$

Os valores que satisfazem a equação anterior são $x = -1$ (correspondente a I_1), $x = 0$ (correspondente a I_2) e $x = 1$ (correspondente a I_3), pois $-1 = (-1)^3$, $0 = (0)^3$ e $1 = (1)^3$.

Como $g(x) \geq f(x)$ em $-1 < x < 0$, a área A_1 é:

$$A_1 = \int_{-1}^{0} (g(x) - f(x))dx$$

$$A_1 = \int_{-1}^{0} \left(x^3 - x\right)dx$$

Para fazermos $\int \left(x^3 - x\right)dx$, usamos a propriedade de que a integral da subtração é a subtração das integrais:

$$\int \left(x^3 - x\right)dx = \int x^3 dx - \int x dx$$

Para fazermos $\int x^3 dx$ e $\int x dx = \int x^1 dx$ usamos $\int x^n dx = \dfrac{x^{n+1}}{n+1} + C$, com, respectivamente, $n = 3$ e $n = 1$:

$$\int \left(x^3 - x\right) dx = \int x^3 dx - \int x dx = \frac{x^{3+1}}{3+1} - \frac{x^{1+1}}{1+1} + C = \frac{x^4}{4} - \frac{x^2}{2} + C$$

Logo:

$$A_1 = \int_{-1}^{0} \left(x^3 - x\right) dx = \left[\frac{x^4}{4} - \frac{x^2}{2}\right]_{-1}^{0}$$

Para fazermos $\left[\dfrac{x^4}{4} - \dfrac{x^2}{2}\right]_{-1}^{0}$, substituímos x por 0 em $\left[\dfrac{x^4}{4} - \dfrac{x^2}{2}\right]$, substituímos x por -1 em $\left[\dfrac{x^4}{4} - \dfrac{x^2}{2}\right]$ e fazemos a subtração desses valores:

$$A_1 = \int_{-1}^{0} \left(x^3 - x\right) dx = \left[\frac{x^4}{4} - \frac{x^2}{2}\right]_{-1}^{0} = \left[\left(\frac{(0)^4}{4} - \frac{(0)^2}{2}\right) - \left(\frac{(-1)^4}{4} - \frac{(-1)^2}{2}\right)\right]$$

$$A_1 = \left[(0 - 0) - \left(\frac{1}{4} - \frac{1}{2}\right)\right]$$

$$A_1 = \left[0 - \frac{1}{4} + \frac{1}{2}\right]$$

$$A_1 = \frac{-1 + 2}{4}$$

$$A_1 = \frac{1}{4}$$

Como $f(x) \geq g(x)$ em $0 < x < 1$, a área A_2 é:

$$A_2 = \int_{0}^{1} \left(f(x) - g(x)\right) dx$$

$$A_2 = \int_0^1 \left(x - x^3\right) dx$$

Para fazermos $\int \left(x - x^3\right) dx$, usamos a propriedade de que a integral da subtração é a subtração das integrais:

$$\int \left(x - x^3\right) dx = \int x dx - \int x^3 dx$$

Para fazermos $\int x dx = \int x^1 dx$ e $\int x^3 dx$ usamos $\int x^n dx = \frac{x^{n+1}}{n+1} + C$, com, respectivamente, $n = 1$ e $n = 3$:

$$\int \left(x - x^3\right) dx = \int x dx - \int x^3 dx = \frac{x^{1+1}}{1+1} - \frac{x^{3+1}}{3+1} + C = \frac{x^2}{2} - \frac{x^4}{4} + C$$

Logo:

$$A_2 = \int_0^1 \left(x - x^3\right) dx = \left[\frac{x^2}{2} - \frac{x^4}{4}\right]_0^1$$

Para fazermos $\left[\frac{x^2}{2} - \frac{x^4}{4}\right]_0^1$, substituímos x por 1 em $\left[\frac{x^2}{2} - \frac{x^4}{4}\right]$, substituímos x por 0 em $\left[\frac{x^2}{2} - \frac{x^4}{4}\right]$ e fazemos a subtração desses valores:

$$A_2 = \int_0^1 \left(x - x^3\right) dx = \left[\frac{x^2}{2} - \frac{x^4}{4}\right]_0^1 = \left[\left(\frac{(1)^2}{2} - \frac{(1)^4}{4}\right) - \left(\frac{(0)^2}{2} - \frac{(0)^4}{4}\right)\right]$$

$$A_2 = \left[\left(\frac{1}{2} - \frac{1}{4}\right) - (0 - 0)\right]$$

$$A_2 = \frac{2-1}{4}$$

$$A_2 = \frac{1}{4}$$

Podemos observar que, pela simetria da situação visualizada na figura 10.8, as áreas A_1 e A_2 são iguais.

Como $g(x) \geq f(x)$ em $1 < x < 1{,}5$, a área A_3 é:

$$A_3 = \int_1^{1,5} (g(x) - f(x))dx$$

$$A_3 = \int_1^{1,5} \left(x^3 - x\right)dx$$

Para fazermos $\int \left(x^3 - x\right)dx$, usamos a propriedade de que a integral da subtração é a subtração das integrais:

$$\int \left(x^3 - x\right)dx = \int x^3 dx - \int x dx$$

Para fazermos $\int x^3 dx$ e $\int x dx = \int x^1 dx$ usamos $\int x^n dx = \dfrac{x^{n+1}}{n+1} + C$, com, respectivamente, $n = 3$ e $n = 1$:

$$\int \left(x^3 - x\right)dx = \int x^3 dx - \int x dx = \frac{x^{3+1}}{3+1} - \frac{x^{1+1}}{1+1} + C = \frac{x^4}{4} - \frac{x^2}{2} + C$$

Logo:

$$A_3 = \int_1^{1,5} \left(x^3 - x\right)dx = \left[\frac{x^4}{4} - \frac{x^2}{2}\right]_1^{1,5}$$

Para fazermos $\left[\dfrac{x^4}{4} - \dfrac{x^2}{2}\right]_1^{1,5}$, substituímos x por 1,5 em $\left[\dfrac{x^4}{4} - \dfrac{x^2}{2}\right]$, substituímos x por 1 em $\left[\dfrac{x^4}{4} - \dfrac{x^2}{2}\right]$ e fazemos a subtração desses valores:

$$A_3 = \int_1^{1,5} \left(x^3 - x\right)dx = \left[\frac{x^4}{4} - \frac{x^2}{2}\right]_1^{1,5} = \left[\left(\frac{(1{,}5)^4}{4} - \frac{(1{,}5)^2}{2}\right) - \left(\frac{(1)^4}{4} - \frac{(1)^2}{2}\right)\right]$$

$$A_3 = \left[\left(\frac{(5{,}0625)}{4} - \frac{(2{,}25)}{2}\right) - \left(\frac{1}{4} - \frac{1}{2}\right)\right]$$

$$A_3 = \frac{5{,}0625}{4} - \frac{2{,}25}{2} - \frac{1}{4} + \frac{1}{2}$$

$$A_3 = \frac{5{,}0625 - 4{,}5 - 1 + 2}{4}$$

$$A_3 = \frac{1{,}5625}{4}$$

A área A procurada é a soma de $A_1 = \frac{1}{4}$, $A_2 = \frac{1}{4}$ e $A_3 = \frac{1{,}5625}{4}$:

$$A = A_1 + A_2 + A_3$$

$$A = \frac{1}{4} + \frac{1}{4} + \frac{1{,}5625}{4}$$

$$A = \frac{3{,}5625}{4}$$

$$A = 0{,}890625$$

CAPÍTULO 11. APLICAÇÃO DAS INTEGRAIS: SOLUÇÃO DE EQUAÇÕES DIFERENCIAIS DE VARIÁVEIS SEPARÁVEIS

Se tivermos uma equação em que as variáveis x e y estejam relacionadas pela derivada de y em relação a x, ou seja, $\frac{dy}{dx} = f(x)$, podemos escrever a seguinte equação diferencial:

$$dy = f(x)dx$$

Como as variáveis estão "separadas nos dois lados da equação $dy = f(x)dx$ ", temos uma equação diferencial de variáveis separáveis.

Se for possível fazer a integral de $f(x)$, resolvemos $dy = f(x)dx$ do seguinte modo:

$$y = \int dy \Rightarrow y - \int f(x)dx$$

Em geral, nos problemas de aplicação de equações diferenciais, são dadas as chamadas condições de contorno, que permitem a resolução específica dessas equações.

Nos exemplos a seguir, temos situações relativas ao que foi dito.

Exemplo 11.1. Determine a solução completa da equação diferencial de variáveis separáveis dada por $\frac{dy}{dx} = 5 - 3x^2 + \frac{1}{x^2}$. Determine a solução particular dessa equação para as seguintes condições de contorno: $x = -1$ e $y = 7$.

Resolução

Foi dada a seguinte equação:

$$\frac{dy}{dx} = 5 - 3x^2 + \frac{1}{x^2}$$

Se separarmos as variáveis x e y, ficamos com:

$$dy = \left(5 - 3x^2 + \frac{1}{x^2}\right)dx$$

Fazemos:

$$y = \int dy$$

$$y = \int\left(5 - 3x^2 + \frac{1}{x^2}\right)dx$$

A integral da soma ou da subtração de funções é a soma ou a subtração das integrais das funções:

$$y = \int 5dx - \int 3x^2 dx + \int \frac{1}{x^2} dx$$

A integral da constante que multiplica a função é a constante multiplicada pela integral da função:

$$y = 5\int dx - 3\int x^2 dx + \int \frac{1}{x^2} dx$$

Podemos escrever $\frac{1}{x^2}$ como x^{-2}:

$$y = 5\int dx - 3\int x^2 dx + \int x^{-2} dx$$

Para fazermos $\int dx$, usamos $\int dx = x + C$.

Para fazermos $\int x^2 dx$ e $\int x^{-2} dx$, usamos $\int x^n dx = \frac{x^{n+1}}{n+1} + C$, com, respectivamente, $n = 2$ e $n = -2$.

Logo:

$$y = 5x - 3\frac{x^{2+1}}{2+1} + \frac{x^{-2+1}}{-2+1} + C$$

$$y = 5x - 3\frac{x^3}{3} + \frac{x^{-1}}{-1} + C$$

$$y = 5x - x^3 - \frac{1}{x^1} + C$$

$$y = 5x - x^3 - \frac{1}{x} + C$$

Logo, a solução geral de $\frac{dy}{dx} = 5 - 3x^2 + \frac{1}{x^2}$ é $y = 5x - x^3 - \frac{1}{x} + C$.

Podemos verificar que, se derivarmos $y = 5x - x^3 - \frac{1}{x} + C$ em relação a x, chegamos a $\frac{dy}{dx} = 5 - 3x^2 + \frac{1}{x^2}$:

$$\frac{dy}{dx} = \left(5x - x^3 - \frac{1}{x} + C\right)'$$

A derivada da soma ou da subtração de funções é a soma ou a subtração das derivadas das funções:

$$\frac{dy}{dx} = (5x)' - \left(x^3\right)' - \left(\frac{1}{x}\right)' + (C)'$$

Podemos escrever $\frac{1}{x} = \frac{1}{x^1}$ como x^{-1}:

$$\frac{dy}{dx} = (5x)' - \left(x^3\right)' - \left(x^{-1}\right)' + (C)'$$

A derivada da constante que multiplica a função é a constante multiplicada pela derivada da função:

$$\frac{dy}{dx} = 5(x)' - \left(x^3\right)' - \left(x^{-1}\right)' + (C)'$$

A derivada de x em relação a x é 1. Logo, $(x)' = 1$.

A derivada da constante é zero. Logo, $(C)' = 0$.

Para fazermos $\left(x^3\right)'$ e $\left(x^{-1}\right)'$, usamos $\left(x^n\right)' = nx^{n-1}$, com, respectivamente, $n = 3$ e $n = -1$.

Logo, $\left(x^3\right)' = 3x^{3-1} = 3x^2$ e $\left(x^{-1}\right)' = -1x^{-1-1} = -x^{-2} = \frac{-1}{x^2}$.

Se fizermos $(x)' = 1$, $\left(x^3\right)' = 3x^2$, $\left(x^{-1}\right)' = \frac{-1}{x^2}$ e $(C)' = 0$ em

$\frac{dy}{dx} = 5(x)' - \left(x^3\right)' - \left(x^{-1}\right)' + (C)'$, ficamos com:

$$\frac{dy}{dx} = 5(1) - 3x^2 - \left(\frac{-1}{x^2}\right) + 0$$

$$\frac{dy}{dx} = 5 - 3x^2 + \frac{1}{x^2}$$

Concluímos que a solução geral da equação diferencial dada está correta.

Agora, vamos determinar uma solução particular para $\frac{dy}{dx} = 5 - 3x^2 + \frac{1}{x^2}$ usando as condições de contorno fornecidas no enunciado, ou seja, $x = -1$ e $y = 7$.

Para isso, substituímos x por -1 e y por 7 em $y = 5x - x^3 - \frac{1}{x} + C$:

$$7 = 5(-1) - (-1)^3 - \frac{1}{(-1)} + C$$

$$7 = -5 + 1 + 1 + C$$

$$7 = -3 + C$$

$$7 + 3 = C$$

$$C = 10$$

Concluímos que uma solução particular para $\frac{dy}{dx} = 5 - 3x^2 + \frac{1}{x^2}$, dadas as condições de contorno $x = -1$ e $y = 7$, é $y = 5x - x^3 - \frac{1}{x} + 10$.

Exemplo 11.2. Determine a solução completa da equação diferencial de variáveis separáveis dada por $\frac{dy}{dx} = xe^x$. Determine a solução particular dessa equação para as seguintes condições de contorno: $x = 0$ e $y = 3$.

Resolução

Foi dada a seguinte equação:

$$\frac{dy}{dx} = xe^x$$

$$\int xe^x dx = xe^x - e^x + C = e^x(x-1) + C$$

Se separarmos as variáveis x e y, ficamos com:

$$\int xe^x dx$$

Fazemos:

$$y = \int dy$$

$$y = \int xe^x dx$$

Já fizemos essa integral no capítulo 3 e vimos que:

$$\int xe^x dx = e^x(x-1)+C$$

Logo, a solução geral de $\frac{dy}{dx} = xe^x$ é $y = e^x(x-1)+C$.

Agora, vamos determinar uma solução particular para $\frac{dy}{dx} = xe^x$ usando as condições de contorno fornecidas no enunciado, ou seja, $x = 0$ e $y = 3$.

Para isso, substituímos x por 0 e y por 3 em $y = e^x(x-1)+C$:

$$y = e^x(x-1)+C$$

$$3 = e^0(0-1)+C$$

$$3 = 1(-1)+C$$

$$3 = -1+C$$

$$C = 4$$

Concluímos que uma solução particular para $\frac{dy}{dx} = xe^x$, dadas as condições de contorno $x = 0$ e $y = 3$, é $y = e^x(x-1)+4$.

Exemplo 11.3. Determine a solução particular da equação diferencial dada por $\frac{dy}{dx} = \frac{5x^2}{y^3}$ usando as seguintes condições de contorno: $x = 2$ e $y = 1$.

Resolução

Foi dada a seguinte equação:

$$\frac{dy}{dx} = \frac{5x^2}{y^3}$$

Se separarmos as variáveis x e y, ficamos com:

$$y^3 dy = 5x^2 dx$$

Fazemos:

$$\int y^3 dy = \int 5x^2 dx$$

A derivada da constante que multiplica a função é a constante multiplicada pela derivada da função:

$$\int y^3 dy = 5\int x^2 dx$$

Vamos fazer, separadamente, $\int y^3 dy$ e $\int x^2 dx$.

Para fazermos $\int y^3 dy$, usamos $\int y^n dx = \frac{y^{n+1}}{n+1} + C$, com $n = 3$:

$$\int y^3 dx = \frac{y^{3+1}}{3+1} + C$$

$$\int y^3 dx = \frac{y^4}{4} + C$$

Para fazermos $\int x^2 dx$, usamos $\int x^n dx = \frac{x^{n+1}}{n+1} + C$, com $n = 2$:

$$\int x^2 dx = \frac{x^{2+1}}{2+1} + C$$

$$\int x^2 dx = \frac{x^3}{3} + C$$

Vamos fazer $\int y^3 dx = \frac{y^4}{4}$ e $\int x^2 dx = \frac{x^3}{3}$ em $\int y^3 dy = 5\int x^2 dx$. Colocaremos uma única constante de integração no lado direito da equação:

$$\frac{y^4}{4} = 5\frac{x^3}{3} + C$$

Vamos usar as condições de contorno $x=2$ e $y=1$ em $\frac{y^4}{4}=5\frac{x^3}{3}+C$:

$$\frac{(1)^4}{4}=5\frac{(2)^3}{3}+C$$

$$\frac{1}{4}=5\frac{8}{3}+C$$

$$\frac{1}{4}=\frac{40}{3}+C$$

$$\frac{1}{4}-\frac{40}{3}=C$$

$$\frac{3-160}{12}=C$$

$$\frac{3-160}{12}=C$$

$$C=-\frac{157}{12}$$

Substituímos C por $-\frac{157}{12}$ em $\frac{y^4}{4}=5\frac{x^3}{3}+C$:

$$\frac{y^4}{4}=5\frac{x^3}{3}-\frac{157}{3}$$

$$\frac{y^4}{4}=\frac{1}{3}\left(5x^3-157\right)$$

$$y^4=\frac{4}{3}\left(5x^3-157\right)$$

Exemplo 11.4. Imagine que uma partícula mova-se em trajetória retilínea de modo que sua aceleração a (em mm/s^2) seja o triplo do quadrado da sua velocidade v (em mm/s). Sabe-se que, no instante inicial, a velocidade da partícula é de 12mm/s. Determine a equação da velocidade da partícula em função do tempo t.

Resolução

Foi dito que a aceleração a (em mm/s^2) da partícula é o triplo do quadrado da sua velocidade v (em mm/s):

$$a = 3v^2$$

A aceleração é a derivada da velocidade v em função do tempo t :

$$a = \frac{dv}{dt}$$

Logo:

$$\frac{dv}{dt} = 3v^2$$

$$dv = 3v^2 dt$$

$$\frac{dv}{3v^2} = dt$$

$$\frac{1}{3}v^{-2}dv = dt$$

$$dt = \frac{1}{3}v^{-2}dv$$

Fazemos:

$$t = \int dt$$

$$t = \int\left(\frac{1}{3}v^{-2}\right)dv$$

A integral da constante que multiplica a função é a constante multiplicada pela integral da função:

$$t = \frac{1}{3}\int v^{-2}dv$$

Para fazermos $\int v^{-2}dv$, usamos $\int v^n dv = \frac{v^{n+1}}{n+1} + C$, com $n = -2$.

Logo:

$$t = \frac{1}{3}\frac{v^{-2+1}}{-2+1} + C$$

$$t = \frac{1}{3}\frac{v^{-1}}{-1} + C$$

$$t = -\frac{1}{3}\frac{1}{v} + C$$

Foi dito que, no instante inicial, a velocidade da partícula é de 12mm/s.

Logo, substituímos t por 0 e v por 12 em $t = -\frac{1}{3}\frac{1}{v} + C$:

$$0 = -\frac{1}{3}\frac{1}{12} + C$$

$$0 = -\frac{1}{36} + C$$

$$\frac{1}{36} = C$$

$$C = \frac{1}{36}$$

Logo:

$$t = -\frac{1}{3}\frac{1}{v} + \frac{1}{36}$$

$$t - \frac{1}{36} = -\frac{1}{3}\frac{1}{v}$$

$$\left(t - \frac{1}{36}\right)v = -\frac{1}{3}$$

$$v = -\frac{1}{3\left(t - \frac{1}{36}\right)}$$

Exemplo 11.5. A equação da aceleração a de uma partícula (em mm/s^2) em função do tempo t (em s) é $a = 12t - 2t^2$. Sabe-se que, no instante inicial $t = 0$, a velocidade v e o espaço s da partícula são nulos. Determine a equação do espaço s da partícula em função do tempo t .

Resolução

A equação da aceleração a da partícula (em mm/s^2) em função do tempo t (em s) é:

$$a = 12t - 2t^2$$

A aceleração é a derivada da velocidade v em função do tempo t:

$$a = \frac{dv}{dt}$$

No caso:

$$12t - 2t^2 = \frac{dv}{dt}$$

$$dv = \left(12t - 2t^2\right)dt$$

Fazemos:

$$v = \int dv$$

$$v = \int \left(12t - 2t^2\right)dt$$

A integral da subtração de funções é a subtração das integrais das funções:

$$v = \int 12tdt - \int 2t^2 dt$$

A integral da constante que multiplica a função é a constante multiplicada pela integral da função:

$$v = \int 12tdt - \int 2t^2 dt = 12\int tdt - 2\int t^2 dt$$

Para fazermos $\int tdt = \int t^1 dt$ e $\int t^2 dt$, usamos $\int t^n dt = \frac{t^{n+1}}{n+1} + C$, com, respectivamente, $n = 1$ e $n = 2$.

Logo:

$$v = 12\frac{t^{1+1}}{1+1} - 2\frac{t^{2+1}}{2+1} + C$$

$$v = 12\frac{t^2}{2} - 2\frac{t^3}{3} + C$$

$$v = 6t^2 - \frac{2}{3}t^3 + C$$

Foi dito que, no instante inicial $t = 0$, a velocidade v da partícula é nula. Logo, substituímos t por 0 e v por 0 em $v = 6t^2 - \frac{2}{3}t^3 + C$:

$$0 = 6(0)^2 - \frac{2}{3}(0)^3 + C$$

$$C = 0$$

Logo:

$$v = 6t^2 - \frac{2}{3}t^3$$

A velocidade é a derivada do espaço s em função do tempo t :

$$v = \frac{ds}{dt}$$

No caso:

$$6t^2 - \frac{2}{3}t^3 = \frac{ds}{dt}$$

$$ds = \left(6t^2 - \frac{2}{3}t^3\right)dt$$

Fazemos:

$$s = \int ds$$

$$s = \int\left(6t^2 - \frac{2}{3}t^3\right)dt$$

A integral da subtração de funções é a subtração das integrais das funções:

$$s = \int 6t^2 dt - \int \frac{2}{3}t^3 dt$$

A integral da constante que multiplica a função é a constante multiplicada pela integral da função:

$$s = \int 6t^2 dt - \int \frac{2}{3}t^3 dt = 6\int t^2 dt - \frac{2}{3}\int t^3 dt$$

Para fazermos $\int t^2 dt$ e $\int t^3 dt$, usamos $\int t^n dt = \frac{t^{n+1}}{n+1} + C$, com, respectivamente, $n = 2$ e $n = 3$.

Logo:

$$s = 6\frac{t^{2+1}}{2+1} - \frac{2}{3}\frac{t^{3+1}}{3+1} + C$$

$$s = 6\frac{t^3}{3} - \frac{2}{3}\frac{t^4}{4} + C$$

$$s = 2t^3 - \frac{1}{6}t^4 + C$$

Foi dito que, no instante inicial $t = 0$, o espaço s da partícula é nulo. Logo, substituímos t por 0 e s por 0 em $s = 2t^3 - \frac{1}{6}t^4 + C$:

$$0 = 2(0)^3 - \frac{1}{6}(0)^4 + C$$

$$C = 0$$

Assim, a equação do espaço s da partícula em função do tempo t é:

$$s = 2t^3 - \frac{1}{6}t^4$$

Exemplo 11.6. Sabe-se que a taxa de desintegração de um radioisótopo é proporcional à quantidade de átomos que permanecem radioativos. Imagine que, inicialmente, existam 48.10^9 átomos de um isótopo radioativo em uma amostra. A equação que relaciona o número N de átomos desse radioisótopo com o tempo t, em horas, é $\frac{dN}{dt} = -0{,}1067N$. Qual é o percentual de átomos do isótopo que permanece após 26 horas?

Resolução

A equação que relaciona o número N de átomos do isótopo radioativo com o tempo t, em horas, é:

$$\frac{dN}{dt} = -0{,}1067N$$

Podemos separar as variáveis N e t:

$$dN = -0{,}1067Ndt$$

$$\frac{dN}{N} = -0{,}1067dt$$

$$-0{,}1067dt = \frac{dN}{N}$$

Integramos ambos os lados da equação diferencial de variáveis separáveis, lembrando que a integral da constante que mulitplica a função é a constante mulitiplicada pela integral da função:

$$-0{,}1067t = \int \frac{dN}{N}$$

Para fazermos $\int \frac{dN}{N}$, usamos $\int \frac{dN}{N} = \int \frac{1}{N} dN = \ln N + C$, lembrando que, no caso, N>0, pois representa o número de átomos radioativos remanescentes.

Logo:

$$-0{,}1067t = \ln N + C$$

$$\ln N = -0{,}1067t - C$$

Aplicamos a exponencial de base e em ambos os lados da equação:

$$e^{\ln N} = e^{-0{,}1067t - C}$$

Como a exponencial de base e e o logaritmo neperiano são funções inversas, temos:

$$e^{\ln N} = N$$

Fazendo $e^{\ln N} = N$ em $e^{\ln N} = e^{-0{,}1067t-C}$, ficamos com:

$$N = e^{-0{,}1067t-C}$$

Foi dito que, inicialmente, existem 48.10^9 átomos de um isótopo radioativo.

Logo, podemos fazer $t = 0$ e $N = 48.10^9$ em $N = e^{-0{,}1067t-C}$:

$$48.10^9 = e^{-0{,}1067(0)-C}$$

$$48.10^9 = e^{-C}$$

Aplicamos o logaritmo neperiano em ambos os lados da equação:

$$\ln(48.10^9) = \ln(e^{-C})$$

Usando a calculadora, vemos que $\ln(48.10^9)=24{,}5945$.

Como a exponencial de base e e o logaritmo neperiano são funções inversas, temos:

$$\ln(e^{-C}) = -C$$

Fazendo $\ln(48.10^9) = 24{,}5945$ e $\ln(e^{-C}) = -C$ em $\ln(48.10^9) = \ln(e^{-C})$, ficamos com:

$$24{,}5945 = -C$$

$$C = -24{,}5945$$

Fazendo $C = -24{,}5945$ em $N = e^{-0{,}1067t - C}$, ficamos com:

$$N = e^{-0{,}1067t + 24{,}5945}$$

No instante 26 horas, o número N de átomos radioativos é 3.10^9, pois:

$$N = e^{-0{,}1067(26) + 24{,}5945}$$

$$N = e^{21{,}8303}$$

$$N = 3.10^9$$

Se dividirmos 3.10^9 átomos radioativos por 48.10^9, que é o número inicial de átomos radioativos, e mulitiplicarmos o resultado dessa divisão por 100, obtemos o percentual de átomos do isótopo que permanece após 26 horas:

$$Percentual = \frac{3.10^9}{48.10^9}.100\% = 6{,}25\%$$

Concluímos que, a partir da resolução da equação diferencial $\frac{dN}{dt} = -0{,}1067N$ e das condições iniciais dadas, podemos verificar que, após 26 horas, 6,25% dos átomos permanecem radioativos.

Impressão e acabamento
Gráfica da Editora Ciência Moderna Ltda.
Tel: (21) 2201-6662